中文版 **Photoshop CS6**

制作万圣小魔女插画

制作婚戒广告

制作宝宝周岁照

制作图书封面

制作艺术相片

绘制卡通企鹅

制作精美贺卡

制作合成图像

制作纪念照

制作电视广告

制作小房子

中文版 **Photoshop CS6**

制作巧克力广告

制作果汁广告

制作电影海报

制作放大镜

制作羽毛球广告

制作象鼻取物图像

制作公告栏

制作冲浪海报

制作电影海报

制作犬粮广告

绘制梦幻花朵

# 中文版 Photoshop CS6

制作珠宝广告

制作旅游广告

绘制标志

制作水下美人

制作邮票

制作化妆品广告

绘制卡通猫

绘制卡通钟表

制作生日快乐特效字

制作巨幅风景画

# 中文版 Photoshop CS6

制作车体彩绘

前 后

制作手机广告

I LOVE U

传递爱的音讯，
的听爱的声音，
唯唯 爱意飘

因为爱让我们走的更近……

制作水下美人

DongFang
东方卫粉

畅行通生活
尽在东方

修复人物图像

前 后

为人物美容

前 后

绘制风景画

制作水雪字

冰

制作水雪字

阿拉丁

街角的超人

唯美婚纱

计算机"十三五"规划教材

# 中文版 Photoshop CS6 平面设计
# 案例教程

### 主　编　黄瑞芬　彭春燕　胡小琴

江苏大学出版社
JIANGSU UNIVERSITY PRESS

镇 江

## 内 容 提 要

Photoshop CS6 是目前最常用的图像处理软件之一，本书采用项目教学方式，通过大量案例全面介绍了该软件的功能和应用技巧。全书共分 9 个项目，内容涵盖 Photoshop CS6 的基础知识和基本操作、创建与编辑选区、编辑图像、绘制与修饰图像、调整图像色彩与色调、神奇的 Photoshop 图层、绘制路径和形状、输入与美化文字、应用通道和滤镜，以及 Photoshop 的综合应用等。

本书可作为高等院校，中、高等职业技术院校，以及各类计算机教育培训机构的专用教材，也可供广大初、中级电脑爱好者自学使用。

## 图书在版编目（CIP）数据

中文版 Photoshop CS6 平面设计案例教程 / 黄瑞芬，彭春燕，胡小琴主编. -- 镇江 : 江苏大学出版社，2013.8（2019.4 重印）
ISBN 978-7-81130-566-1

Ⅰ. ①中… Ⅱ. ①黄… ②彭… ③胡… Ⅲ. ①平面设计—图象处理软件 Ⅳ. ①TP391.41

中国版本图书馆 CIP 数据核字(2013)第 203491 号

中文版 Photoshop CS6 平面设计案例教程
Zhongwenban Photoshop CS6 Pingmian Sheji Anli Jiaocheng

主　　编 / 黄瑞芬　彭春燕　胡小琴
责任编辑 / 杨海濒
出版发行 / 江苏大学出版社
地　　址 / 江苏省镇江市梦溪园巷 30 号（邮编：212003）
电　　话 / 0511-84446464（传真）
网　　址 / http://press.ujs.edu.cn
排　　版 / 北京金企鹅文化发展有限公司
印　　刷 / 北京同文印刷有限责任公司
开　　本 / 787 mm×1 092 mm　1/16
印　　张 / 18
字　　数 / 405 千字
版　　次 / 2013 年 8 月第 1 版　2019 年 4 月第 10 次印刷
书　　号 / ISBN 978-7-81130-566-1
定　　价 / 49.80 元

如有印装质量问题请与本社营销部联系（电话：0511-84440882）

随着社会的发展，传统的教育模式已难以满足就业的需要。一方面，大量的毕业生无法找到满意的工作；另一方面，用人单位却在感叹无法招到符合岗位要求的人才。因此，积极推进教学形式和内容的改革，从传统偏重知识的传授转向注重就业能力的培养，并让学生有兴趣学习，轻松学习，已成为大多数高等院校及中、高等职业技术院校的共识。

教育改革首先是教材的改革，为此，我们走访了众多高等院校及中、高等职业技术院校，与广大教师探讨当前教育面临的问题和机遇，然后聘请具有丰富教学经验的一线教师编写了这套以任务为驱动的"案例教程"丛书。

## 本书特色

（1）**满足教学需要。** 使用最新的以任务为驱动的项目教学方式，将每个项目分解为多个任务，每个任务均包含"预备知识"和"任务实施"两个部分：

> **预备知识：** 讲解 Photoshop 的基本知识与核心功能，并根据功能的难易程度采用不同的讲解方式。例如，对于一些较难理解或掌握的功能，用小例子的方式进行讲解；对于一些简单的功能，则只简单讲解。

> **任务实施：** 通过一个或多个精心设计的案例，让学生练习并能在实践中应用 Photoshop 的相关功能。学生可根据书中讲解，自己动手完成相关案例。

（2）**满足就业需要。** 在每个任务中都精心挑选与实际应用紧密相关的知识点和案例，从而让学生在完成某个任务后，能马上在实践中应用从该任务中学到的技能。

（3）**增强学生学习兴趣，让学生能轻松学习。** 严格控制各任务的难易程度和篇幅，尽量精讲理论，并通过小实例或案例讲解软件的相关功能和应用技巧，从而增强学生的学习兴趣。

（4）**提供素材、课件和视频。** 提供精美的教学课件、视频和素材，读者可从网上下载。

（5）**体例丰富。** 各项目都安排有学习目标、项目实训、项目总结、项目考核等内容，从而让读者在学习项目前做到心中有数，学完项目后还能对所学知识和技能进行总结和考核。

（6）**微课辅助，针对性强。** 将"互联网+"思维融入教材，学生可通过扫描二维码随时随地观看微视频，从而提高学习质量。

### 本书读者对象

本书可作为高等院校，中、高等职业技术院校，以及各类计算机教育培训机构的专用教材，也可供广大初、中级电脑爱好者自学使用。

### 本书内容安排

- ➤ 项目一：介绍 Photoshop 的入门知识，如 Photoshop CS6 的工作界面，图像文件的基本操作，调整图像窗口，使用辅助工具，设置前景色和背景色，以及图层入门等。
- ➤ 项目二：介绍创建、编辑和调整选区，以及描边和填充选区的方法。
- ➤ 项目三：介绍调整图像大小与分辨率，以及裁切、移动、复制、删除、变换与变形图像的方法。还介绍了操作的撤销与恢复方法。
- ➤ 项目四：介绍绘制、修饰和修复图像的方法。
- ➤ 项目五：介绍调整图像色彩与色调的方法。
- ➤ 项目六：介绍图层的类型与基本操作，图层样式的添加与编辑方法，图层蒙版的创建与编辑方法，以及调整图层和填充图层的创建与编辑方法等。
- ➤ 项目七：介绍绘制与编辑形状和路径，以及创建和美化文本的方法。
- ➤ 项目八：介绍通道的原理、类型与用途，通道基本操作与应用等。此外，还介绍了滤镜的使用规则与技巧，以及常用滤镜的作用和使用方法等。
- ➤ 项目九：通过几个综合应用案例，让读者综合练习前面所学的软件功能。

### 本书教学资料下载

本书配有精美的教学课件和视频，并且书中用到的全部素材都已整理和打包，读者可以登录我们的网站（http://www.bjjqe.com）下载。

## 本书的创作队伍

　　本书由北京金企鹅文化发展有限公司策划，由黄瑞芬、彭春燕、胡小琴任主编，领兄（编写项目四内容）、赵留欣、王丽美、王志强、巩建学、丁杨、刘文康任副主编，其他参与编写的人员还有王京峰、尚新闻、朱小燕和刘海燕。

　　尽管我们在编写本书时已竭尽全力，但书中仍会存在这样或那样的问题，欢迎读者批评指正。另外，如果读者在学习中有什么疑问，可登录我们的网站（http://www.bjjqe.com）寻求帮助，我们将会及时解答。

编　者

2019 年 3 月

# 本书编委会

主　编：黄瑞芬　　彭春燕　　胡小琴

副主编：领　兄　　赵留欣　　王丽美　　王志强

　　　　巩建学　　丁　杨　　刘文康

参　编：王京峰　　尚新闻　　朱小燕　　刘海燕

# 目录

## 项目一　Photoshop CS6 快速上手

Photoshop 是当今世界最流行的一款图像处理软件，被广泛应用于平面广告设计、艺术图形创作、数码照片处理等领域。从本项目开始，我们将带领大家探寻它的奥秘，掌握它的使用方法……

# 项目二  创建与编辑选区

选区是 Photoshop 所有功能的基础。将图像的某个区域创建为选区，你就可以单独对该区域进行复制、移动、变形、绘画和变色等操作，而选区外的区域不受任何影响。还犹豫什么呢？赶快为你的相片换个漂亮的背景吧……

# 项目三　编辑图像

图像编辑是 Photoshop 最基本的功能。例如，你可以利用复制或移动操作轻松地对图像进行"移花接木"处理，或通过变化、变形等操作,使图像呈现出千姿百态的效果……

# 项目四　绘制、修复与修饰图像

Photoshop 提供了许多实用的图像绘制、修复与修饰工具,利用这些工具不仅可以帮助你绘制各种需要的图像, 修复损坏的照片, 还能为照片增加一些艺术化的效果……

# 项目五　调整图像色彩与色调

　　一幅好的图像离不开好的色彩，Photoshop 提供了丰富的色调和色彩调整命令，利用它们可以轻松校正或改变图像的色彩，使图像符合设计要求……

# 项目六　Photoshop 的灵魂——图层

图层是 Photoshop 中最为重要和常用的功能之一，Photoshop 强大而灵活的图像处理功能，在很大程度上都源自它的图层……

# 项目七　创建路径、形状和文本

虽然 Photoshop 是一款专业的图像处理软件，但它的绘图功能也是非常强大的。此外，利用 Photoshop 的文字功能，可以为图像增加具有艺术感的文字，从而增强图像的表现力……

# 项目八　应用通道和滤镜

利用通道可以对图像的原色进行处理，从而制作出令人惊叹的图像效果；此外，还可以利用通道制作选区，以及辅助印刷等；而利用滤镜则可以快速制作出很多特殊的图像效果，如风吹效果、浮雕效果、光照效果⋯⋯

# 项目九　Photoshop 综合应用

学完了前面的内容，你是否觉得还有些不过瘾。没关系，下面我们再通过几个精彩的综合应用实例，让你体验使用 Photoshop 进行平面设计的无穷乐趣……

# 项目一 Photoshop CS6 快速上手

## 项目导读

Photoshop 是当今世界最流行的一款图像处理软件，被广泛应用于平面广告设计、艺术图形创作、数码照片处理等领域。从本项目开始，我们将带领大家探寻它的奥秘，掌握它的使用方法。

## 学习目标

❧ 了解 Photoshop CS6 的应用领域及其基本功能。
❧ 掌握启动和退出 Photoshop CS6 的方法，熟悉 Photoshop CS6 的界面构成，并能自定义不同的工作界面。
❧ 掌握图像文件的基本操作，能够新建、打开、保存和关闭图像文件，以及切换和排列图像窗口。
❧ 了解位图和矢量图、像素和图像分辨率，以及图像文件格式和颜色模式等概念。
❧ 掌握 Photoshop CS6 处理图像时的辅助功能，包括放大和缩小图像的显示比例，使用标尺、参考线和网格等。
❧ 掌握设置前景色和背景色的各种方法。
❧ 了解 Photoshop 图层的功能，掌握图层的一些简单操作。

## 任务一 初识 Photoshop CS6

### 任务说明

在具体学习使用 Photoshop 处理图像之前，最好先了解一下 Photoshop 的应用领域和基本功能。此外，还应掌握启动与退出 Photoshop CS6 的方法，熟悉 Photoshop CS6 工作界面中各组成元素的作用，并能自定义符合自己使用习惯的工作环境。下面便来学习这些知识。

## 预备知识

### 一、Photoshop 应用领域

随着 Photoshop 功能的不断强化，它的应用领域也在逐渐扩大，其中：

➢ **在平面设计方面**：利用 Photoshop 可以设计商标、产品包装、海报、样本、招贴、广告、软件界面、网页素材和网页效果图等各式各样的平面作品，还可以为三维动画制作材料，以及对三维效果图进行后期处理等。

➢ **在绘画方面**：Photoshop 具有强大的绘画功能，利用它可以绘制出逼真的产品效果图、各种卡通人物和动植物等。

➢ **在数码照片处理方面**：利用 Photoshop 可以进行各种照片合成、修复和上色等操作。例如，为照片更换背景、为人物更换发型、校正偏色照片，以及美化照片等。

### 二、Photoshop CS6 功能预览

作为一款当前最流行的图像处理软件，Photoshop 都具有哪些功能呢？

➢ **选区制作**：Photoshop 提供了众多的选区制作工具和命令，利用它们可以将图像的任意局部区域制作为选区，以方便对这些区域进行单独调整。

➢ **图像编辑**：图像编辑是 Photoshop 最基本的功能，包括移动、复制、删除、合并拷贝、自由变换图像、调整图像的大小与分辨率等。其中，绝大部分图像编辑命令都只对当前选区（或当前图层）有效，如图 1-1 所示。

图 1-1　将猫头鹰图像移动到背景图像中

➢ **图像绘制与修饰**：Photoshop 提供了许多实用的绘画、修饰与修复工具，利用这些工具不仅可以绘制图像，还可以修饰或修复图像，从而制作出一些具有特殊艺术效果的图像或修复图像中的缺陷。图 1-2 所示为利用修复工具去除人物脸部的疤痕。

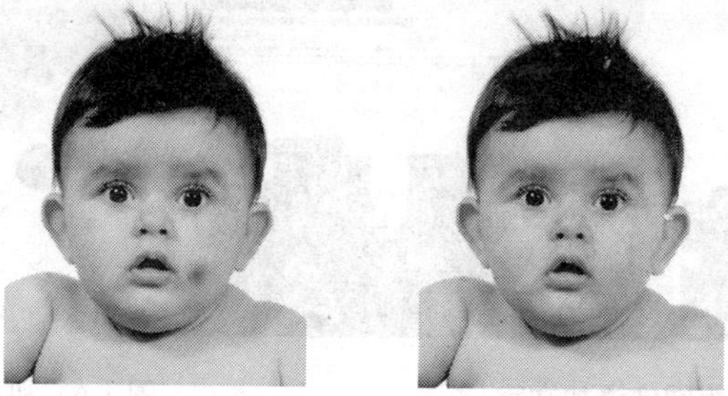

图 1-2　利用修复工具去除人物脸部的疤痕

➤ **图层**：图层是 Photoshop 中最为重要和常用的功能之一，用户可以将图像的不同部分放置在不同的图层中，以方便单独进行处理，添加特殊效果和制作图像融合效果等。图 1-3 所示是利用图层的混合模式制作的图像融合效果。

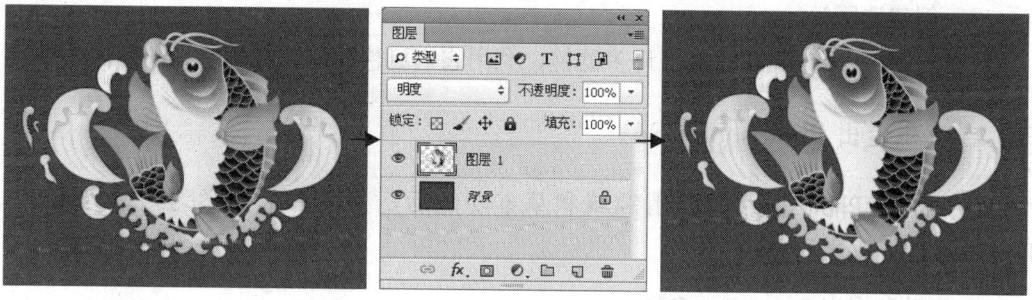

图 1-3　设置图层混合模式为"明度"

➤ **色彩和色调调整**：Photoshop 提供了丰富的色彩和色调调整命令，利用它们可以轻松校正或改变图像的色调和色彩，从而使图像符合设计要求，如图 1-4 所示。

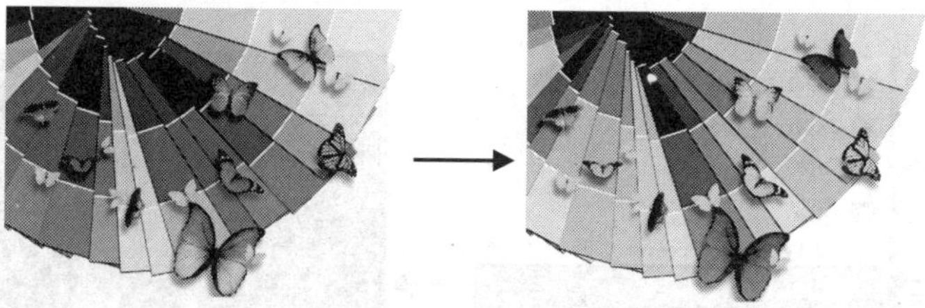

图 1-4　利用"色相/饱和度"命令调整图像色彩

➤ **文字**：利用 Photoshop 的文字功能可在图像中创建文字，以及设置文字的格式、对文字进行变形操作、沿路径或在图形内部放置文字，还可以将文字转换为路径或形状等，从而制作出各种特殊效果的文字，以增强图像的表现力，如图 1-5 所示。

➤ **路径和形状**：利用 Photoshop 的形状与路径功能可以绘制各种矢量图形，如卡通画、商标等，还可以在图像中辅助创建选区，如图 1-6 所示。

图 1-5　为图像添加文字 　　　　　　图 1-6　利用路径工具绘制卡通猫

> **通道**：在 Photoshop 中，通道主要用于保存图像的颜色数据。在实际应用中，可对原色通道进行单独操作，从而制作出特殊的图像效果；还可以利用通道抠取图像区域、保存选区和辅助印刷。

> **蒙版**：在 Photoshop 中，蒙版是一种遮盖图像的工具，它主要用于合成图像或创建选区等。

> **滤镜**：Photoshop 提供了许多滤镜，利用它们可快速制作各种特殊的图像效果。

## 三、启动和退出 Photoshop CS6

在了解了 Photoshop 的应用领域和基本功能后，下面我们来学习启动与退出 Photoshop CS6 程序的方法。

### 1. 启动和退出 Photoshop CS6

安装好 Photoshop CS6 程序后，可使用下面两种方法启动它。

> 选择"开始" > "所有程序" > "Adobe Photoshop CS6"菜单，如图 1-7 所示。

> 如果桌面上有 Photoshop CS6 的快捷方式图标 ，双击它即可启动程序。

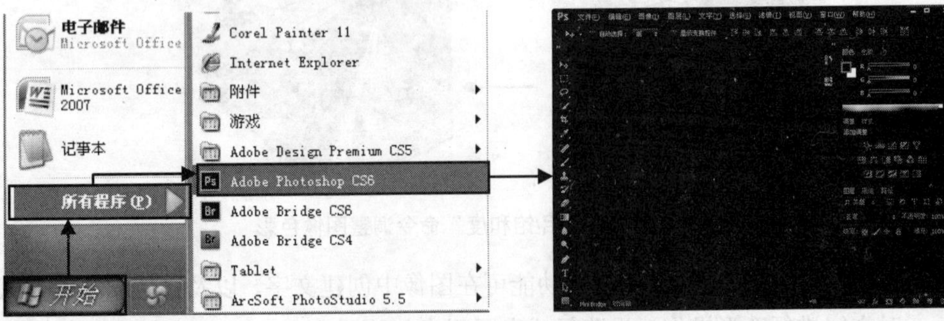

图 1-7　通过"开始"菜单启动 Photoshop CS6

当不需要使用 Photoshop CS6 时，可以采用以下几种方法退出程序。

> 直接单击程序窗口菜单栏右侧的"关闭"按钮 。

> 选择"文件" > "退出"菜单。

> 按【Ctrl+Q】或【Alt+F4】组合键。

## 四、熟悉 Photoshop CS6 工作界面

图 1-8 所示为 Photoshop CS6 的工作界面，可以看出，其主要由菜单栏、工具箱、工具属性栏、图像窗口和调板等组成。

**图 1-8　Photoshop CS6 工作界面**

> **工具箱**：Photoshop CS6 的工具箱中包含了 70 余种工具。这些工具大致可分为选区制作工具、绘画工具、修饰工具、颜色设置工具及显示控制工具等几类，通过它们我们可以方便地对图像进行各种处理。

一般情况下，要使用某种工具，只需单击该工具即可。另外，部分工具的右下角带有黑色小三角，表示该工具中隐藏着其他的工具。在该工具上按住鼠标左键不放，可从弹出的工具列表中选择其他工具，如图 1-9 所示。

**图 1-9　选择隐藏的工具**

**小技巧**

Photoshop 为每个工具都设置了快捷键，要选择某工具，也可在英文输入法状态下按一下相应的快捷键。将鼠标光标放在某工具上停留片刻，会出现工具提示，其中带括号的字母便是该工具的快捷键。若在同一工具组中包含多个工具，可以反复按【Shift + 工具快捷键】以选择其他工具。

- ➢ **工具属性栏**：当用户从工具箱中选择某个工具后，在菜单栏下方的工具属性栏中会显示该工具的属性和参数，利用它可设置工具的相关参数。自然，当前选择的工具不同，属性栏内容也不相同。属性栏最右边是"基本功能"按钮 基本功能 ，通过单击该按钮可在弹出的下拉列表中选择 Photoshop 为我们提供的预设工作界面。

- ➢ **图像窗口**：用来显示和编辑图像文件。默认情况下，Photoshop 使用选项卡的方式来组织打开或新建的图像，每个图像都有自己的标签，上面显示了图像名称、显示比例、色彩模式和通道等信息。当用户同时打开多个图像时，通过单击图像标签可在各图像之间切换，当前图像的标签将显示为灰白色。

- ➢ **调板**：位于图像窗口右侧。Photoshop CS6 为用户提供了很多调板，分别用来观察信息，选择颜色，管理图层、通道、路径和历史记录等。

- ➢ **状态栏**：位于图像窗口底部，由两部分组成，分别显示了当前图像的显示比例和文档大小/暂存盘大小（指编辑图像时所用的空间大小）。用户可在显示比例编辑框中直接修改数值来改变图像的显示比例。

## 任务实施——自定 Photoshop CS6 工作界面

下面启动 Photoshop CS6 并自定它的工作界面。

**步骤 1** 启动 Photoshop CS6 软件，按【Tab】键可以关闭工具箱和所有调板；再次按【Tab】键将重新显示工具箱和调板。此外，按【Shift+Tab】组合键可以隐藏或显示调板。

**步骤 2** 在 Photoshop CS6 中，系统提供了全屏、带有菜单的全屏和标准屏幕 3 种屏幕显示模式。按住工具箱中的"屏幕模式"按钮不放，可从展开的下拉列表中选择相应的屏幕模式，如图 1-10 所示。要从全屏模式返回到标准屏幕模式，可按【Esc】键。用户也可在英文输入法状态下，连续按【F】键切换屏幕显示模式。

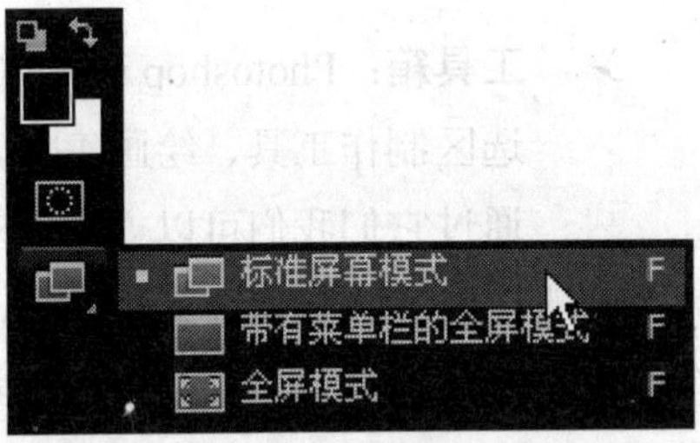

图 1-10　选择屏幕显示模式

**步骤 3** 将鼠标移至图 1-11 左图所示的符号上单击，可将调板折叠成一个小图标，如图 1-11 中图所示。此时符号变为符号，单击该符号调板将恢复为正常状态。

**步骤 4** 当调板以图标状态显示时，单击某个图标可展开相应的调板，如图 1-11 右图所示，再次单击该图标又可折叠该调板。

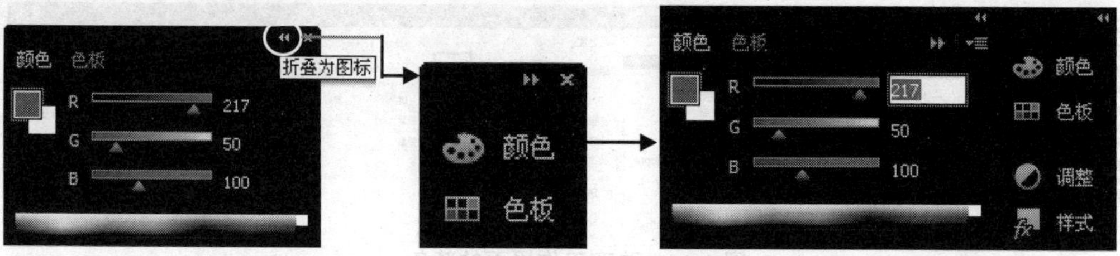

图 1-11　调板的展开与折叠

**步骤 5**　若想关闭调板，可右键单击调板名称，从弹出的快捷菜单中选择"关闭"菜单项，如图 1-12 所示。若想打开已经关闭的调板，可选择"窗口"菜单中的相应菜单项，如图 1-13 所示。

**步骤 6**　要将当前工作界面恢复为系统默认状态，可单击工具属性栏右侧的"基本功能"按钮，从展开的列表中选择"复位基本功能"选项即可，如图 1-14 所示。

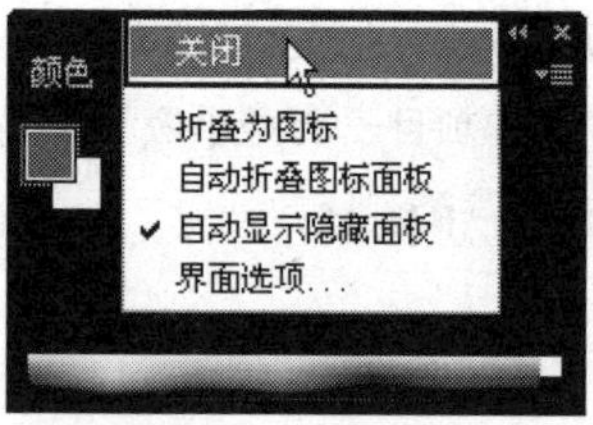

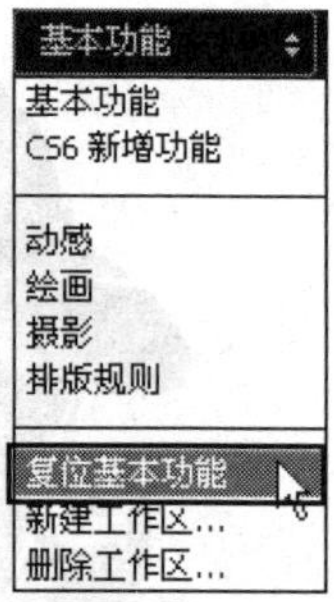

图 1-12　关闭调板　　　　图 1-13　"窗口"菜单　　图 1-14　复位工作区菜单

**步骤 7**　根据需要，用户可以设置在界面中只显示针对某项功能的调板，只需在图 1-14 所示列表中选择相应选项，或者选择"窗口">"工作区"菜单下的相应子菜单项即可。

**步骤 8**　若想改变工作界面的颜色，可选择"编辑">"首选项">"界面"菜单项，打开"首选项"对话框，在"外观"设置区中单击■■▓▢按钮之一选择一种颜色方案，然后单击"确定"按钮，如图 1-15 所示。

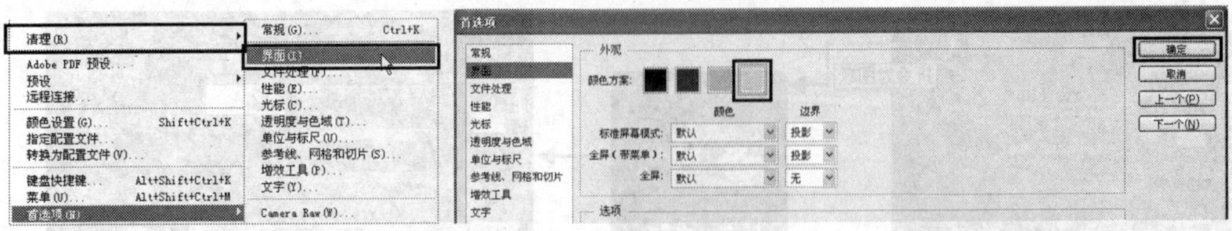

图 1-15    改变工作界面的颜色

# 任务二    制作万圣小魔女插画——Photoshop 基本操作

## 任务说明

要使用 Photoshop CS6 处理图像，首先应打开或创建图像文件，然后才能进行相应的编辑操作，最后还应当保存和关闭图像。此外，当同时打开多幅图像文件时，为方便对不同的图像进行编辑，我们还需要切换或排列图像窗口，或将图像窗口从选项卡式设为浮动式等。

下面通过制作图 1-16 所示的万圣小魔女插画，来掌握 Photoshop 图像文件的基本操作，以及了解与图像处理相关的一些基本概念，如分辨率、颜色模式、图像文件格式等。

素材：素材与实例\项目一\1.jpg、2.png

效果：素材与实例\项目一\万圣小魔女插画.psd

视频：视频\项目一\1-1.swf

图 1-16    万圣小魔女插画效果

## 预备知识

### 一、Photoshop 文件基本操作

利用"文件"菜单中的相关命令（参见图 1-17 左图），或直接按键盘快捷键，可以执行新建、打开、保存和关闭文件等操作。例如，按【Ctrl+N】组合键可新建文件；按【Ctrl+O】组合键可打开文件；按【Ctrl+S】组合键可保存文件。

## 二、切换和排列图像窗口

- **切换图像窗口**：默认情况下，在 Photoshop CS6 中新建或打开的图像均以选项卡方式显示，当同时打开多幅图像时，要将某个图像窗口设为当前窗口，只需单击该图像的标签即可。
- **排列图像窗口**：若想同时查看多幅图像，可选择菜单栏中的“窗口”>“排列”菜单项，从打开的列表中选择合适的图像窗口排列方式，包括全部垂直拼贴、双联、三联、四联、六联等。

## 任务实施——制作万圣小魔女插画

**步骤 1** 按【Ctrl+N】组合键，或选择“文件”>“新建”菜单项，打开“新建”对话框，参照图 1-17 右图所示设置各项参数，单击“确定”按钮，即可创建一个空白图像文件。

**提示** 我们将在本任务后面的“补充学习”部分学习分辨率和颜色模式等关于图像的一些基本概念。

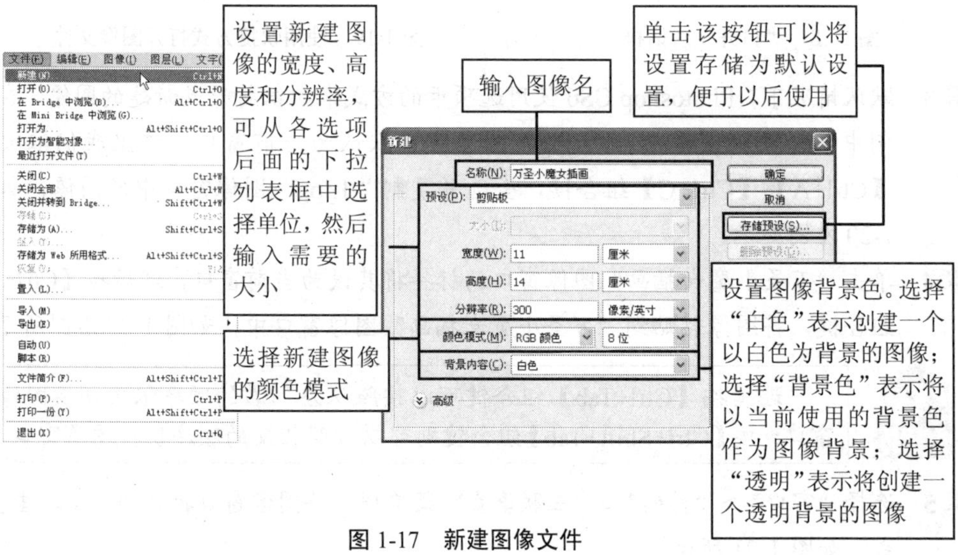
设置新建图像的宽度、高度和分辨率，可从各选项后面的下拉列表框中选择单位，然后输入需要的大小
输入图像名
单击该按钮可以将设置存储为默认设置，便于以后使用
选择新建图像的颜色模式
设置图像背景色。选择“白色”表示创建一个以白色为背景的图像；选择“背景色”表示将以当前使用的背景色作为图像背景；选择“透明”表示将创建一个透明背景的图像
新建
名称(N): 万圣小魔女插画
预设(P): 剪贴板
宽度(W): 11 厘米
高度(H): 14 厘米
分辨率(R): 300 像素/英寸
颜色模式(M): RGB 颜色 8 位
背景内容(C): 白色
确定
取消
存储预设(S)...

图 1-17 新建图像文件

**步骤 2** 按【Ctrl+O】组合键，或选择“文件”>“打开”菜单项，打开“打开”对话框，在对话框中找到存放图像文件的文件夹，本例为本书配套素材“项目一”文件夹，按住【Ctrl】键依次单击“1.jpg”、“2.png”图像文件，将它们同时选中，然后单击“打开”按钮将它们同时打开，如图 1-18 所示。

在"打开"对话框中按住【Ctrl】键依次单击可同时选中不连续的多张图像，从而将它们同时打开；要选择连续的多张图像，可按住【Shift】键依次单击前后两张图像。

除了利用"打开"对话框打开图像文件外，还有一种打开图像的快捷方式，那就是将图像从本地磁盘或文件夹窗口中拖到任务栏中的Photoshop 图标上，如图 1-19 所示，当显示 Photoshop 窗口时，将图像拖至 Photoshop 窗口中（如果有图像标签栏，需要拖至图像标签栏上）并释放鼠标。

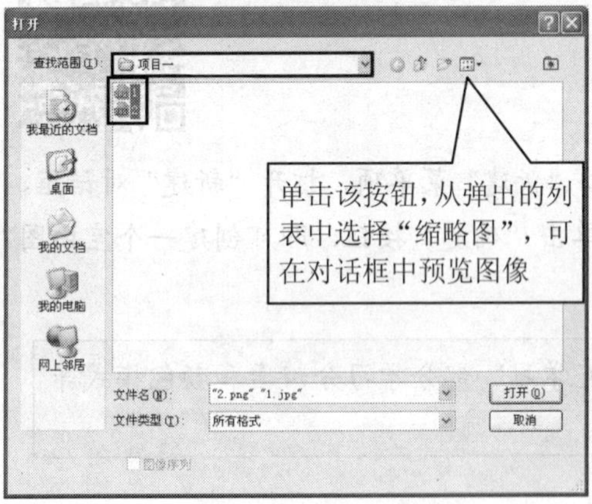

图 1-18　"打开"对话框 　　　　图 1-19　使用快捷方式打开图像文件

**步骤 3**　默认情况下，Photoshop CS6 使用选项卡的方式来组织打开或新建的图像，在本例中打开素材图像后，"1.jpg"图像窗口默认为当前窗口，这里我们依次按【Ctrl+A】、【Ctrl+C】组合键，全选并复制"1.jpg"图像窗口中的图像，如图 1-20 左图所示。

**步骤 4**　单击"万圣小魔女插画"图像窗口的标签将其设为当前窗口，然后按【Ctrl+V】组合键，将图像粘贴到"万圣小魔女插画"图像窗口中，如图 1-20 右图所示。

连续按【Ctrl+Tab】组合键可以按照从左到右的顺序依次切换图像窗口；按【Ctrl+Shift+Tab】组合键则可以按照相反的顺序切换图像窗口。

**步骤 5**　选择"窗口"＞"排列"＞"三联垂直"菜单项，将图像窗口排列为"三联垂直"式，如图 1-21 所示。

**步骤 6**　在工具箱中选择"移动工具" 首先在"2.png"图像窗口中单击，将其设为当前窗口，然后在南瓜图像上按住鼠标左键向"万圣小魔女插画"图像窗口中拖动，到图 1-22 所示的位置时释放鼠标，将南瓜图像移动到此处。

**步骤 7**　选择"窗口"＞"排列"＞"将所有内容合并到选项卡中"菜单项，将图像窗口重新恢复为选项卡式。

图 1-20　复制图像

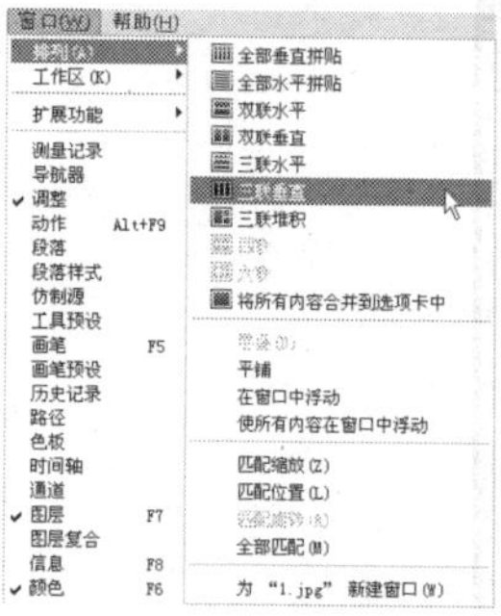

图 1-21　排列图像窗口 　　　　　　　图 1-22　在不同的图像窗口之间移动图像

要在不同的图像窗口之间移动图像，或同时查看打开的多张图像，除了通过排列图像窗口外，也可以将图像窗口设为浮动式。方法是将鼠标指针移至要设为浮动的图像窗口标签上，按住鼠标左键将其从图像标签栏中拖出，然后释放鼠标即可，如图 1-23 所示。

默认情况下，单击浮动式图像窗口的任意位置可将其切换为当前窗口；单击浮动图像窗口的标题栏并拖动可移动其位置；若将浮动图像窗口拖至图像标签栏中，可将图像窗口重新合并为选项卡形式。

图 1-23　将图像窗口设为浮动式

**步骤 8**　按【Ctrl+S】组合键，或选择"文件">"储存"菜单项，打开"存储为"对话框，选择文件的保存位置，在"文件名"编辑框中输入文件名，在"格式"下拉列表框中选择文件保存格式（在本任务的"补充学习"部分将介绍常用的图像文件格式），如选择 PSD 格式，单击"保存"按钮，将制作好的图像文件保存，如图 1-24 所示。

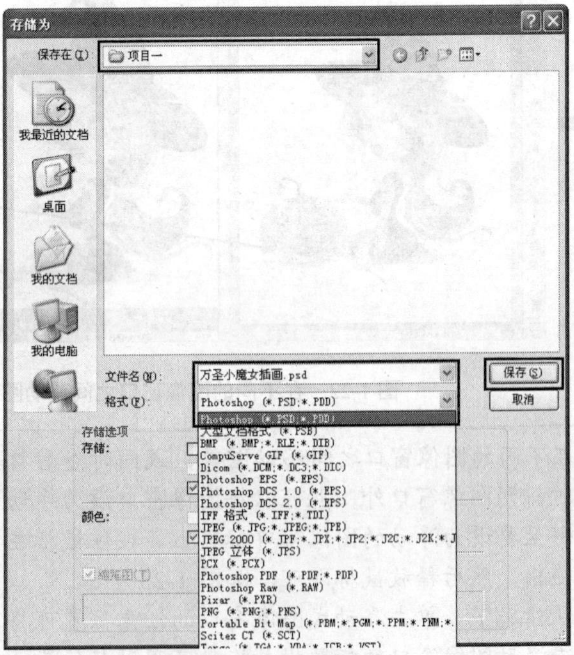

图 1-24　保存图像

> **提示**　在对图像执行第 2 次保存操作时，不会再弹出"存储为"对话框。若用户希望将所编辑的图像以别的名称或格式进行保存，可以选择"文件">"存储为"菜单项，或者按【Ctrl+Shift+S】组合键，在打开的"存储为"对话框中重新设置文件名、存储位置和格式即可。

**步骤 9**　分别单击各图像窗口标签右侧的"关闭"按钮✕，或选择"文件">"关闭"菜单项，或按【Ctrl+W】组合键，将各图像关闭。如果选择"文件">"关闭全部"菜单项，将一次性关闭所有打开的图像文件。

**步骤 10**　单击 Photoshop CS6 程序窗口右上角的"关闭"按钮　✕　，退出 Photoshop CS6。

## 补充学习——了解图像相关概念

位图和矢量图、图像分辨率、颜色模式、图像文件格式是我们在处理图像时经常遇到的概念，下面就来了解一下这些知识。

### 一、位图和矢量图

图像有位图和矢量图之分。严格地说，位图被称为图像，矢量图被称为图形。它们之间最大的区别就是位图放大到一定比例时会变得模糊，而矢量图则不会，如图 1-25 和图 1-26 所示。用户可使用 Photoshop 打开本书配套素材"项目一"文件夹中的"3.jpg"图像文件，以及使用 Illustrator 矢量绘图软件打开"4.ai"矢量图文件，来查看位图和矢量图的区别。

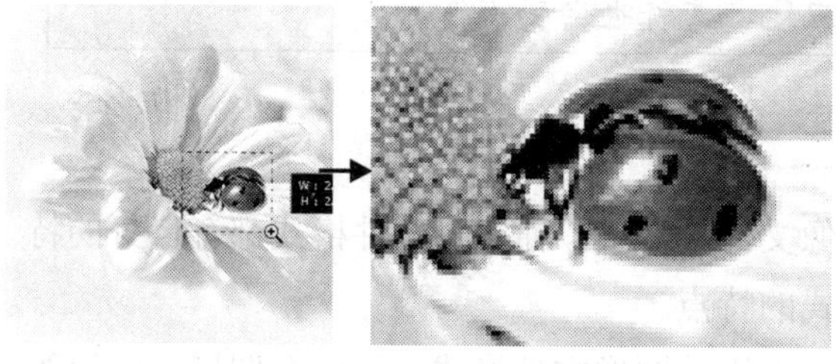

图 1-25　放大显示位图前后效果 　　　　图 1-26　放大显示矢量图前后效果

> **位图**

位图是由许多细小的色块组成的，每个色块就是一个像素，每个像素只能显示一种颜色。像素是构成位图的最小单位，放大位图后可看到它们，这就是我们平常所说的马赛克效果。

日常生活中，我们所拍摄的数码照片、扫描的图像都属于位图。与矢量图相比，位图具有表现力强、色彩细腻、层次多且细节丰富等优点。位图的缺点是文件占用的存储空间大，且与分辨率有关。

> 矢量图

矢量图主要是用诸如 Illustrator、CorelDRAW 等矢量绘图软件绘制得到的。矢量图具有占用存储空间小、按任意分辨率打印都依然清晰（与分辨率无关）的优点，常用于设计标志、插画、卡通和产品效果图等。矢量图的缺点是色彩单调，细节不够丰富，无法逼真地表现自然界中的事物。

就 Photoshop 而言，其卓越的功能主要体现在能对位图进行全方位的处理。例如，可以调整图像的尺寸、色彩、亮度、对比度，并可以对图像进行各种加工，从而制作出精美的作品。此外，也可利用 Photoshop 绘制一些不太复杂的矢量图。

## 二、像素和图像分辨率

> **像素**：如前所述，像素是组成位图图像最基本的元素，每个像素只能显示一种颜色，共同组成整幅图像。

> **图像分辨率**：通常是指图像中每平方英寸所包含的像素数，其单位是"像素/英寸"（pixel/inch，ppi）。一般情况下，如果希望图像仅用于显示，可将其分辨率设置为 72ppi 或 96ppi（与显示器分辨率相同）；如果希望图像用于印刷输出，则应将其分辨率设置为 300ppi 或更高。

> 分辨率与图像的品质有着密切的关系。当图像尺寸固定时，分辨率越高，意味着图像中包含的像素越多，图像也就越清晰，相应地，文件也会越大；反之，分辨率较低时，意味着图像中包含的像素越少，图像的清晰度自然也会降低，相应地，文件也会变小。

## 三、常用图像文件格式

图像文件格式是指在计算机中存储图像文件的方式，而每种文件格式都有自身的特点和用途。下面简要介绍几种常用图像格式的特点。

> **PSD 格式**（*.psd）：是 Photoshop 专用的图像文件格式，可保存图层、通道等信息。其优点是保存的信息量多，便于修改图像；缺点是文件尺寸较大。

> **TIFF 格式**（*.tif）：是一种应用非常广泛的图像文件格式，几乎所有的扫描仪和图像处理软件都支持它。TIFF 格式采用无损压缩方式来存储图像信息，可支持多种颜色模式，可保存图层和通道信息，并且可以设置透明背景。

> **JPEG 格式**（*.jpg）：是一种压缩率很高的图像文件格式。但是，由于它采用的是具有破坏性的压缩算法（有损压缩），因此，该格式图像文件在显示时无法全部还原。它仅适用于保存不含文字或文字尺寸较大的图像，否则，将导致

图像中的字迹模糊。JPEG 格式图像文件支持 CMYK、RGB、灰度等多种颜色模式，多用作网页的素材图像。

➢ **GIF 格式**（\*.gif）：图像最多可包含 256 种颜色，颜色模式为索引颜色模式，文件尺寸较小，支持透明背景，且支持多帧，特别适合作为网页图像或网页动画。

➢ **BMP 格式**（\*.bmp）：是 Windows 操作系统中"画图"程序的标准文件格式，此格式与大多数 Windows 和 OS/2 平台的应用程序兼容。由于该格式采用的是无损压缩，因此，其优点是图像完全不失真，缺点是图像文件的尺寸较大。

## 四、常用颜色模式

颜色模式决定了如何描述和重现图像的色彩。在 Photoshop 中，常用的颜色模式有 RGB 模式、CMYK 模式、灰度模式等，下面分别介绍。

➢ **RGB 颜色模式**：该模式是 Photoshop 软件默认的颜色模式。在该模式下，图像的颜色由红（R）、绿（G）、蓝（B）3 原色混合而成。R、G、B 颜色取值的范围均为 0~255。当图像中某个像素的 R、G、B 值都为 0 时，像素颜色为黑色；R、G、B 值都为 255 时，像素颜色为白色；R、G、B 值相等时，像素颜色为灰色。

➢ **CMYK 颜色模式**：该模式是一种印刷模式，其图像颜色由青（C）、洋红（M）、黄（Y）和黑（K）4 种色彩混合而成。C、M、Y、K 的颜色变化用百分比表示，如大红色为（0、100、100、0）。在 Photoshop 中处理图像时，一般不采用 CMYK 模式，因为该颜色模式下图像文件占用的存储空间较大，并且 Photoshop 提供的很多滤镜都无法使用。因此，如果制作的图像需要用于打印或印刷，可在输出前将图像的颜色模式转换为 CMYK 模式。

➢ **灰度模式**：灰度模式图像只能包含纯白、纯黑及一系列从黑到白的灰色。其不包含任何色彩信息，但能充分表现出图像的明暗信息。

➢ **索引颜色模式**：索引颜色模式图像最多包含 256 种颜色。在这种颜色模式下，图像中的颜色均取自一个 256 色颜色表。索引颜色模式图像的优点是文件尺寸小，其对应的主要图像文件格式为 GIF。因此，这种颜色模式的图像通常用作多媒体动画和网页的素材图像。在该颜色模式下，Photoshop 中的多数工具和命令都不可用。

➢ **位图模式**：位图模式图像也叫黑白图像或一位图像，它只包含了黑、白两种颜色。

➢ **Lab 颜色模式**：该模式是目前所有模式中包含色彩范围最广的颜色模式。它以一个亮度分量 L 以及两个颜色分量 a 与 b 来混合出不同的颜色。

> 每种颜色模式能表示的颜色范围称为色域。在前面介绍的几种颜色模式中，Lab 颜色模式的色域>RGB 颜色模式>CMYK 颜色模式。

**知识库**

## 任务三　制作图书封面——使用辅助工具

### 任务说明

在处理图像时，为了能够精确设置对象的位置和尺寸，系统提供了一些辅助工具供用户使用，如缩放工具、平移工具、标尺、参考线和网格等。在处理图像的过程中，适时使用这些辅助工具，可以让操作变得更加快捷和精确。

下面通过制作图 1-27 所示的图书封面，来学习 Photoshop CS6 提供的辅助工具的用法。

素材：素材与实例\项目一\5.jpg、6.psd~10.psd

效果：素材与实例\项目一\图书封面.psd

视频：视频\项目一\1-2.swf

图 1-27　图书封面效果

### 预备知识

#### 一、使用缩放和平移工具

在处理图像时，通过放大图像的显示比例可以方便地对图像的细节进行处理，而通过缩小图像的显示比例可以方便地观察图像的整体。在 Photoshop CS6 中，缩放和平移视图主要是利用工具箱中的"缩放工具" 🔍 和"抓手工具" ✋，以及菜单栏中的子菜单项（可按相应的快捷键）和"导航器"调板进行的，如图 1-28 所示。

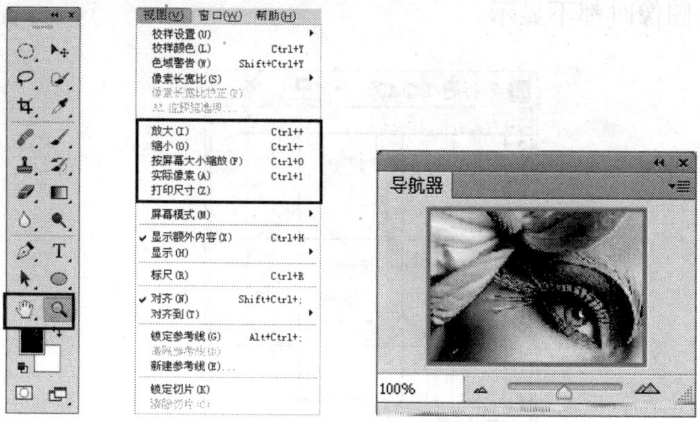

图 1-28  缩放和平移视图的主要工具

## 二、使用标尺和参考线

标尺和参考线都用来辅助定位对象的位置。选择"视图">"标尺"菜单项，或按【Ctrl+R】组合键，可在图像的左侧和顶部显示或隐藏标尺，如图 1-29 左图所示；将鼠标指针放置在水平或垂直标尺上，按住鼠标左键并向图像窗口内拖动，至合适位置后释放鼠标即可创建参考线，如图 1-29 中图所示，反复操作可创建多条参考线。

此外，也可选择"视图">"新建参考线"菜单项，打开"新建参考线"对话框，如图 1-29 右图所示。在对话框中设置参考线的方向和位置，单击"确定"按钮精确创建参考线。

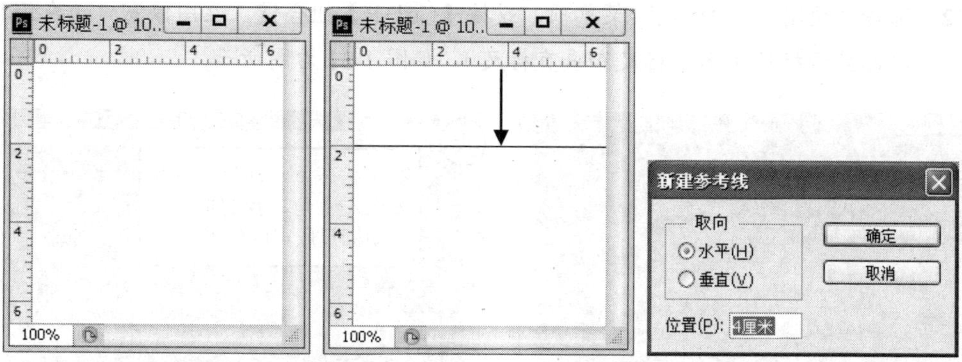

图 1-29  显示标尺并创建参考线

## 三、使用网格

在处理图像时，借助网格线也可以精确定位对象。选择"视图">"显示">"网格"菜单项，或按【Ctrl+'】组合键可在图像窗口中显示或隐藏网格线，如图 1-30 所示。辅助线和网格在打印图像时都不显示。

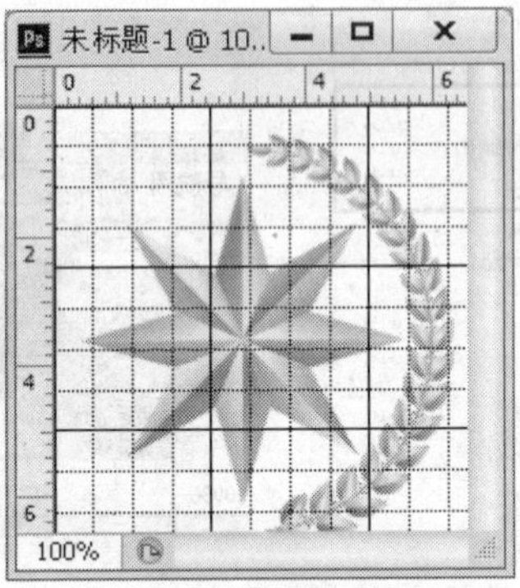
未标题-1 @ 10...
100%

图 1-30　使用网格对齐对象

> **提示**　通过选择“视图”>“对齐到”菜单项下的相应子菜单项，可以指定在移动对象时是否将对象自动对齐到网格、参考线或文档边界；通过选择“编辑”>“首选项”>“参考线、网格和切边”菜单项，可在打开的对话框中设置参考线或网格的颜色。

## 任务实施——制作图书封面

**步骤 1**　同时打开本书配套素材“5.jpg”、“6.psd”、“7.psd”、“8.psd”、“9.psd”和“10.psd”图像文件，然后将“5.jpg”图像窗口设置为当前窗口，如图 1-31 左图所示。

**步骤 2**　选择“视图”>“标尺”菜单项，或按【Ctrl+R】组合键，在图像窗口的左侧和顶部显示标尺（水平标尺和垂直标尺），如图 1-31 右图所示。

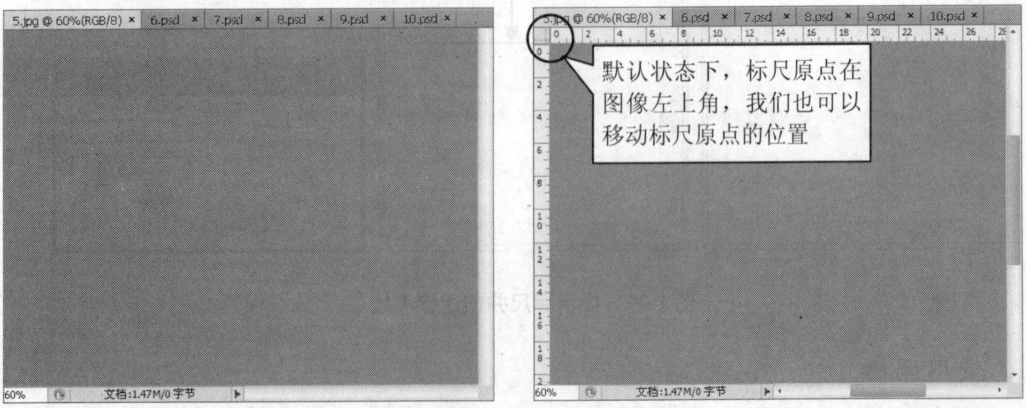
默认状态下，标尺原点在图像左上角，我们也可以移动标尺原点的位置

图 1-31　打开素材图像和显示标尺

**步骤 3** 选择工具箱中的"缩放工具" 🔍，在图像窗口中单击，将图像放大显示，如图 1-32 左图所示；接着选择"抓手工具" ✋，将鼠标指针移至图像窗口中并向下拖动鼠标，将图像向下平移，显示图像的上边缘；再将图像向右平移，显示图像的左边缘，如图 1-32 右图所示。

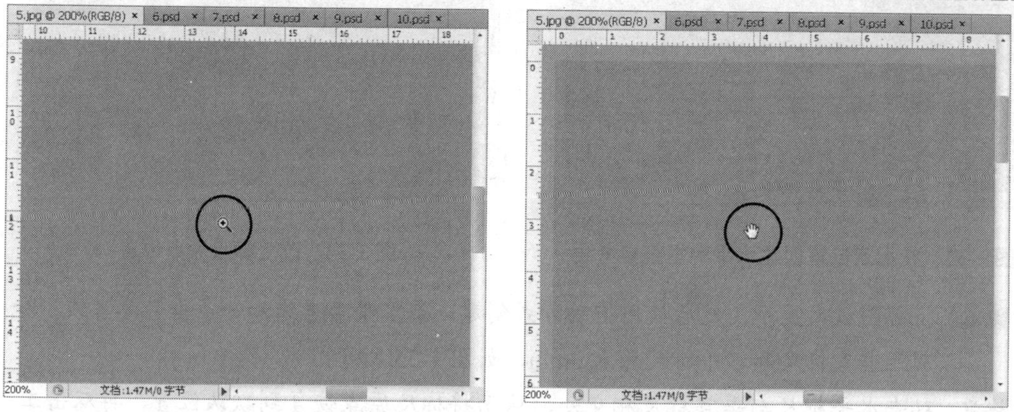

图 1-32　放大和平移图像显示

> **小技巧** 无论当前使用何种工具，按住【Ctrl+空格键】不松手都等同于选择了"缩放工具" 🔍，此时在图像区域单击鼠标即可放大视图，从而避免了切换工具的麻烦；此外，按住空格键不松手等同于选择了"抓手工具" ✋。

**步骤 4** 将鼠标光标移至水平标尺上，按住鼠标左键不放并向下拖动，至图像顶端 3mm 处时释放鼠标，从而在该处创建一条水平参考线；使用同样的方法，在图像左侧 3mm 处创建一条垂直参考线，如图 1-33 所示。

> **提示** 若拖出的参考线的位置不符合要求，可选择工具箱中的"选择工具" ▶+，然后将鼠标指针移至参考线上，按住鼠标左键并拖动以移动参考线。

**步骤 5** 选择工具箱中的"缩放工具" 🔍，按住【Alt】键，当光标变为 🔍 形状时在图像窗口中单击鼠标，从而将图像缩小显示；接着将鼠标指针移至水平标尺与垂直标尺相交处，按住鼠标左键不放拖至与图像的右边缘和下边缘对齐处（将出现两条对齐虚线），然后释放鼠标，从而将标尺原点移至此处，如图 1-34 所示。

> **提示** 在定位标尺原点的过程中，按住【Shift】键可以使标尺原点与标尺刻度记号对齐。此外，标尺的原点也是网格的原点，因此，调整标尺的原点也就同时调整了网格的原点。

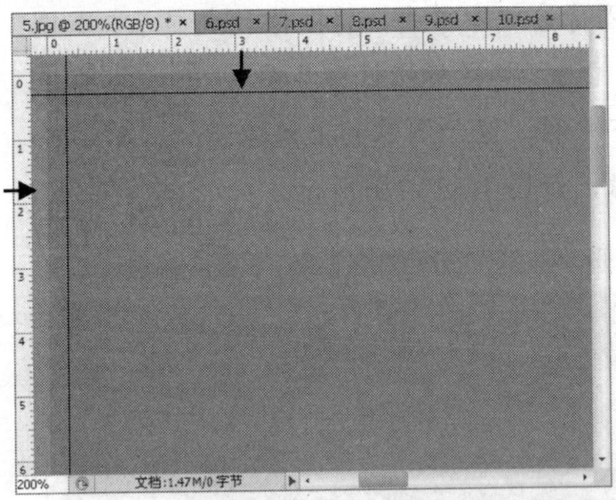

图 1-33　在指定位置创建水平和垂直参考线 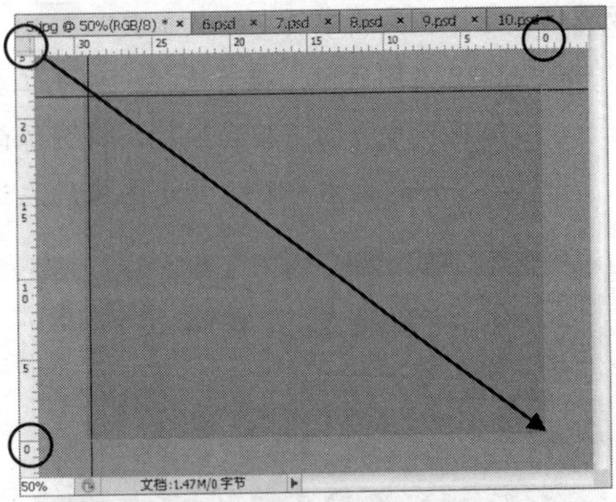　　图 1-34　改变标尺原点位置

**步骤 6**　将视图放大显示，然后使用拖动方式创建一条水平参考线和一条垂直参考线，分别距垂直标尺和水平标尺原点 3mm，如图 1-35 所示。

**步骤 7**　双击水平标尺与垂直标尺相交处，从而将标尺原点恢复到默认位置，再双击工具箱中的"缩放工具" 🔍 ，从而将图像显示比例恢复为 100%。

**步骤 8**　选择"视图" > "新建参考线"菜单项，打开"新建参考线"对话框，选择"垂直"单选钮，在"位置"编辑框中输入"14.3 厘米"，从而在距水平标尺原点 14.3cm 处创建一条垂直参考线，如图 1-36 上图所示；使用同样的方法再创建一条参考线，参数设置如图 1-36 下图所示。这样，便标示好了书脊的位置。

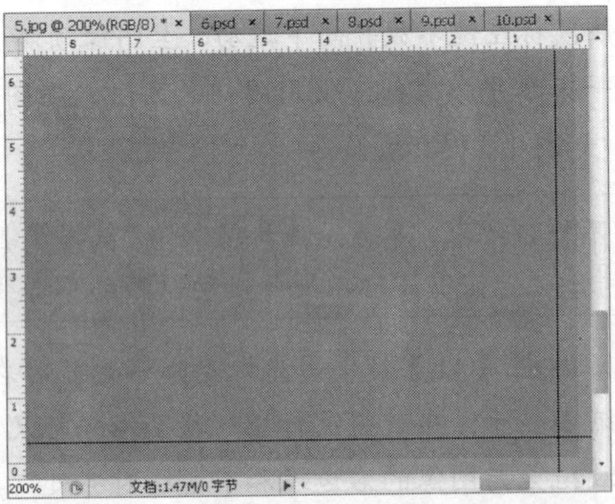

图 1-35　使用拖动方式再创建两条参考线 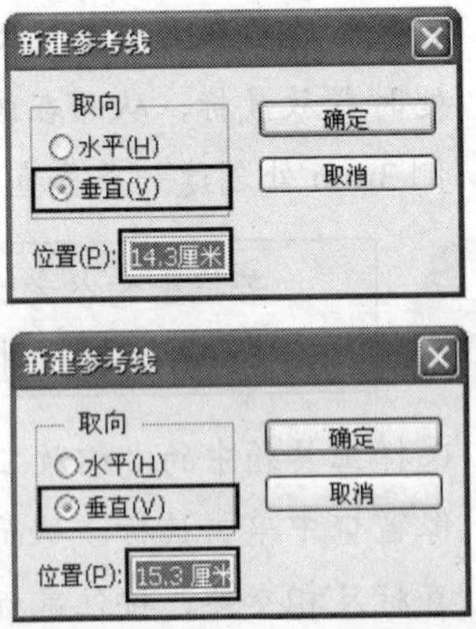　　图 1-36　使用对话框方式创建参考线

**步骤 9**　继续用"新建参考线"对话框在水平标尺 13.3cm 处创建一条垂直参考线，在垂直标尺 20cm 处创建一条水平参考线，参数设置如图 1-37 左图和中图所示。这样便标示出了条形码的位置，此时创建的参考线效果如图 1-37 右图所示。

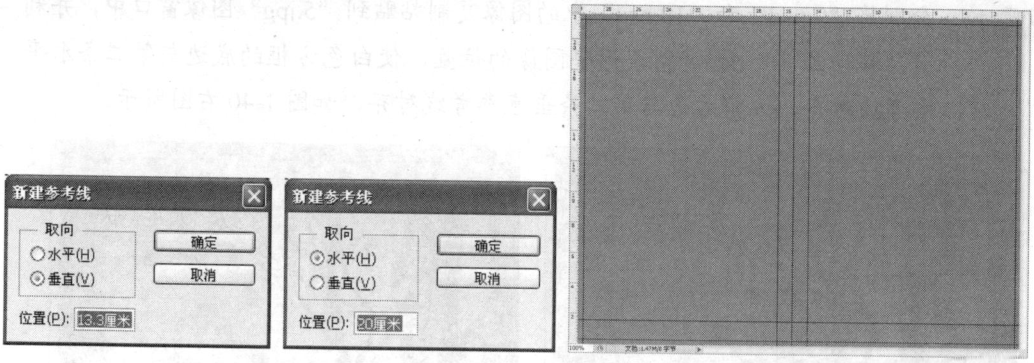

图 1-37　设置放置条形码位置的参考线

**步骤 10**　按【Ctrl+R】组合键隐藏标尺，再选择"视图"＞"锁定参考线"菜单项或按【Alt+Ctrl+;】组合键锁定参考线，然后切换到"6.psd"图像窗口，依次按【Ctrl+A】、【Ctrl+C】组合键，全选并复制图像。再切换到"5.jpg"图像窗口，按【Ctrl+V】组合键粘贴图像，效果如图 1-38 所示。

> **提示**　　锁定参考线后便不能对参考线进行移动操作，从而避免误操作移动参考线。要解除参考线的锁定，可再次选择"视图"＞"锁定参考线"菜单项。

**步骤 11**　参照步骤 10 中的操作方法，将"7.psd"中的图像复制粘贴到"5.jpg"图像窗口中，然后选择"移动工具" ，在树叶图像上拖动以调整其位置，效果如图 1-39 所示。

图 1-38　复制风景图像

图 1-39　复制并移动树叶图像

**步骤 12**　将"8.psd"中的图像复制粘贴到"5.jpg"图像窗口中，然后用"移动工具" 移动文字的位置，使"同心出版社"字样的顶部与第二条水平参考线对齐，再调整文字使之在封面区域左右居中，效果如图 1-40 左图所示。

**步骤 13** 分别将 "9.psd" 和 "10.psd" 中的图像复制粘贴到 "5.jpg" 图像窗口中，并利用 "移动工具" ⊕ 调整条形码图像的位置，使白色方框的底边与第二条水平参考线对齐，方框右边与第二条垂直参考线对齐，如图 1-40 右图所示。

图 1-40　复制其他图像并使用参考线辅助调整对象位置

**步骤 14** 按【Ctrl+;】组合键隐藏参考线，查看封面效果。这样，一个图书封面就制作完成了。最后将 "5.jpg" 图像另存为 "图书封面.psd"。

> **小技巧**　再次按【Ctrl+;】组合键可显示参考线。若要删除某条参考线，可利用 "选择工具" ⊕，将该参考线拖出图像窗口之外；若选择 "视图" > "清除参考线" 菜单项，可一次性清除所有参考线。

## 补充学习——缩放和平移视图的其他技巧

除了任务实施中所讲解的操作外，读者还可以使用以下方法来缩放和平移视图。

**步骤 1** 打开本书配套素材 "项目一" 文件夹中的 "11.jpg" 图像文件，选择 "缩放工具" ⊕ 后，在图像窗口按住鼠标左键不放并拖出一个矩形区域，释放鼠标后该区域将被放大至充满窗口，如图 1-41 所示。

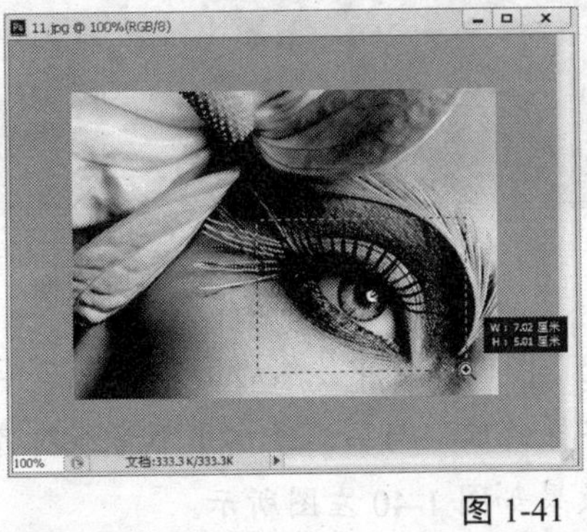

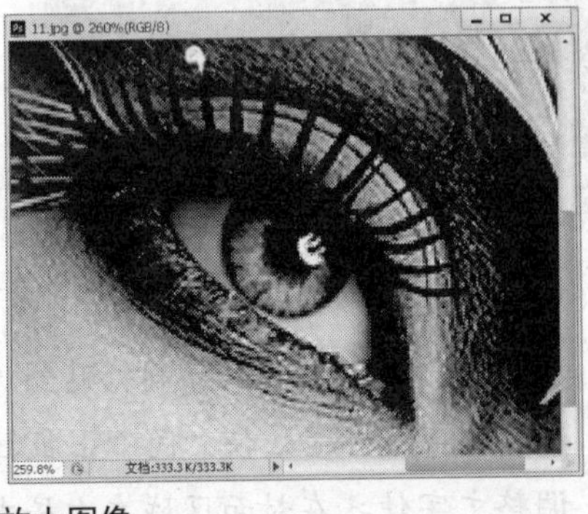

图 1-41　局部放大图像

**提示** 选择"缩放工具" 🔍 后，若在工具属性栏中选择了"细微缩放"复选框，则按住鼠标左键在图像上拖动可放大或缩小图像显示。

**步骤2** 选择"窗口" > "导航器"菜单项，打开"导航器"调板，将光标置于"导航器"调板的滑块△上，按住鼠标左键不放并左右拖动可缩小或放大图像，如图 1-42 所示。此外，单击滑块左侧的 ▲ 按钮，可将图像缩小二分之一显示；单击滑块右侧的 ▲ 按钮，可将图像放大一倍显示。

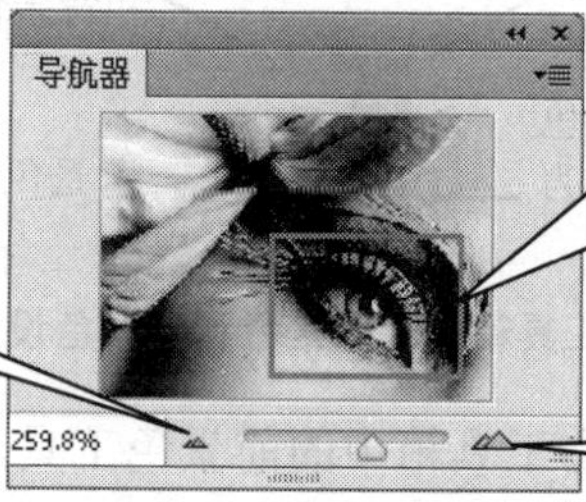

单击此按钮，图像会缩小一倍显示

红色线框框住的内容是在图像窗口中显示的内容，红色线框之外的内容无法在图像窗口中显示。因此，拖动该线框也可移动图像的显示区域

单击此按钮，图像会放大一倍显示

**图 1-42　利用"导航器"调板缩放图像**

**步骤3** 选择"视图" > "放大"（快捷键为【Ctrl+ +】）或"缩小"（快捷键为【Ctrl+ -】）菜单项，可将图像放大一倍或缩小二分之一显示；选择"视图" > "实际像素"菜单项，或者按【Ctrl+1】组合键，可将图像恢复为 100%比例显示。

# 任务四　填充冰淇淋女孩插画——设置前景色和背景色

## 任务说明

用户在编辑图像时，其操作结果与当前设置的前景色和背景色有着非常密切的联系。例如，使用画笔、铅笔及油漆桶等工具在图像窗口中进行绘画时，使用的是前景色；在利用橡皮擦工具擦除图像窗口中的背景图层时，则使用背景色填充被擦除的区域。

下面通过填充图 1-43 所示的冰淇淋女孩插画，来学习在 Photoshop CS6 中设置前景色和背景色的方法。

素材：素材与实例\项目一\12.jpg

效果：素材与实例\项目一\冰淇淋女孩插画.psd

视频：视频\项目一\1-3.swf

**图 1-43　冰淇淋女孩插画效果**

## 预备知识

### 一、前景色、背景色工具和拾色器

在 Photoshop 的工具箱中，系统提供了前景色和背景色设置工具，分别用于显示和设置当前使用的前景色和背景色，如图 1-44 所示。

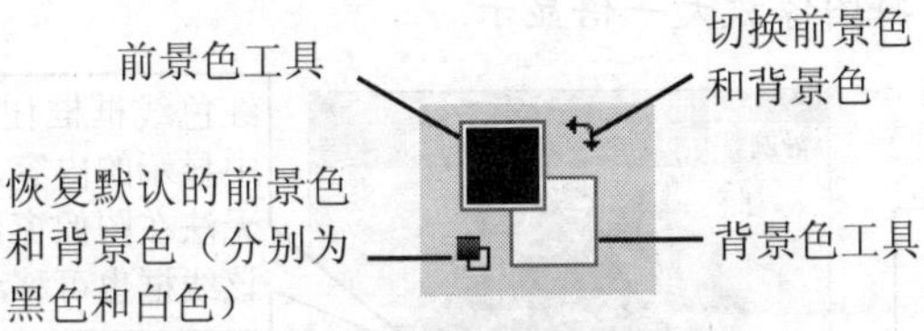

前景色工具
切换前景色和背景色
恢复默认的前景色和背景色（分别为黑色和白色）
背景色工具

图 1-44　工具箱中的前景色和背景色设置工具

例如，要设置前景色，可单击工具箱中的前景色工具，打开"拾色器（前景色）"对话框。在对话框中的光谱图中拖动颜色滑块选择颜色，再在色域中单击拾取需要的颜色；或者直接在颜色模型中输入数值来精确设置颜色，设置好后单击"确定"按钮，如图 1-45 所示。

> **提示**　在拾色器对话框中提供了 HSB、RGB、LAB 和 CMYK 几种颜色模型，我们可根据需要在某个模型中输入数值来设置颜色，还可在"#"编辑框中观察颜色的十六进制值，或者直接输入颜色的十六进制值来设置颜色。

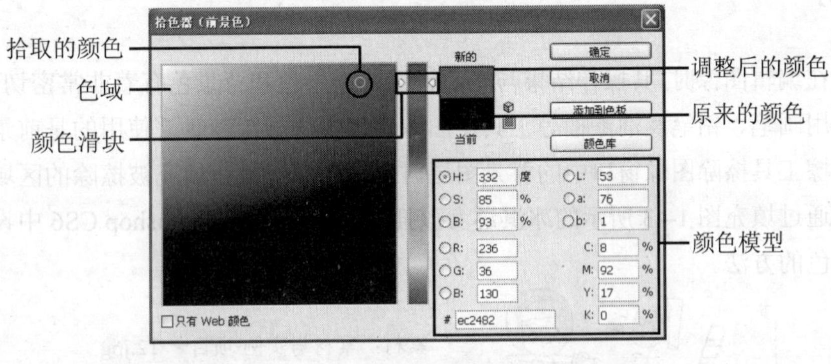

拾取的颜色
色域
颜色滑块
调整后的颜色
原来的颜色
颜色模型

图 1-45　"拾色器（前景色）"对话框

拾色器对话框中几个重要按钮的作用如下。

➢ **溢色警告标志**：当所选颜色超出了印刷或打印的颜色范围时，在对话框中色样的右侧将出现一个溢色警告标志，其下方的小方块显示了与所选颜色最接近的印刷色，即 CMYK 颜色。单击溢色警告标志，可选定该 CMYK 颜色。

> Web 调色板颜色警告标志⬡：Web 颜色是指能在不同操作系统和不同浏览器中安全显示的 216 种颜色。如果指定的颜色超出 Web 颜色的范围，则会出现 Web 调色板颜色警告标志⬡，单击该标志可选择与指定颜色最相近的 Web 颜色。此外，勾选"只有 Web 颜色"复选框，则色域区将只显示 Web 颜色。

> **"添加到色板"按钮**：单击该按钮，可将所选颜色添加到"色板"调板中。

> **"颜色库"按钮**：单击"颜色库"按钮，将打开"颜色库"对话框，可从中选择系统预定义的各种 CMYK 颜色。

## 二、"颜色"、"色板"调板和吸管工具

利用"颜色"、"色板"调板和"吸管工具" 🖊 也可设置前景色或背景色。

### 1."颜色"调板

选择"窗口" > "颜色"菜单项，或者按【F6】键打开"颜色"调板，如图 1-46 所示。在调板左上角单击选择要设置前景色还是背景色，然后可通过颜色滑块或颜色样板设置颜色。此外，单击"颜色"调板右上角的 ▤ 按钮，可从打开的调板菜单中选择滑块及颜色样板条的颜色模式，如图 1-47 所示。

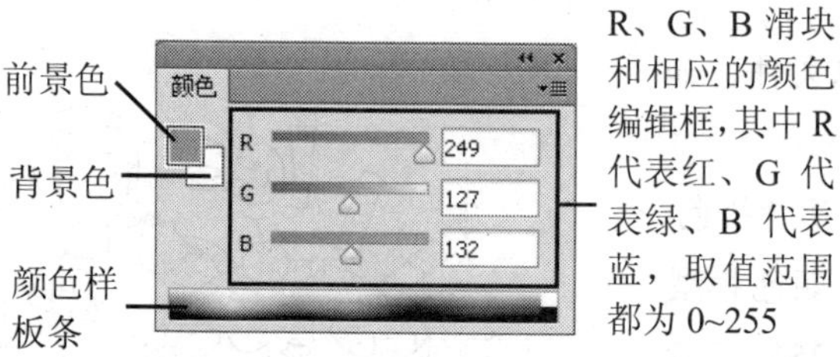

前景色
背景色
颜色样板条

R、G、B 滑块和相应的颜色编辑框，其中 R 代表红、G 代表绿、B 代表蓝，取值范围都为 0~255

图 1-46　"颜色"调板

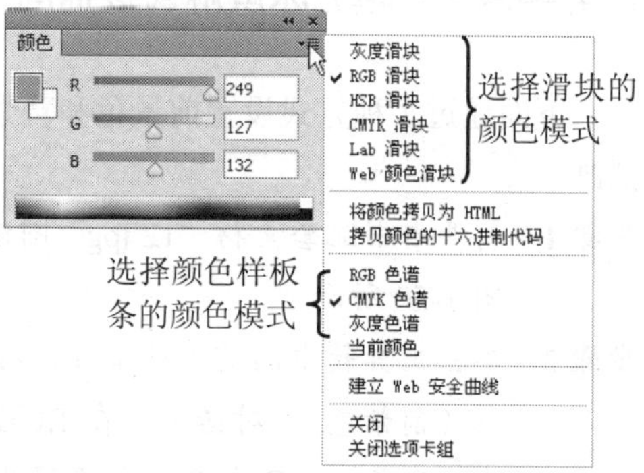

选择滑块的颜色模式
选择颜色样板条的颜色模式

图 1-47　"颜色"调板菜单

### 2."色板"调板

选择"窗口" > "色板"菜单项打开"色板"调板，在该调板中存储了系统预先设置好的颜色或用户自定的颜色，单击某个颜色即可将其设置为前景色，按住【Ctrl】键单击可将其设为背景色。

我们还可在"色板"调板中添加或删除色样，方法如下。

> **添加色样**：要在"色板"调板中添加色样，首先利用"颜色"调板或"拾色器"对话框设置好要添加的颜色，然后将光标移至调板中的空白处（此时光标变为油漆桶形状🖉）并单击，如图 1-48 左图所示，接着在打开的"色板名称"

对话框中输入色样名称或直接单击"确定"按钮，即可添加色样，如图 1-48 右图所示。

➢ **删除色样**：要删除某色样，只需将鼠标光标移至该色样上，按住鼠标左键并拖至调板底部的 🗑 按钮上即可。此外，将鼠标光标移至要删除的色样上，按住【Alt】键，当光标呈剪刀状 ✂ 时，单击鼠标也可删除该色样，如图 1-49 所示。

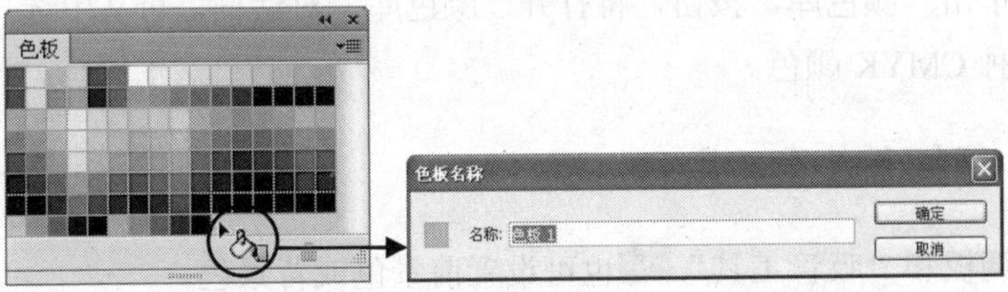

图 1-48　在"色板"调板中添加色样 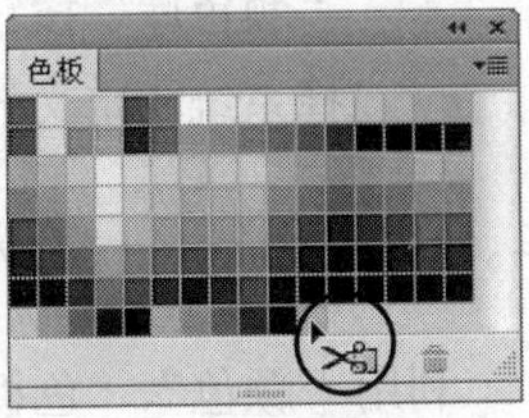　　　　图 1-49　删除色样

### 3．吸管工具

选择"吸管工具" 🖋 后，在图像中单击可将单击处的颜色设置为前景色；按住【Alt】键单击可将单击处的颜色设置为背景色。

## 任务实施——填充冰淇淋女孩插画

下面通过多种方式设置前景色和背景色，并利用"油漆桶工具" 🪣 填充冰淇淋女孩插画。

**步骤 1**　打开本书配套素材"12.jpg"图像文件，如图 1-50 所示。

**步骤 2**　单击工具箱中的前景色工具，打开"拾色器（前景色）"对话框，在 RGB 颜色模型中分别将 R、G 和 B 的值设置为 255、162和 167，单击"确定"按钮，如图 1-51 左图所示。

**步骤 3**　单击工具箱中的背景色工具，打开"拾色器（背景色）"对话框，在 RGB 颜色模型中分别将 R、G 和 B 的值设置为 210、245和 255，单击"确定"按钮，如图 1-51 中图所示。此时的前景色和背景色设置工具如图 1-51 右图所示。

图 1-50　打开素材图片

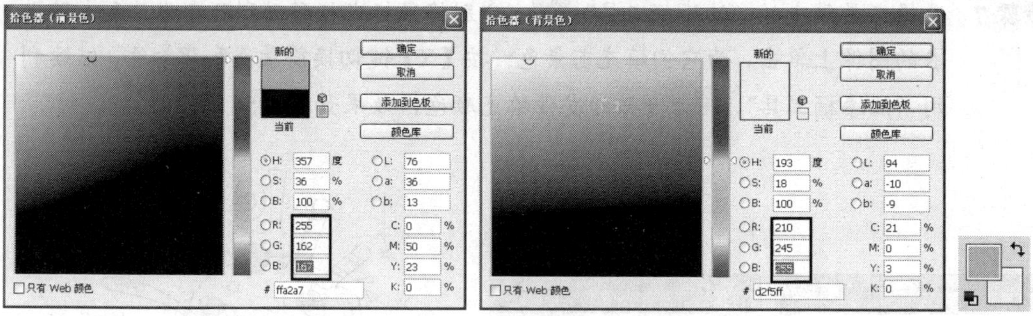

图 1-51  利用工具箱中的前景色和背景色设置工具设置颜色

**步骤4**  选择工具箱中的"油漆桶工具" ，分别将鼠标光标移动到苹果、草莓和西瓜瓤图像上单击，为它们填充前景色，如图 1-52 左图所示；按【X】键切换前景色和背景色，继续利用"油漆桶工具" 填充冰淇淋图像，如图 1-52 右图所示。

> **小技巧**
> 在英文输入法状态下，按【D】键可将前景色和背景色恢复成默认的黑色和白色；按【X】键可快速切换前景色和背景色。

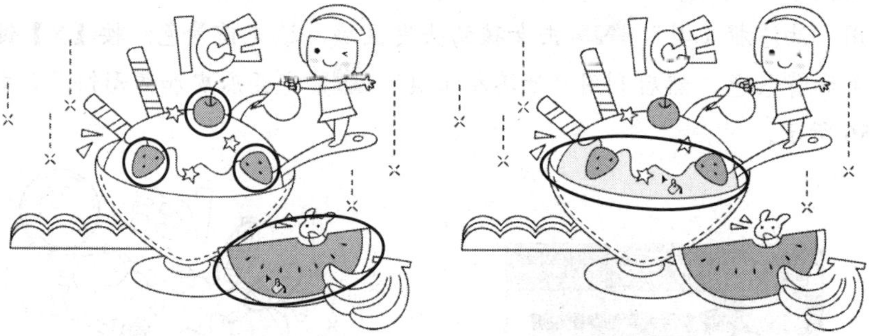

图 1-52  为苹果、草莓、西瓜瓤和冰淇淋上色

**步骤5**  按【F6】键打开"颜色"调板。单击"颜色"调板左上角的前景色工具，然后单击颜色样板条中的淡粉色，或在 R、G、B 数值框中输入 215、211、238，从而将前景色设置为淡粉色，如图 1-53 左图所示。

**步骤6**  单击"颜色"调板左上角的背景色工具，然后在 R、G、B 数值框中输入 126、205、244（也可通过拖动滑块来调整 R、G、B 值），从而将背景色设置为天蓝色，如图 1-53 右图所示。

> **提示**
> 在"颜色"调板中，被选中的前景色或背景色工具周围会出现一个白框；若当前已选中前景色或背景色工具，再次单击该工具将打开拾色器对话框。

**步骤 7** 选择工具箱中的"油漆桶工具" ，分别将鼠标光标移动到巧克力片和女孩上衣的图像上单击，为它们填充前景色；按【X】键切换前景色和背景色，继续利用"油漆桶工具" 为女孩的发带填充颜色，效果如图 1-54 所示。

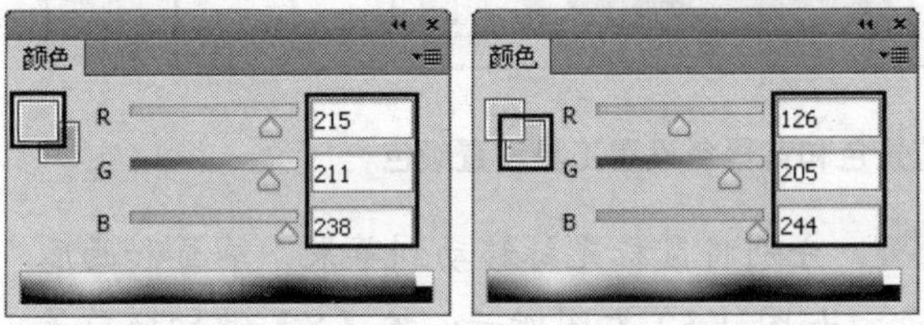

图 1-53 利用"颜色"调板设置前景色和背景色 　图 1-54 为女孩的上衣、发带等图像填充颜色

**步骤 8** 单击"颜色"调板左上角的前景色工具，然后打开"色板"调板，单击"浅黄"色样，将其设为前景色；再按住【Ctrl】键单击"蜡笔黄绿"色样，将其设为背景色，如图 1-55 所示。

**步骤 9** 使用"油漆桶工具" 单击女孩的头发区域，填充前景色；按【X】键切换前景色和背景色，然后利用"油漆桶工具" 填充西瓜皮和棒形饼干，效果如图 1-56 所示。

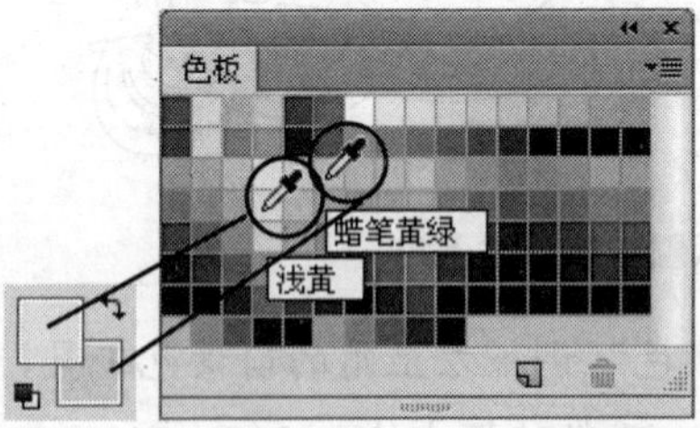

图 1-55 使用色板设置前景色和背景色 　图 1-56 为女孩的头发、西瓜皮等图像填充颜色

**步骤 10** 继续在"色板"调板中选择合适的颜色，并使用"油漆桶工具" 分别为图像其他部分填充颜色，效果如图 1-57 所示。

**步骤 11** 选择工具箱中的"吸管工具" ，在冰淇淋的位置单击，将冰淇淋的颜色设置为前景色，如图 1-58 所示。

图 1-57 为女孩的裙子、星星和香蕉填充颜色 　　图 1-58 利用"吸管工具"吸取图像的颜色

**步骤 12** 选择"油漆桶工具" 🪣 ，在"ICE"字样的图形各封闭区域单击，为其填充冰淇淋的颜色，如图 1-59 所示。至此，一幅漂亮的插画就填充完成了，最后按【Ctrl+S】组合键保存文件。

> **知识库** 用户还可以利用图 1-60 所示的"吸管工具" 🖋属性栏设置取样大小。默认情况下，"吸管工具" 🖋仅吸取光标下一个像素的颜色，也可选择 "3×3平均" 或 "5×5平均" 等选项，扩大取样像素的范围

"3×3 平均"表示取单击处周围 9 个像素的颜色的平均值，其他选项的意义与此类同

图 1-59 为图像填充颜色 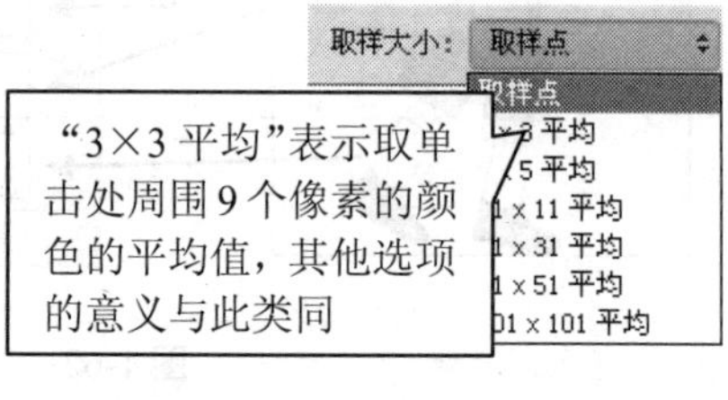　　图 1-60 利用"吸管工具"属性栏设置取样大小

# 任务五　制作婚戒广告——神奇的 Photoshop 图层

## 任务说明

在 Photoshop 中，图层是一项非常重要的功能。用户在编辑图像时，所执行的所有操作都与图层有着密切的联系。因此，为方便读者后续的学习，下面通过制作图 1-61 所示的婚戒广告，对图层作一个简单的剖析。

素材：素材与实例\项目一\14.psd～17.psd

效果：素材与实例\项目一\婚戒广告.psd

视频：视频\项目一\1-4.swf

图 1-61　婚戒广告效果

## 预备知识

我们可以将图层想象为透明的玻璃，每层玻璃上都有不同的画面，将多层玻璃叠加在一起就能构成一幅完整的图像。例如，打开本书配套素材"项目一"文件夹中的"13.psd"图像文件，可以看到该卡通人物由帽子、头部和身体图层组成，如图 1-62 所示。

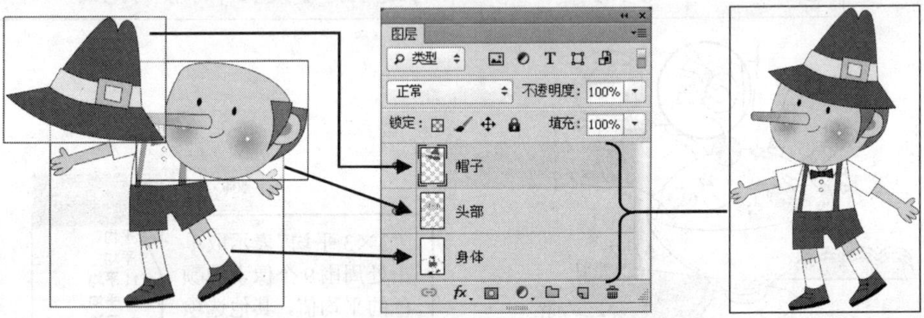

图 1-62　"图层"分析图

在 Photoshop 中，每个图像都由一个或多个图层组成，图层与图层之间是相互独立的，当对某一图层（在"图层"调板中单击选中该图层）进行操作时，不会影响到其他图层，这就方便我们对图像进行处理。此外，利用图层还可以方便地制作各种特殊图像效果。因此，可以说图层是 Photoshop 的灵魂，是 Photoshop 强大功能的体现。

## 任务实施——制作婚戒广告

步骤 1　启动 Photoshop，将背景色设为粉红色（#f07a8f），然后新建一文档，参数设置如图 1-63 所示。

**步骤 2** 打开本书配套素材"14.psd"图像文件,按【Ctrl+A】组合键全选图像,再按【Ctrl+C】组合键复制图像,然后切换到"婚戒广告"图像窗口,按【Ctrl+V】组合键粘贴图像,效果如图 1-64 所示。

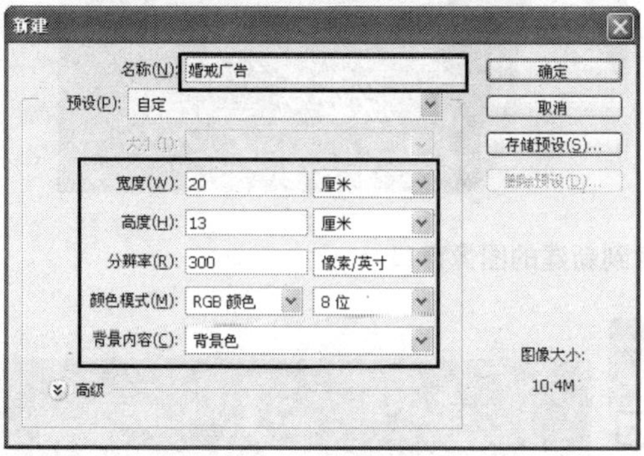

图 1-63　新建文档

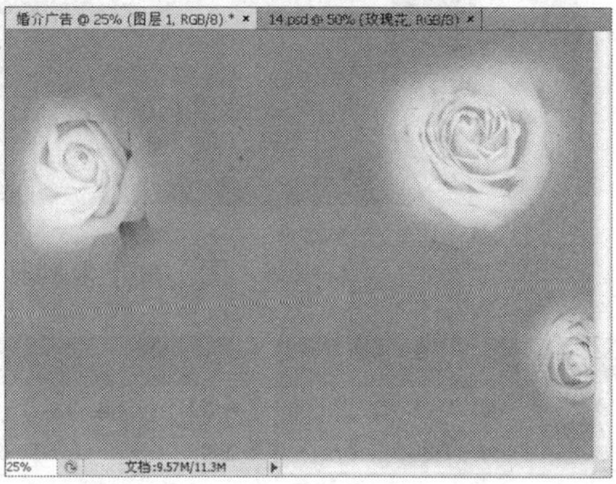

图 1-64　将打开的图像复制到新建的图像窗口

**步骤 3** 打开"图层"调板,可看到系统自动创建了"图层 1",复制的图像便被放置在该图层中,如图 1-65 所示。

**步骤 4** 打开本书配套素材"15.psd"~"17.psd"图像文件,参考步骤 2 的操作,依次将"15.psd"和"16.psd"中的图像复制到"化妆品广告"图像窗口中。

**步骤 5** 选择"移动工具" ,确保工具属性栏中选择了"自动选择"复选框和"图层"项(表示拖动图像时自动选中该图像所在的图层),然后分别在人物和化妆品图像上单击并拖动,将它们移动到合适位置,效果如图 1-66 左图所示。

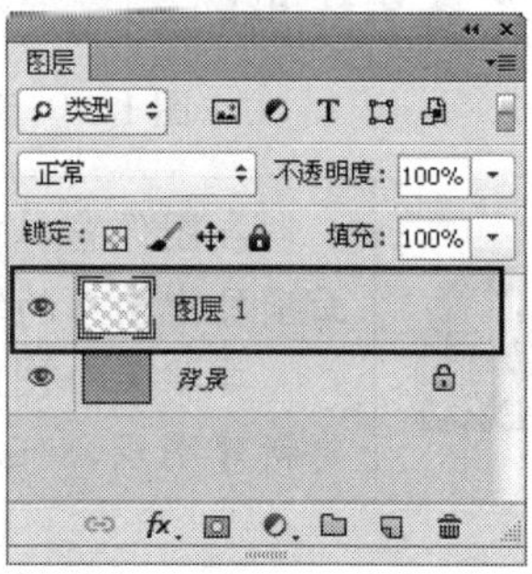

图 1-65　系统自动创建"图层 1"

**步骤 6** 拖动"17.psd"图像窗口的标签,将该图像窗口设为浮动式,然后选择"移动工具" ,将鼠标光标放在"17.psd"图像窗口中,按住鼠标左键向"婚戒广告"图像窗口中拖动,至合适位置后释放鼠标,如图 1-66 右图所示。

**步骤 7** 此时"图层"调板中的图层分布情况如图 1-67 左图所示。单击"图层 1"将其置为当前层,然后将其不透明度设置为 30%,如图 1-67 中图所示,最终效果如图 1-67 右图所示。

图 1-66　复制其他图像到新建的图像窗口

图 1-67　查看图层情况和调整"图层 1"的不透明度

> 在图像窗口中进行的操作通常都是针对当前图层进行的。我们将在后面项目中学习的编辑、绘制和修饰图像，以及调整图像色彩等都是如此。
>
> 要将某个图层置为当前图层，在"图层"调板中单击该图层即可；要新建图层，可单击图层调板底部的"创建新图层"按钮 🗋。

## 项目实训——合成图像

打开本书配套素材"项目一"文件夹中的"18.jpg"、"19.psd"和"20.psd"图像文件，将心形和动物图像复制到背景图像中并利用"移动工具" ▶⊕ 移动到合适的位置，如图 1-68 所示。

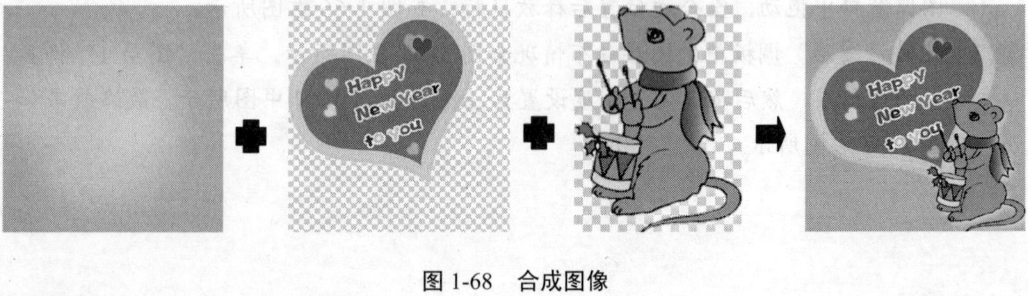

图 1-68　合成图像

# 项目总结

通过学习本项目，读者应该重点掌握以下知识。

➤ 了解 Photoshop CS6 工作界面中各组成元素的作用。此外，还应掌握调整工作界面的方法。例如，打开和关闭调板，恢复默认的工作界面等。

➤ 掌握新建、保存、打开和关闭图像文件，以及切换图像窗口的方法，这是处理图像时最常用的操作。

➤ 了解位图与矢量图、像素与图像分辨率、图像颜色模式，以及常用的图像文件格式等概念。

➤ 掌握放大和缩小图像显示比例的方法，从而方便对图像的细节或整体进行处理。此外，还应掌握平移图像的方法。

➤ 掌握标尺、参考线和网格等辅助工具的用法，从而方便在处理图像时精确设置对象的位置和尺寸。

➤ 了解前景色和背景色的作用；掌握使用拾色器对话框，以及"颜色"和"色板"调板设置前景色和背景色的方法。

# 项目考核

一、选择题

1. 要新建图像文件，可按（    ）组合键，打开"新建"对话框进行操作。

　　A.【Ctrl+M】　　　B.【Ctrl+N】　　　C.【Ctrl+S】　　　D.【Ctrl+O】

2. （    ）是 Photoshop 专用的文件格式，可保存图层、通道等信息。

　　A. PSD　　　　　B. GIF　　　　　C. TIFF　　　　　D. JPG

3. 利用（    ）工具可以从图像中获取颜色并将其设置为前景色或背景色。

　　A. 移动　　　　　B. 油漆桶　　　　C. 吸管　　　　　D. 缩放

4. 在英文输入法状态下，按（    ）键可快速切换前景色和背景色。

　　A.【D】　　　　　B.【Alt】　　　　C.【Ctrl】　　　　D.【X】

5. 按住（    ）键的同时单击"色板"调板中的色块，可将单击的颜色设置为背景色。

　　A.【Shift】　　　　B.【Alt】　　　　C.【Ctrl】　　　　D.【D】

二、判断题

1．图像有位图和矢量图之分，它们之间最大的区别就是位图放大到一定比例时会变得模糊，而矢量图则不会。 （　　）

2．要将图像文件另存，可按【Ctrl+Shift+S】组合键。 （　　）

3．无论当前使用何种工具，按住【Ctrl+空格键】不松手都等同于选择了"抓手工具" 。 （　　）

4．选择"视图" > "标尺"菜单，或按【Ctrl+H】组合键，可在图像的左侧和顶部显示或隐藏标尺。 （　　）

5．在 Photoshop 中，每个图像都由一个或多个图层组组成，图层与图层之间是相互关联的。 （　　）

# 项目二　创建与编辑选区

## 项目导读

　　选区是 Photoshop 的一项非常重要的功能，Photoshop 的大多数操作都是基于选区进行的。例如，要对图像的局部进行处理，需要先通过各种途径将其选中，也就是创建选区，再进行移动、复制、填充与描边等操作。在本项目中，我们将通过 6 个任务的学习，使读者掌握在 Photoshop CS6 中创建选区的方法和技巧。

## 学习目标

　　✍　掌握使用选框工具组创建规则选区，使用套索工具组创建不规则选区，使用魔棒工具、快速选择工具和"色彩范围命令"创建颜色相似选区，以及使用快速蒙版工具创建各种复杂选区的方法。

　　✍　掌握选区的移动、边界、平滑、扩展、收缩、羽化、扩大选取和选取相似等调整方法；掌握变换选区、存储和载入选区，以及描边与填充选区的方法。

　　✍　能够综合利用各种创建和调整选区的方法处理图像，如制作广告、处理相片等。

## 任务一　制作艺术相片——使用选框工具组

### 任务说明

　　下面通过制作图 2-1 所示的艺术相片，来学习使用"矩形选框工具" ▢、"椭圆选框工具" ○、"单行选框工具" ▭ 和"单列选框工具" ▯（参见图 2-2）创建规则选区的操作。

图 2-1　艺术相片效果

素材：素材与实例\项目二\1.jpg~3.jpg

效果：素材与实例\项目二\艺术相片.psd

视频：视频\项目二\2-1.swf

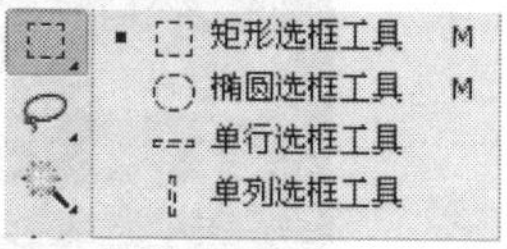

图 2-2　规则选区工具

## 预备知识

### 一、选区的作用和创建方法概述

在项目导读中我们已经了解到了选区在 Photoshop 中的重要作用。处理图像时，如果只希望修改图像的局部，需要先将该区域创建选区。例如，图 2-3 所示为选择花朵图像，然后将其移动到另一幅图像中的效果。如果没有创建选区，则我们所进行的操作是针对当前图层中的所有图像。

Photoshop 提供了多种创建选区的方法，下面分别说明。

➢ **使用常规选区制作工具和命令**：包括使用选框工具组创建规则选区，使用套索工具组创建任意选区，使用魔棒工具组和菜单栏中的命令创建颜色相似选区等。我们将在本项目任务一、任务二和任务三中学习这些工具和命令的使用方法。

➢ **使用快速蒙版**：在快速蒙版状态下可以使用各种绘画工具对选区进行细致加工，从而精确创建出选区。我们将在本项目任务四中学习快速蒙版的使用方法。

➢ **使用"钢笔工具"** ：**"钢笔工具"** 是矢量绘图工具，利用它可以绘制任意形状的曲线路径。我们可以用该工具描摹对象的轮廓，然后将轮廓转换为选区，如图 2-4 所示。我们将在项目七中学习"钢笔工具" 的使用方法。

图 2-3　利用选区为图像更换背景

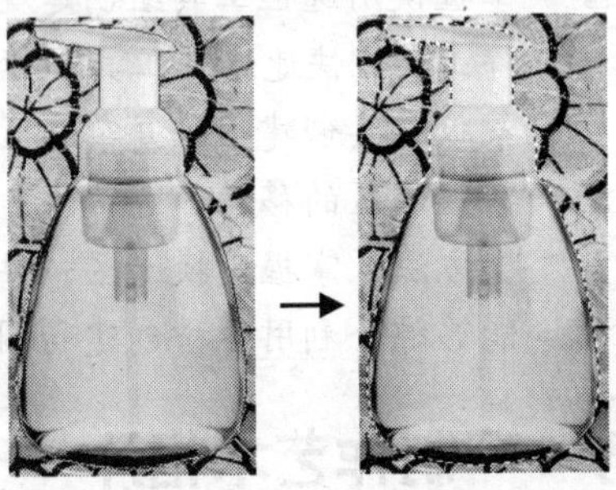

图 2-4　利用"钢笔工具"创建选区

➢ **通道选择法**：利用 Photoshop 的通道功能可以选择毛发等细节丰富的对象，玻璃、烟雾、婚纱等透明的对象，以及被风吹动的旗帜、高速行驶的汽车等边缘模糊的对象。图 2-5 所示是利用通道选取半透明的水晶鞋并为其更换背景的效果。我们将在项目八中学习通道的使用方法。

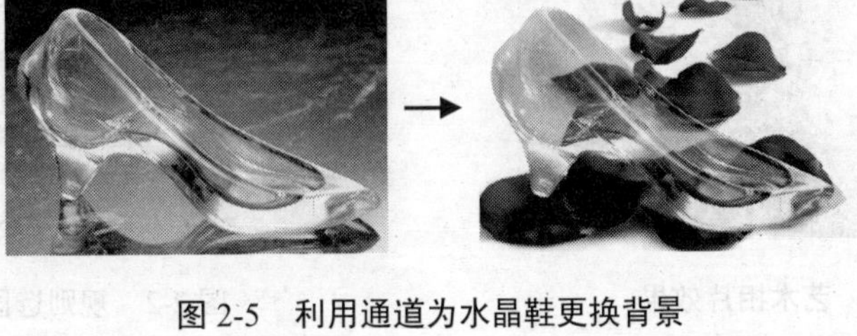

图 2-5　利用通道为水晶鞋更换背景

## 二、使用选框工具组

- ➤ **"矩形选框工具"** ▣：用于创建规则的矩形或正方形选区。
- ➤ **"椭圆选框工具"** ◯：用于创建规则的椭圆或正圆选区。
- ➤ **"单行选框工具"** ▭：在图像的水平方向选择一行像素。
- ➤ **"单列选框工具"** ▮：在图像的垂直方向选择一列像素。

这些工具的使用都很简单，只需在选择工具后，在图像窗口中拖动鼠标即可创建相应的选区。

## 任务实施——制作艺术相片

### 制作思路

打开素材文件，分别使用"矩形选框工具" ▣ 和"椭圆选框工具" ◯ 制作人物选区并羽化，然后将选区内的图像复制到背景图像中，最后在图像中绘制单列选区并删除，完成实例制作。

### 制作步骤

**步骤1** 打开木书配套素材"1.jpg"、"2.jpg"和"3.jpg"图像文件，如图 2-6 所示。

**步骤2** 将"2.jpg"图像置为当前窗口。选择"矩形选框工具" ▣，在其工具属性栏中设置"羽化"为 50 像素，然后将鼠标光标移至图像窗口中，按住鼠标左键沿着人物图像拖出一条对角线，释放鼠标后即可在图像中创建图 2-7 所示的矩形选区。

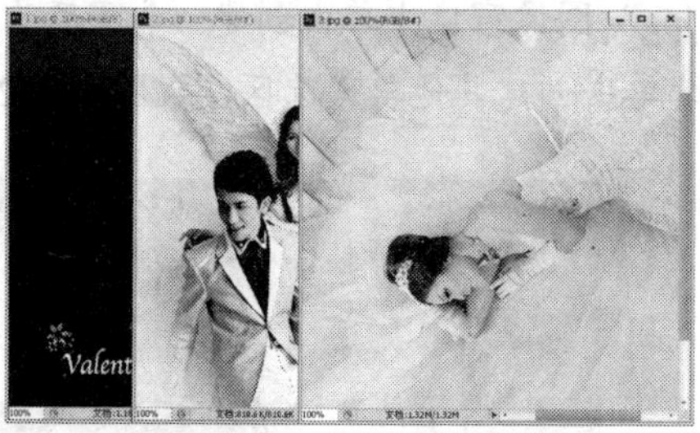

图 2-6　打开素材图片并将图像窗口设置为浮动式 　　图 2-7　选取人物上半部分图像

> Photoshop 中可以创建两种类型的选区：普通选区和羽化的选区。普通选区具有明确的边界，使用它选出的图像边界清晰、准确；而使用羽化的选区选出的图像，其边界会呈现逐渐透明的效果。将图像与其他图像合成时，适当设置羽化可以使合成效果更加自然。

**步骤3** 选择"编辑">"拷贝"菜单项或按【Ctrl+C】组合键，将选区内的图像复制到

剪贴板，然后将"1.jpg"图像置为当前窗口，单击"编辑">"粘贴"命令或按
【Ctrl+V】组合键，将剪贴板中的图像粘贴到窗口中。再选择"移动工具" ⊕，
单击并拖动图像，将其移至窗口的左上角位置，效果如图2-8所示。

**步骤4** 将"3.jpg"图像置为当前窗口，选择"椭圆选框工具" ◯，在其工具属性栏中
设置"羽化"为50像素，然后在图像窗口中拖动鼠标绘制椭圆选区，框选人物
上半部分区域，如图2-9所示。

图 2-8   将选取的人物图像复制到背景图像中 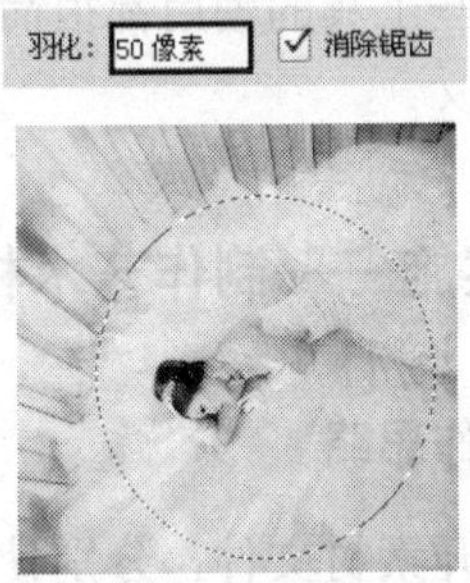          图 2-9   选取人物图像

> **小技巧**  利用"矩形选框工具" ▢ 和"椭圆选框工具" ◯ 绘制选区时，按
> 住【Shift】键的同时拖动鼠标，可创建正方形和圆形选区；按住【Alt】
> 键拖动鼠标可创建以起点为中心的矩形和椭圆形选区；按住【Shift+Alt】
> 键并拖动鼠标可以创建以起点为中心的正方形或圆形选区。

**步骤5** 参考步骤3的操作方法，将选区内的图像复制到"1.jpg"图像窗口中，并移动
到合适的位置，效果如图2-10所示。

**步骤6** 选择"单列选框工具" ▯，在"1.jpg"图像窗口中单击创建一个宽度为1像素的
单列选区，然后按住【Shift】键继续单击创建其他单列选区，效果如图2-11所示。

图 2-10   将选取的人物图像复制到背景图像中           图 2-11   创建单列选区

> **提示**  利用"单行选框工具" ▭ 或"单列选框工具" ▯ 创建选区时，其
> 工具属性栏中的"羽化"值必须为0，否则无法创建选区。

**步骤 7**  在"图层"调板中选择"背景"图层，然后将背景色设置为白色，再按【Delete】键删除当前图层选区内的图像，如图 2-12 所示。最后按【Shift+Ctrl+S】组合键另存图像，保存格式为 PSD，文件名为"艺术相片"。

**图 2-12  删除"背景"图层选区内的图像**

## 补充学习

### 一、选框工具属性栏

在 Photoshop 中，各种选框工具的属性栏中的选项大致相同，下面以"矩形选框工具" ▢ 的属性栏（参见图 2-13）为例进行介绍。

**图 2-13  "矩形选框工具"属性栏**

➤  ▢▢▢▢ **选区运算按钮**：用于控制选区的增减与相交以获得新选区，具体作用和使用方法请参考下一小节内容。

➤  **羽化**：在该编辑框中输入数值可以控制选区边缘的柔和程度。其取值范围在 0~250 像素之间，值越大，在对羽化后的选区图像进行填充、移动或删除等操作时，选区内图像的边缘就越柔和。

➤  **消除锯齿**：该复选框只在选择"椭圆选框工具" ◯ 后才可用，其主要作用是消除选区边缘的锯齿，使其变得平滑。

➤  **样式**：在该选项的下拉列表中选择"正常"，可通过拖动的方法选择任意尺寸和比例的区域；选择"固定比例"或"固定大小"选项，系统将以设置的宽度和高度比例或大小定义选区，其比例或大小都由工具属性栏中的宽度和高度编辑框设置。

### 二、选区的运算

选框工具属性栏中各"选区运算按钮" ▢▢▢▢ 的具体用法如下。

➤  **新选区** ▢：选中该按钮，表示在图像中创建新选区后，原选区将被取消。

➢ **添加到选区**：选中该按钮或按住【Shift】键，在原选区上继续绘制选区，释放鼠标后，新选区与原有选区合并成新选区，如图 2-14（a）所示。

➢ **从选区减去**：选中该按钮或按住【Alt】键，在原选区上绘制选区，释放鼠标后新选区与原有选区若有重叠区域，系统将从原有选区中减去重叠区域，如图 2-14（b）所示。

➢ **与选区交叉**：选中该按钮，表示创建的选区与原有选区的重叠部分成为新选区，如图 2-14（c）所示。

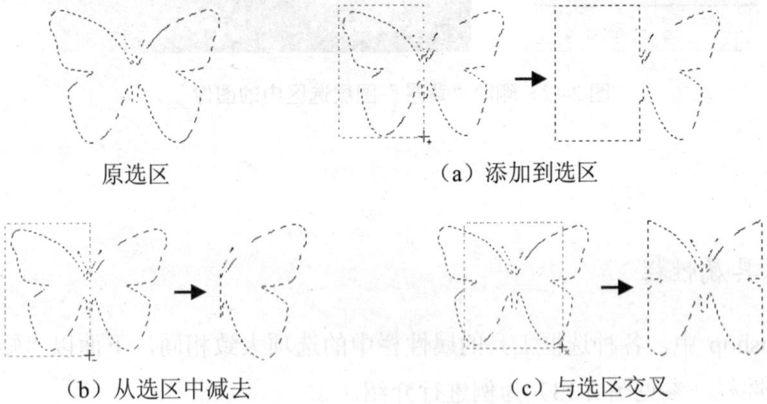

原选区 　　　　　　　　　　　（a）添加到选区

（b）从选区中减去 　　　　　　　　　（c）与选区交叉

图 2-14　选区的添加、相减与相交操作示意图

# 任务二　制作精美贺卡——使用套索工具组

## 任务说明

本任务中，我们将通过设计图 2-15 所示的精美贺卡，来学习使用"套索工具" $\wp$、"多边形套索工具" $\vee$ 和"磁性套索工具" $\vee$（参见图 2-16）创建任意选区的方法。

素材：素材与实例\项目二\5.jpg~8.jpg

效果：素材与实例\项目二\精美贺卡.psd

视频：视频\项目二\2-2.swf

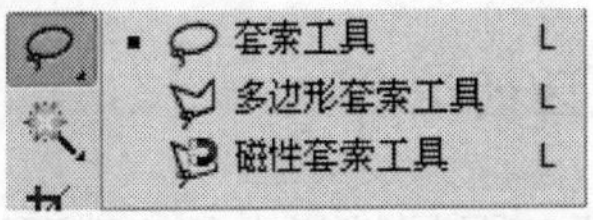

| $\wp$ | ▪ $\wp$ 套索工具 | L |
| | $\vee$ 多边形套索工具 | L |
| | $\vee$ 磁性套索工具 | L |

图 2-15　精美贺卡效果 　　　　　　　　图 2-16　不规则选区工具

## 预备知识

### 一、使用套索工具

使用"套索工具" 可创建任意形状的选区。在工具箱中选择该工具后，将鼠标光标移至希望选取区域的合适位置，然后按住鼠标左键不放，沿要选取区域的轮廓移动鼠标光标，当到达起始点时释放鼠标即可创建选区。

### 二、使用多边形套索工具

利用"多边形套索工具" 可以定义 些像三角形、五角星等棱角分明，边缘呈直线的多边形选区。在工具箱中选择该工具后，在图像窗口中单击定义起点，再将鼠标光标移至另一点后单击鼠标定义第二点，依此类推，直至返回起点，当光标呈 形状时单击鼠标左键即可形成一个封闭的选区。

### 三、使用磁性套索工具

利用"磁性套索工具" ，系统会自动对光标经过的区域进行分析，找出图像中不同对象之间的边界，并沿着该边界制作出需要的选区。

在工具箱中选择"磁性套索工具" 后，将光标移至图像中并在要选择图像的边缘上单击鼠标左键定义起始点，然后沿要选取的图像边缘移动鼠标，当光标返回起始点时光标呈 形状，单击鼠标即可完成选区的创建。

## 任务实施——制作精美贺卡

### 制作思路

首先打开各素材图片，然后分别用"套索工具" 、"多边形套索工具" 和"磁性套索工具" 将素材中的吉祥语、吉祥纹样和牡丹花制作成选区，并复制到背景图像中，再将它们移动到合适的位置即可。

### 制作步骤

步骤 1　打开本书配套素材 "5.jpg"、"6.jpg"、"7.jpg" 和 "8.jpg" 图像文件，如图 2-17 所示。

步骤 2　将 "6.jpg" 图像置为当前窗口。选择"套索工具" ，在其工具属性栏中设置"羽化"为 50 像素，如图 2-18 所示。

图 2-17　打开素材图片

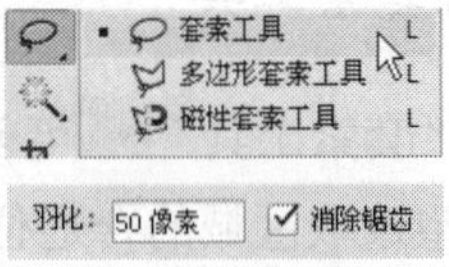

图 2-18　选择"套索工具"

**步骤 3**　将鼠标光标移至要选择的图像周围，然后按住鼠标左键不放，沿要选取区域的轮廓移动鼠标光标，当到达起始点时释放鼠标即可创建选区，如图 2-19 所示。

**小技巧**　　使用"套索工具"　绘制选区时，按【Esc】键可以取消正在创建的选区；若鼠标未拖至起点，松开鼠标后，系统会自动用直线将起点和终点连接，形成一个封闭的选区。

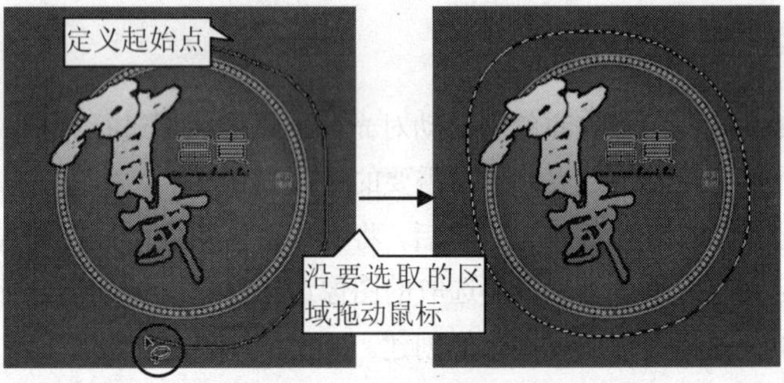

图 2-19　创建选区

**步骤 4**　按【Ctrl+C】组合键复制选区内的图像，然后切换到"5.jpg"图像窗口，按【Ctrl+V】组合键将其粘贴到该窗口，再利用"移动工具"　将其移动到图 2-20 所示位置。

**步骤 5**　将"7.jpg"图像置为当前窗口，下面我们要选取该图像中的花边。选择"多边形套索工具"　，在工具属性栏中单击"从选区减去"按钮　，如图 2-21 所示。

图 2-20　组合图像

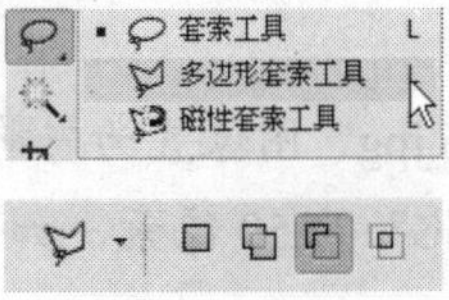

图 2-21　选择"多边形套索"工具

**步骤 6**　将光标移至图像中并在要选取的花边外边缘单击鼠标左键定义起始点，然后沿要选取的花边外边缘移动光标，并在需要转折时单击鼠标，当光标返回起始点时呈 形状，单击鼠标即可完成多边形选区的创建，如图 2-22 所示。

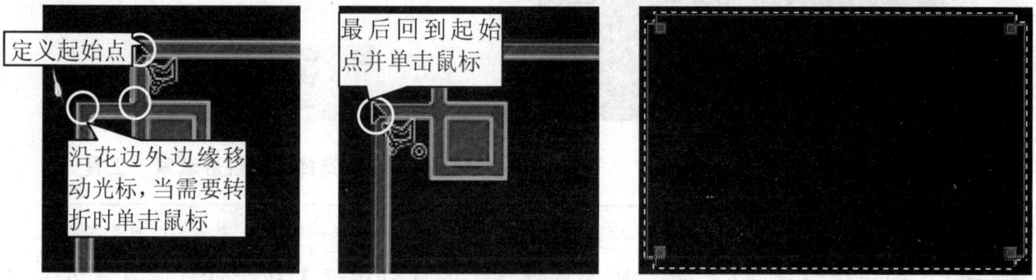

定义起始点

最后回到起始点并单击鼠标

沿花边外边缘移动光标，当需要转折时单击鼠标

图 2-22　沿花边外边缘创建选区

**步骤 7**　继续沿要选取的花边内边缘创建多边形选区，由于我们在前面按下了"从选区减去"按钮 ，因此创建的第一个选区会减去第二个选区，从而选中图像中的花边，如图 2-23 所示。

图 2-23　沿花边内边缘创建选区

> 使用"多边形套索工具" 时，按住【Shift】键可沿垂直、水平或 45 度方向定义边线；按【Delete】键可取消最近定义的边线；按住【Delete】键不放，可以依次取消定义的边线；按【Esc】键可同时取消所有定义的边线。若终点未与起始点重合，双击鼠标或按住【Ctrl】键的同时单击鼠标左键也可创建封闭选区。

**小技巧**

**步骤 8**　参考步骤 4 的操作方法，将选区内的图像复制到"5.jpg"图像窗口中，并放在合适的位置，效果如图 2-24 所示。

**步骤 9**　将"8.jpg"图像置为当前窗口，下面我们选取该图像中的花朵。选择"磁性形套索工具" ，如图 2-25 所示。

图 2-24  组合图像 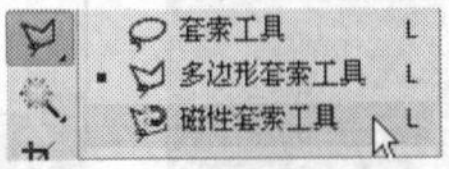                    图 2-25  选择"磁性形套索"工具

> **小技巧**
>
> "套索工具" 、"多边形套索工具" 和"磁性套索工具"
> 的快捷键是【L】键，反复按键盘上的【Shift+L】组合键可以在三者
> 间切换。

**步骤 10**  将光标移至图像中并在要选取的图像的边缘单击鼠标左键定义起始点，然后沿
要选取的图像边缘移动光标，当光标返回起始点时呈 形状，单击鼠标即可完
成选区的创建，如图 2-26 所示。

> **小技巧**
>
> 利用"磁性套索工具" 选取图像时，在鼠标光标未到达起点时双
> 击鼠标可以自动闭合选区；按【Delete】键可删除最近定义的边线。

图 2-26  创建选区

**步骤 11**  参考步骤 4 的操作方法，将选区内的图像复制到"5.jpg"图像窗口中，并放在
合适的位置，最终效果如前面的图 2-15 所示。

## 补充学习——磁性套索工具属性栏

选择"磁性套索工具" 后，其工具属性栏如图 2-27 所示，其中各选项意义如下。

图 2-27  "磁性套索工具"属性栏

> ➢ **宽度**：用于设置利用"磁性套索工具" [图] 定义边界时，系统能够检测的边缘宽度，其值在 1～256 像素之间，值越小，检测范围越小。

> ➢ **对比度**：用于设置套索的敏感度，其值在 1%～100%之间，值越大，对比度越大，边界定位也就越准确。

> ➢ **频率**：用于设置定义边界时的节点数，其取值范围在 0～100 之间，值越大，产生的节点也就越多。

> ➢ **"钢笔压力"** [图]：设置绘图板的笔刷压力，该参数仅在安装了绘图板后才可用。

# 任务三　制作巧克力广告——创建颜色相似选区

## 任务说明

本任务中，我们将通过制作图 2-28 所示的巧克力广告，来学习使用"魔棒工具" [图]、"快速选择工具" [图] 和"色彩范围"命令创建颜色相同或相似选区的方法。此外，还将学习使用"调整边缘"功能调整选区边缘的方法。

> 素材：素材与实例\项目二\9.jpg~11.jpg
> 效果：素材与实例\项目二\巧克力广告.psd
> 视频：视频\项目二\2-3.swf

图 2-28　巧克力广告效果

## 预备知识

### 一、使用魔棒工具

利用"魔棒工具" [图] 可以选取图像中颜色相同或相近的区域，而不必跟踪其轮廓。

在工具箱中选择该工具后，在工具属性栏中设置相应的选项，然后在要选择的图像区域中单击鼠标，与单击处颜色相近的区域便会自动被选择；按住【Shift】键在其他位置单击可继续创建选区。

## 二、使用快速选择工具

利用"快速选择工具" ，可以使用圆形笔刷快速"画"出一个颜色相近的选区。

在工具箱中选择该工具后，然后在要选取的图像上单击并拖动鼠标，与鼠标拖动位置颜色相近的区域均被选取。

## 三、使用"色彩范围"命令

利用"色彩范围"命令可以通过在图像中指定颜色来定义选区，并可通过指定其他颜色或增大容差来扩大或减少选区，具体操作请参考后面的任务实施。

## 四、使用"调整边缘"命令

利用"调整边缘"命令可以对选区进行柔化、平滑、羽化、扩展等处理，以及消除选区边缘的杂色、设定选区的输出方式等，具体操作请参考后面的任务实施。

## 任务实施——制作巧克力广告

### 制作思路

首先新建文档，打开各素材图片，然后分别用"魔棒工具" 、"快速选择工具" 和色彩范围命令将各素材中的草莓巧克力、人物和文字图像制作成选区，再将它们复制到新建图像窗口中，并利用"移动工具" 调整至合适位置即可。

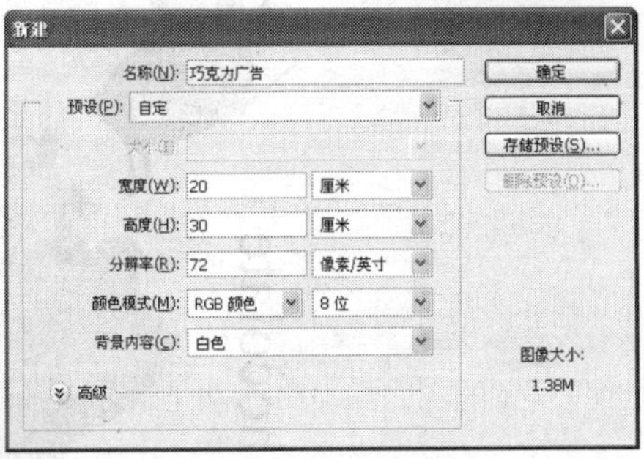

图 2-29　新建文档

### 制作步骤

**步骤1**　首先新建一文档，参数设置如图 2-29 所示，然后打开本书配套素材"9.jpg"、"10.jpg"和"11.jpg"图像文件。

**步骤2**　将"9.jpg"图像文件置为当前窗口。选择工具箱中的"魔棒工具" ，并在工具属性栏中单击"添加到选区" 按钮，设置"容差"为 32，如图 2-30 所示。其中各选项的意义如下。

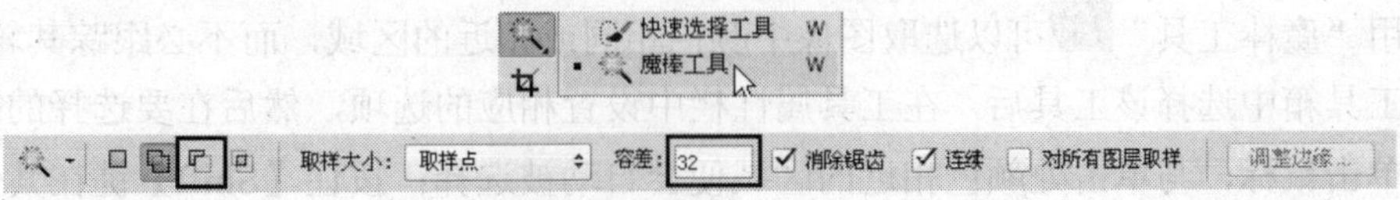

图 2-30　选择"魔棒工具"并设置属性

> ➤ **容差**：用于设置选取的颜色范围，其值在 0～255 之间。值越小，选取的颜色越接近，选取范围越小，如图 2-31 中间两个图所示。

> ➤ **连续**：勾选该复选框，只能选择色彩相邻的连续区域，如图 2-31 中间两个图所示；不勾选该复选框，则可选择图像上所有色彩相近的区域，如图 2-31 右图所示。

> ➤ **对所有图层取样**：勾选该复选框，可在所有可见图层上选取相近的颜色；不勾选该复选框，则只能在当前可见图层上选取颜色。

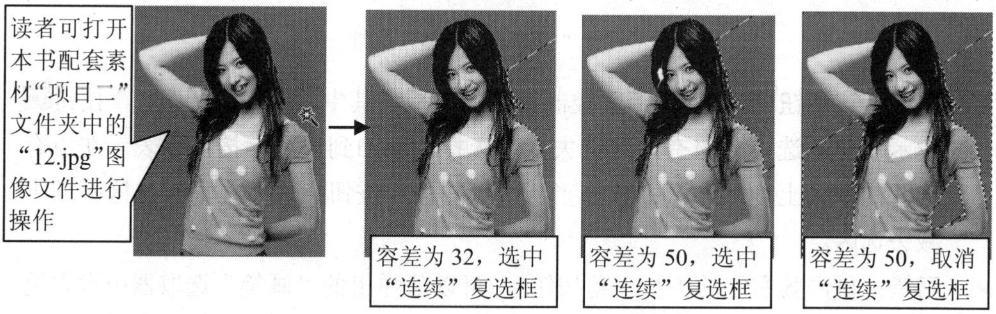

读者可打开本书配套素材"项目二"文件夹中的"12.jpg"图像文件进行操作

容差为 32，选中"连续"复选框　　容差为 50，选中"连续"复选框　　容差为 50，取消"连续"复选框

图 2-31　使用"魔棒工具"创建选区

**步骤 3**　将鼠标光标移至图像的浅绿色背景处单击，与单击处颜色相近的区域便会自动被选择，接着在其他位置单击以继续创建颜色相似的选区，再按【Shift+Ctrl+I】组合键反选选区，如图 2-32 所示。

**步骤 4**　按【Ctrl+C】组合键复制选区内的图像，然后切换到新建图像窗口，按【Ctrl+V】组合键将其粘贴到该窗口，再利用"移动工具" 将其移动到图 2-33 所示位置。

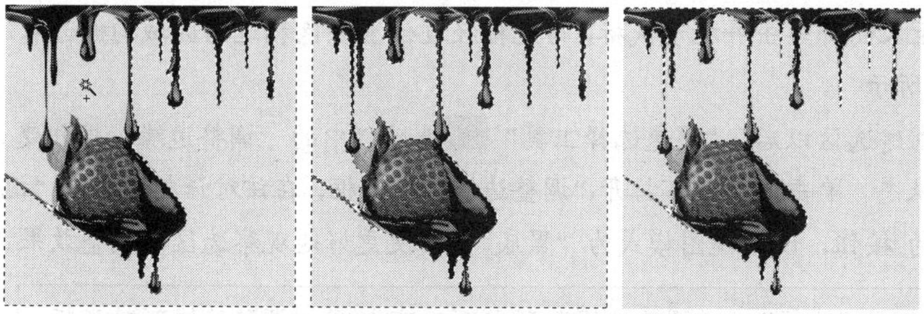

图 2-32　使用"魔棒工具"创建选区 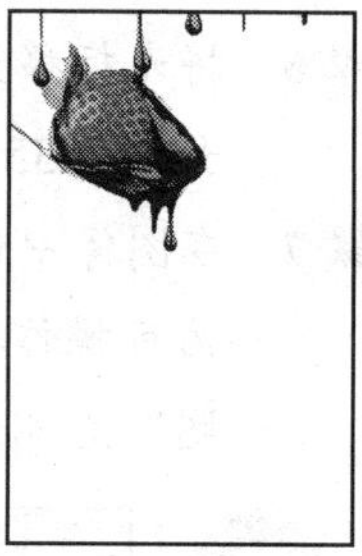　　　　图 2-33　组合图像

**步骤 5**　将"10.jpg"图像置为当前窗口。选择"快速选择工具" ，并在工具属性栏中单击"添加到选区"按钮 。然后单击工具属性栏中的 按钮，以打开"画笔"选取器，设置"笔刷"大小为 30 像素，如图 2-34 所示。其中各选项的意义如下。

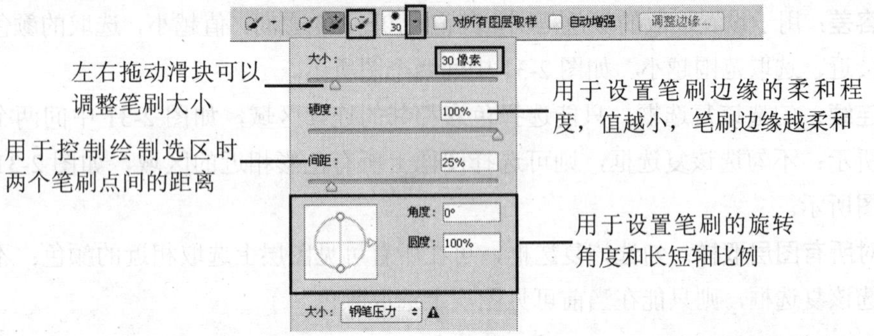
对所有图层取样
自动增强
调整边缘...
大小：
30 像素
硬度：
100%
间距：
25%
角度：
0°
圆度：
100%
钢笔压力
左右拖动滑块可以调整笔刷大小
用于设置笔刷边缘的柔和程度，值越小，笔刷边缘越柔和
用于控制绘制选区时两个笔刷点间的距离
用于设置笔刷的旋转角度和长短轴比例

图 2-34 设置“快速选择工具”属性

- **选区运算按钮**：用于控制选区的增减。其中，选择“新选区”按钮表示创建新选区（原有选区消失）；选择“添加到选区”按钮表示在原有选区的基础上增加选区；选择“从选区减去”按钮表示在原有选区基础上减去选区。
- **画笔**：单击其右侧的下拉三角按钮，可以从弹出的“画笔”选取器中设置笔刷的大小、硬度和间距等属性。
- **自动增强**：勾选该复选框可以使绘制的选区边缘更平滑。

> 小技巧
>
> 利用“快速选择工具”创建选区时，在英文输入法状态下按键盘中的【]】键可增大该工具的笔刷尺寸；按【[】键可缩小笔刷尺寸。在创建选区时若不小心包含了不需要的区域，可选择“从选区减去”按钮，或者按住【Alt】键，然后在需要删除选区的区域内拖动鼠标即可减少选取区域。

**步骤 6** 将光标移至人面部单击并拖动鼠标，与光标经过位置颜色相近的区域均被选取，如图 2-35 所示。

**步骤 7** 在图像中创建选区以后，“快速选择工具”属性栏中的“调整边缘”按钮变为可操作状态，单击该按钮可打开“调整边缘”对话框，在该对话框中单击“视图”右侧的按钮，设置视图模式为“黑底”，以便更好地观察选区的调整效果。

> 提示
>
> 选择“选择”>“调整边缘”菜单项也可打开“调整边缘”对话框。此外，需注意“调整边缘”功能只有在图像中存在选区时才可使用。

**步骤 8** 依次将半径、平滑、羽化、对比度的数值设置为图 2-36 左图所示，单击“确定”按钮，即可细化人物选区。图 2-36 右图所示为使用“调整边缘”功能调整选区时，图像窗口中的预览效果。其中各选项的意义如下。

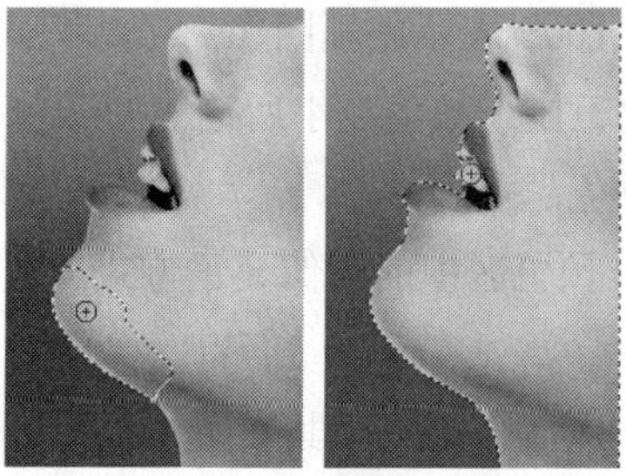

图 2-35　拖动鼠标创建选区

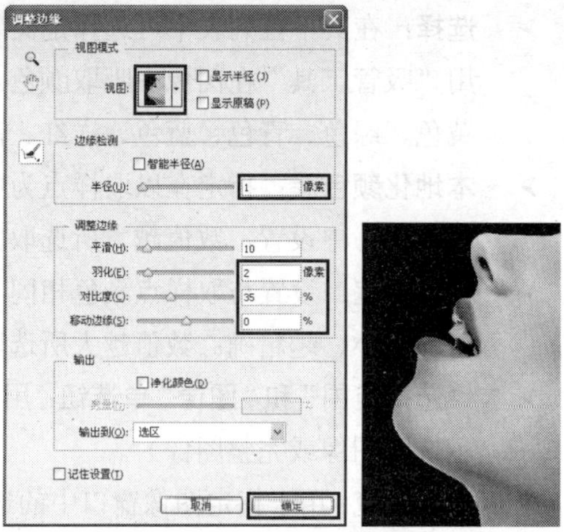

图 2-36　使用"调整边缘"功能细化人物图像选区

> **平滑**：可以减少选区边缘的不规则区域，创建更加平滑的选区轮廓。
> **羽化**：可为选区边缘设置羽化（范围为 0～250 像素），使选区边缘的图像呈现透明效果。
> **对比度**：可锐化选区边缘并除去模糊的效果。对于设置了羽化的选区，增加对比度可降低或消除羽化的效果。
> **移动边缘**：参数为负值时可收缩选区边缘；反之，则扩展选区边缘。
> **净化颜色**：勾选该复选框后，拖动数量滑块即可去除图像的彩色杂边。"数量"值越高，清除范围越广。
> **输出到**：在该选项的下拉列表中可以选择选区的输出方式，如选区、图层蒙版、新建图层等。

**步骤 9**　参考步骤 4 的操作方法，将选区内的图像复制到新建图像窗口中，并放在合适的位置，效果如图 2-37 所示。

**步骤 10**　将"11.jpg"图像置为当前窗口。选择"选择"＞"色彩范围"菜单项，打开"色彩范围"对话框，如图 2-38 所示，其中各选项的意义如下。

图 2-37　组合图像

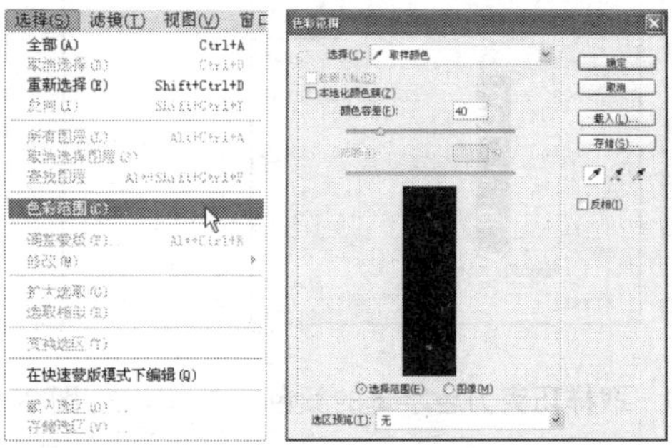

图 2-38　打开"色彩范围"对话框

➢ **选择**：在其下拉列表中可选择定义颜色的方式，其中"取样颜色"选项表示可用"吸管工具"在图像中吸取颜色。其余选项分别表示将选取图像中的红色、黄色、绿色、青色、蓝色、洋红、高光、中间色调和暗调等颜色区域。

➢ **本地化颜色簇**：指定在以取样点为中心的多大范围内选取颜色，其具体参数在"范围"中设置，数值越大所选取的范围越大，100%表示整幅图像。

➢ **颜色容差**：设置与取样点颜色相同与相近的颜色范围，数值越小所选取的颜色范围越小、越精确；数值越大所选取的相似的颜色越多。

➢ **"选择范围"和"图像"单选钮**：用于指定对话框预览区中的图像显示方式（显示选区图像或完整图像）。

➢ **选区预览**：用于指定图像窗口中的选区预览方式。默认情况下，其设置为"无"，即不在图像窗口显示选择效果。若选择灰度、黑色杂边和白色杂边，则表示在图像窗口中以灰色调、黑色或白色显示未选区域。

➢ **吸管工具 ✎ ✎ ✎**：✎ 工具用于在图像窗口或对话框的预览区域中单击取样颜色，✎ 和 ✎ 工具分别用于增加和减少选择的颜色范围。

➢ **反相**：用于实现选择区域与未被选择区域间的相互切换。

**步骤 11** 将鼠标光标移至图像窗口中巧克力色字母上单击，此时与单击点颜色相近的区域将被选中（对话框预览区中的白色区域为选区），如图 2-39 右图所示。

**步骤 12** 单击"添加到取样"工具 ✎，然后在字母图像中未被选中的区域单击，将单击点相似的颜色添加到选区中，然后再适当增大"颜色容差"以增大选取范围，直至预览区中的字母图像完全呈白色显示，如图 2-40 左图所示。

**步骤 13** 调整满意后，单击"确定"按钮，关闭对话框，选择的结果如图 2-40 右图所示。

> **小技巧** 我们也可使用其他选区制作工具在图像中选择需要选取的大致范围，然后再使用"色彩范围"命令进行选取，从而使选取结果更加精确。

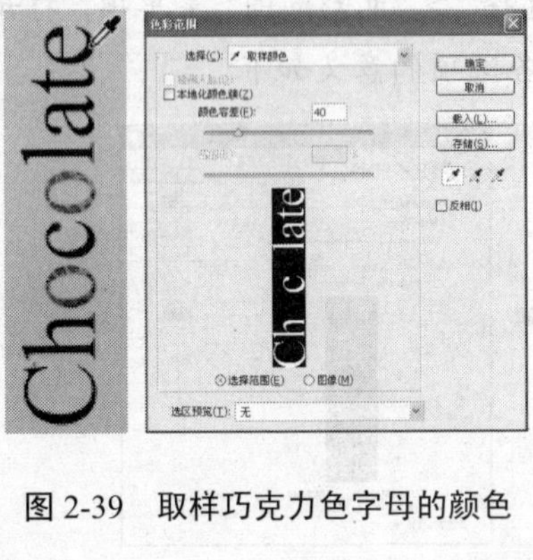

图 2-39　取样巧克力色字母的颜色 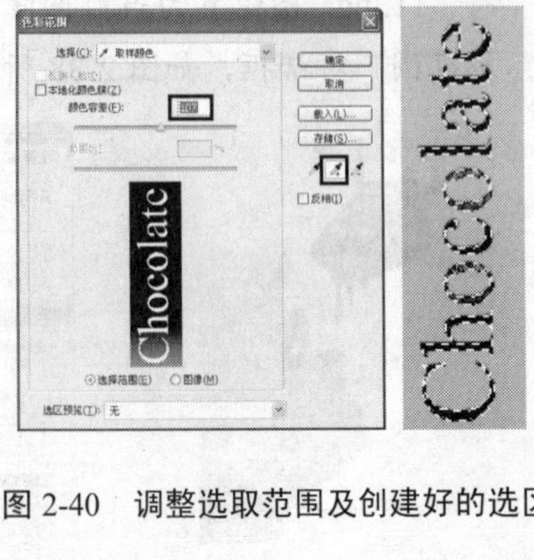　　　　图 2-40　调整选取范围及创建好的选区

**步骤 14** 参考步骤 4 的操作方法，将选区内的图像复制到新建图像窗口中，并放在合适

的位置，最终效果如前面的图 2-28 所示。

## 任务四　制作宝宝周岁照——使用快速蒙版工具

### 任务说明

本任务中，我们将通过制作图 2-41 所示的宝宝周岁照，来学习使用快速蒙版工具创建选区的方法。

素材：素材与实例\项目二\13.jpg、14.jpg

效果：素材与实例\项目二\宝宝周岁照.psd

视频：视频\项目二\2-4.swf

图 2-41　宝宝周岁照效果

### 预备知识

在快速蒙版模式下，用户可使用"画笔工具" 、"橡皮擦工具" 等编辑蒙版，然后将蒙版转换为选区。这样，用户不仅能将图像从复杂的背景中选取出来，还能使选区具有羽化效果，从而制作出一些特殊的图像效果。

### 任务实施——制作宝宝周岁照

#### 制作思路

首先打开各素材图片，然后利用快速蒙版工具将宝宝图像制作成选区，再将其复制到背景图像窗口中，并利用"移动工具" 调整至合适位置即可。

#### 制作步骤

**步骤 1** 打开本书配套素材 "13.jpg" 和 "14.jpg" 图像文件，如图 2-42 所示。将 "13.jpg" 置为当前图像窗口，下面使用快速蒙版选取图像中的人物。

**步骤 2** 双击工具箱中的 "以快速蒙版模式编辑" 按钮 ，打开图 2-43 所示的 "快速蒙版选项" 对话框，选中 "所选区域" 单选钮，其他选项保持默认，单击 "确定"

按钮，关闭对话框并进入快速蒙版编辑状态，如图 2-44 所示。对话框中各选项
的意义如下。

➤ **被蒙版区域**：指选区之外的图像区域。将"色彩指示"设置为"被蒙版区域"
后，选区之外的图像将被蒙版颜色覆盖，而选中的区域完全显示图像。

➤ **所选区域**：指选中的区域。如果将"色彩指示"设置为"所选区域"，则选中
的区域将被蒙版颜色覆盖，未被选择的区域显示为图像本身的效果。该选项比
较适合在没有选区的状态下进入快速蒙版编辑状态制作选区。

➤ **颜色/不透明度**：单击颜色块，可在打开的"拾色器"中设置蒙版颜色。如果对
象与蒙版的颜色非常接近，可以对蒙版颜色进行调整。"不透明度"用来设置
蒙版颜色的不透明度。"颜色"和"不透明度"都只是影响蒙版的外观，不会
对选区产生任何影响。

图 2-42　打开素材图片

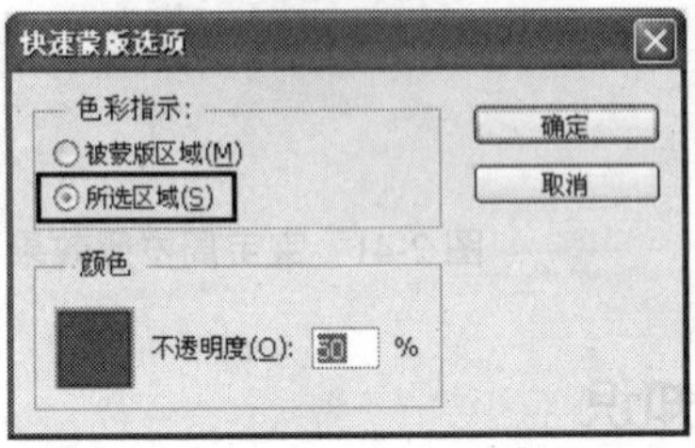

图 2-43　"快速蒙版选项"对话框

**提示**　单击工具箱中的"以快速蒙版模式编辑"按钮□也可进入快速蒙版
编辑状态，但无法设置快速蒙版选项（使用上一次设置的选项）。

**步骤 3**　选择"画笔工具" ，单击工具属性栏"画笔"后面的 按钮，在弹出的下拉
列表中设置"大小"为"30"，"硬度"为"100"，如图 2-45 所示。

图 2-44　进入快速蒙版编辑状态

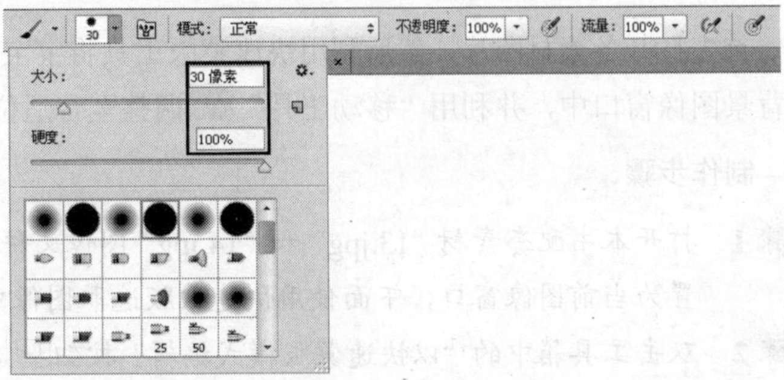

图 2-45　设置"画笔工具"属性

**步骤4** "画笔工具" 属性设置好后，在人物图像上按住鼠标左键不放并拖动进行涂抹，增加蒙版区（被半透明红色覆盖的区域将被选取），如图2-46所示。

> 利用"画笔工具" 涂抹蒙版时，可在英文输入法状态下按键盘中的【】】键或【【】键调整笔刷直径。利用"橡皮擦工具" 可擦除蒙版。
>
> 若在"快速蒙版选项"对话框中选择"被蒙版区域"单选钮，则需要在选择区域之外的区域涂抹。

**步骤5** 将人物图像精确地涂抹完毕后，单击工具箱中的"以标准模式编辑"按钮 ，返回标准编辑模式，此时蒙版被转换成了选区，如图2-47所示。

**步骤6** 按【Ctrl+C】组合键复制选区内的图像，然后切换到"14.jpg"图像窗口，按【Ctrl+V】组合键将其粘贴到该窗口，再利用"移动工具" 将其移动到图2-48所示位置。最后将文件另存为"宝宝周岁照.psd"。

图 2-46　编辑蒙版 　　　　图 2-47　将蒙版转换成选区 　　　　图 2-48　组合图像

> 在英文输入法状态下按【Q】键，可以在快速蒙版编辑模式和标准编辑模式之间切换。

# 任务五　制作果汁广告——编辑选区

## 任务说明

创建了选区后，还可以利用 Photoshop 提供的选区编辑命令对选区进行编辑，以使选区符合要求。下面，我们将通过制作图2-49所示的果汁广告，来学习各选区编辑命令的用法。

素材：素材与实例\项目二\21.psd、22.jpg 和 23.jpg

效果：素材与实例\项目二\果汁广告.psd

视频：视频\项目二\2-5.swf

图 2-49　果汁广告效果

## 预备知识

### 一、常用的选区编辑命令

> **选取整幅图像**：选择"选择" > "全部"菜单项，或者按【Ctrl+A】组合键。

> **取消选区**：选择"选择" > "取消选择"菜单项，或按【Ctrl+D】组合键。

> **重新选择选区**：取消选区后，选择"选择" > "重新选择"菜单项，或者按下【Shift+Ctrl+D】组合键可以重新选取。

> **隐藏/显示选区**：在编辑选区图像时，为了便于查看效果，还可通过选择"视图" > "显示" > "选区边缘"菜单项，或按【Ctrl+H】组合键来隐藏/显示选区。

> **反选选区**：要将当前图像中的选区与非选区进行相互转换，可选择"选择" > "反选"菜单项，或者按【Shift+Ctrl+I】组合键。

> **扩大选取**：选择"选择" > "扩大选取"菜单项，可选择与原有选区颜色相近且相邻的区域，如图 2-50 中图所示。读者可打开本书配套素材"项目二"文件夹中的"15.jpg"图像文件进行操作。

> **选取相似**：选择"选择" > "选取相似"菜单项，可选择与原有选区颜色相近的区域（包括不相邻的），如图 2-50 右图所示。

原选区　　　　　　　执行"扩大选取"命令　　　　　　执行"选取相似"命令

图 2-50　用"扩大选取"与"选取相似"命令选取的结果

这两个命令都可在原有选区的基础上扩大选区，其使用都受"魔棒工具" 属性栏中"容差"值的影响，容差值越大，选取的范围越广。

## 二、修改选区

利用"选择">"修改"菜单中的命令可修改选区，如扩展、边界、平滑和收缩选区等。

➢ **扩展选区**：利用"扩展"命令可以将选区均匀地向外扩展，如图 2-51 中图所示。读者可打开本书配套素材"项目二"文件夹中的"16.jpg"图像文件进行操作。

➢ **边界选区**：利用"边界"命令则可以用设置的宽度值来围绕已有选区创建一个环状的选区，如图 2-51 右图所示。

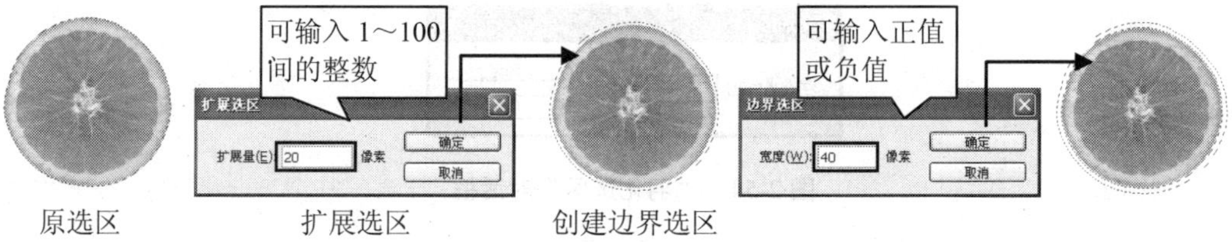

可输入 1～100 间的整数

可输入正值或负值

原选区　　　　　　扩展选区　　　　创建边界选区

**图 2-51　扩展与边界选区**

➢ **平滑选区**："平滑"命令用于消除选区边缘的锯齿，使原选区范围变得连续而平滑。打开本书配套素材"项目二"文件夹中的"17.jpg"图像文件，利用"魔棒工具" 创建选区，然后选择"选择">"修改">"平滑"菜单项，在"取样半径"编辑框中输入数值，单击"确定"按钮即可使选区边缘变得平滑，如图 2-52 所示。

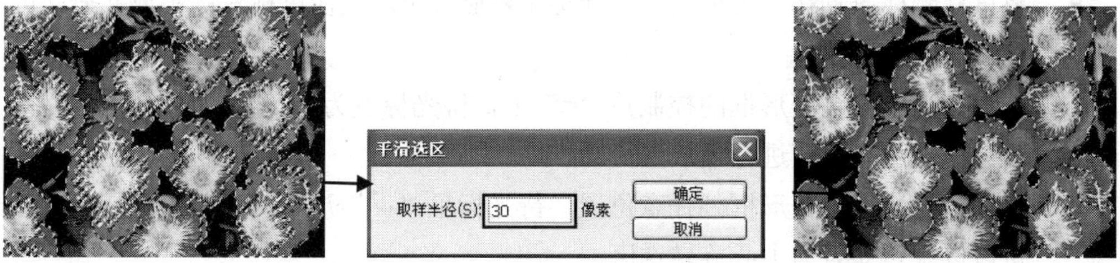

**图 2-52　用"平滑"命令平滑选区**

通常情况下，用该命令来消除用"魔棒工具" 、"色彩范围"命令定义选区时所选择的一些不必要的零星区域。

➢ **收缩选区**："收缩"与"扩展"命令的作用是相反的，"收缩"命令是将选区向内收缩，并保持选区的形状不变。图 2-53 所示为利用该命令制作的文字效果，读者可打开本书配套素材"项目二"文件夹中的"18.psd"图像文件进行操作。

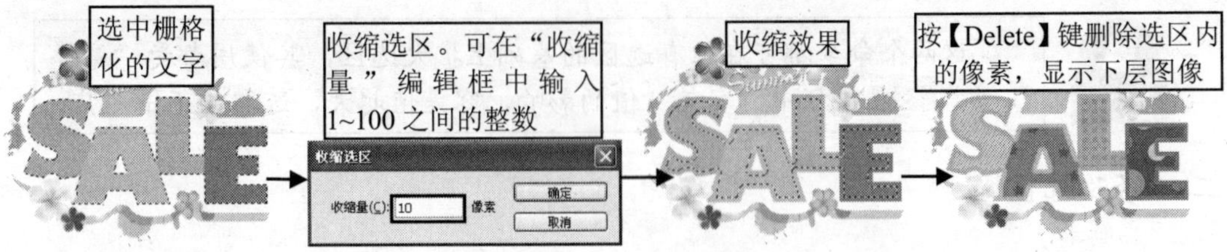

选中栅格化的文字

收缩选区。可在"收缩量"编辑框中输入1~100之间的整数

收缩选区

收缩量(C): 10 像素

确定
取消

收缩效果

按【Delete】键删除选区内的像素，显示下层图像

图 2-53  利用"收缩"命令制作文字效果

➢ **羽化选区**：制作选区后，选择"选择">"修改">"羽化"菜单项，或者按【Shift+F6】组合键，打开图 2-54 所示"羽化"对话框，在"羽化半径"编辑框中输入数值，单击"确定"按钮即可羽化选区。

羽化选区

羽化半径(R): 50 像素

确定
取消

图 2-54  "羽化选区"对话框

## 三、变换选区

变换选区是对已有选区进行移动、缩放、旋转和变形等操作。

**步骤 1** 打开本书配套素材"项目二"文件夹中"19.jpg"图像文件，为绿色图画创建一个选区，然后选择"选择" > "变换选区"菜单项，选区的四周将出现一个带有 8 个控制点的变形框，如图 2-55 所示，此时可对选区进行以下变换操作。

➢ 将鼠标光标放置在变形框内，当光标呈▶形状时，按住鼠标左键不放并拖动可移动选区。

➢ 将鼠标光标移至变形框的控制点"□"上，待光标变为↔、↕、↙或↘形状后单击并拖动可对选区进行缩放。

➢ 将鼠标光标移至变形框外任意位置，待光标呈"↻"形状时，单击并拖动鼠标可以以旋转支点为中心旋转选区。

➢ 按住【Ctrl】键并拖动某个控制点可以对选区进行任意扭曲变形操作。

➢ 按住【Alt】键并拖动某个控制点可以对选区进行对称变形操作。

➢ 按住【Shift】键并拖动某个控制点可按比例缩放选区。

➢ 按住【Ctrl+Shift】组合键并拖动某个控制点可以对选区进行斜切变形操作。

➢ 按住【Ctrl+Alt+Shift】组合键并拖动某个控制点可以对选区进行透视变形操作。

**步骤 2** 按【Enter】键可应用变形操作，按【Esc】键可取消变形。图 2-56 所示是对选区进行旋转、扭曲变形等操作后的效果。

**提示** 　　此外，将鼠标光标放置在变形框内，单击鼠标右键将弹出图 2-57 所示的快捷菜单，用户可从中选择需要的命令，然后对选区进行相应的变形操作。

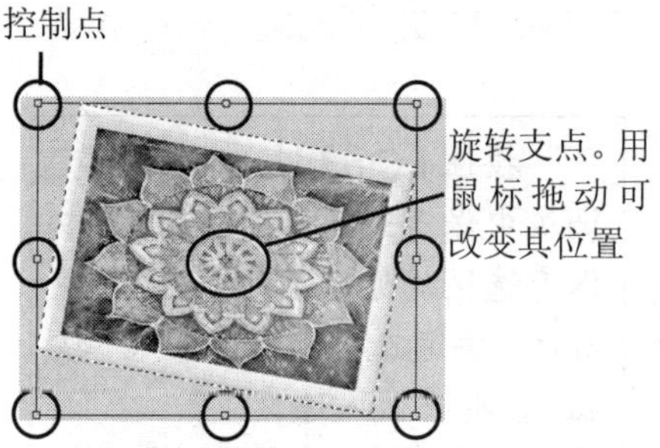

控制点

旋转支点。用鼠标拖动可改变其位置

图 2-55　显示变形框 　　　　图 2-56　变换选区效果 　　　图 2-57　变换选区快捷菜单

## 四、储存和载入选区

　　当我们花费大量时间和精力制作了一个比较精密的选区后，可以将这个选区保存下来，以后使用时，将其载入到图像中即可。下面是具体操作方法。

**步骤 1**　打开"项目二"文件夹中的素材图片"20.jpg"，利用前面学过的方法将帽子图像制作成选区（参见图 2-58 左图）。制作好选区后，选择"选择">"存储选区"菜单项，打开"存储选区"对话框。

**步骤 2**　在"存储选区"对话框中设置保存选区的文档（一般都保存在原文档中）、名称等选项，如图 2-58 中图所示，然后单击"确定"按钮。保存后的选区将显示在"通道"调板中，如图 2-58 右图所示。保存选区后，将原选区取消。

**提示** 　　保存过选区的图像，应以 psd 或 tif 格式进行存储。如果以 jpg 或 gif 等格式保存，存储的选区仍然会丢失。

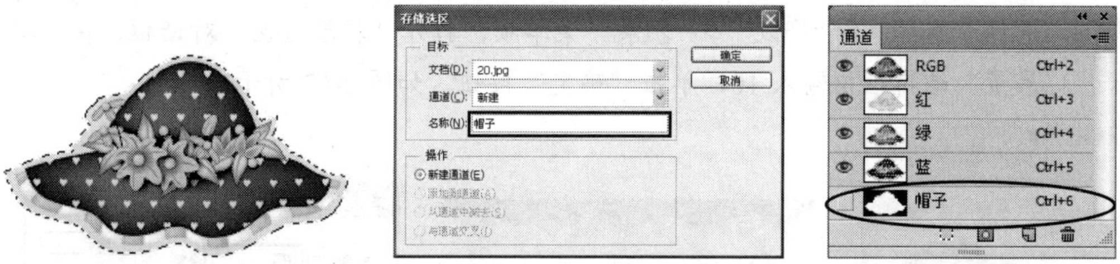

图 2-58　利用"通道"调板保存选区

**小技巧** 　　制作好选区后，单击"通道"调板底部的"将选区存储为通道"按钮，系统也会创建"Alpha"通道并将选区保存在其中。

**步骤3** 若要调出前面保存的选区，可选择"选择">"载入选区"菜单项，打开图 2-59 所示"载入选区"对话框，在"通道"下拉列表中选择前面保存的选区，单击"确定"按钮即可。

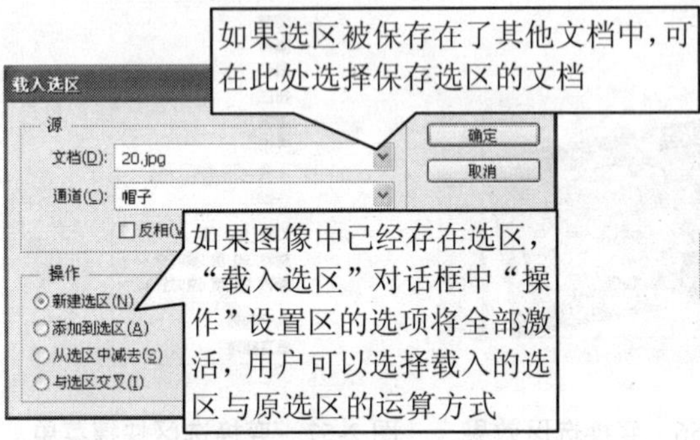

如果选区被保存在了其他文档中，可在此处选择保存选区的文档

载入选区
源
文档(D): 20.jpg
通道(C): 帽子
□ 反相(V)
操作
⊙ 新建选区(N)
○ 添加到选区(A)
○ 从选区中减去(S)
○ 与选区交叉(I)
确定
取消

如果图像中已经存在选区，"载入选区"对话框中"操作"设置区的选项将全部激活，用户可以选择载入的选区与原选区的运算方式

**小技巧** 　按住【Ctrl】键单击"通道"调板中保存选区的通道；或选中保存选区的通道后，单击调板底部的"将通道作为选区载入"按钮○，也可载入选区。

图 2-59　载入选区

## 任务实施——制作果汁广告

### 制作思路

首先打开各素材图片，然后利用"魔棒工具" 将"22.jpg"和"23.jpg"图像窗口中的图像制作成选区，并利用扩展和羽化命令修改"22.jpg"图像窗口中的选区；将选区内的图像分别复制到"21.psd"图像窗口中，并利用"移动工具" 调整至合适位置；最后利用载入选区和变换选区命令为图像增添广告语选区，并将其填充为白色即可。

### 制作步骤

**步骤1** 打开本书配套素材"21.psd"、"22.jpg"和"23.jpg"图像文件，如图 2-60 所示。

**步骤2** 将"22.jpg"置为当前图像窗口，选择工具箱中的"魔棒工具" ，将光标移至图像的橙色背景处单击，再按【Shift+Ctrl+I】组合键反选选区，如图 2-61 所示。

**步骤3** 选择"选择">"修改">"扩展"菜单项，打开"扩展选区"对话框，在"扩展量"编辑框中输入10，单击"确定"按钮，如图 2-62 所示。

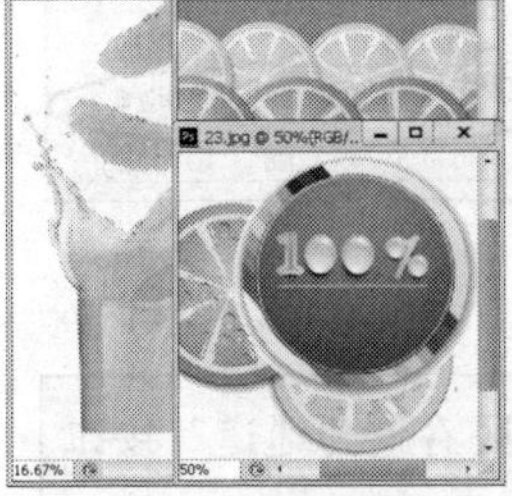

扩展选区
扩展量(E): 10 像素
确定
取消

图 2-60　打开素材图片 　　　图 2-61　创建选区 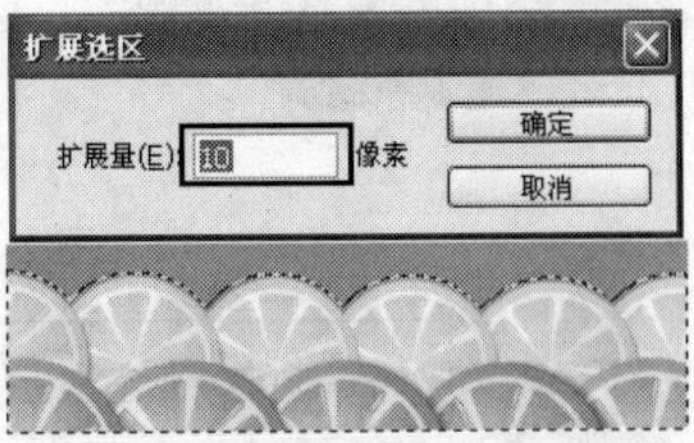　　　图 2-62　扩展选区

**步骤 4** 选择"选择">"修改">"羽化"菜单项，打开羽化对话框，在"羽化"编辑框中输入 10，单击"确定"按钮，如图 2-63 所示。

**步骤 5** 按【Ctrl+C】组合键复制选区内的图像，然后切换到"21.psd"图像窗口，按【Ctrl+V】组合键将其粘贴到该窗口，再利用"移动工具" 将其移动到图 2-64 所示位置。

**步骤 6** 将"23.jpg"置为当前图像窗口，选择工具箱中的"魔棒工具" ，将光标移至图像的黑色背景处单击，再按【Shift+Ctrl+I】组合键反选选区，如图 2-65 所示。

> 可在属性栏中将"魔棒工具" 的"容差"设为 5，并勾选"连续"复选框

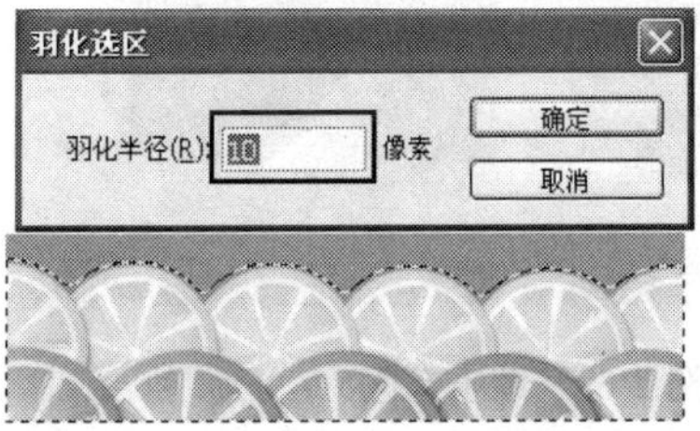

图 2-63 羽化选区 　　　　图 2-64 组合图像 　　　　图 2-65 创建选区

**步骤 7** 参考步骤 5 的操作方法，将选区内的图像复制到"21.psd"图像窗口中，并放在合适的位置，效果如图 2-66 所示。

**步骤 8** 在"21.psd"图像窗口中选择"选择">"载入选区"菜单项，打开图 2-67 左图所示"载入选区"对话框，在"通道"下拉列表中选择"广告语"选区，单击"确定"按钮，载入素材中保存的选区，如图 2-67 右图所示。

图 2-66 组合图像 　　　　　　　　图 2-67 载入选区

**步骤 9** 选择"选择">"变换选区"菜单项，选区的四周将出现一个带有 8 个控制点的

变形框，如图 2-68 左图所示。将鼠标光标放置在变形框内，当光标呈 ▶ 形状时，按住鼠标左键不放将选区移动到图 2-68 右图所示位置。

**步骤 10** 将鼠标光标移至变形框左上角的控制点 "□" 上，待光标变为 ⤡ 形状后，按住【Shift】键单击并拖动，等比例缩小选区，如图 2-69 左图所示。将选区调整至适当大小后，按【Enter】键应用变形操作，如图 2-69 右图所示。

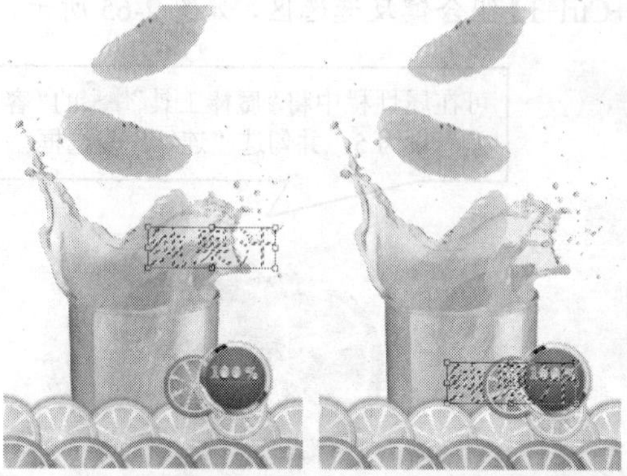

图 2-68　移动选区 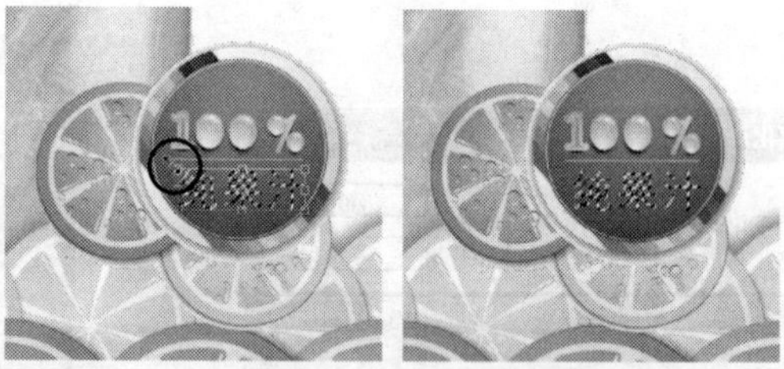　　　　　　　　　　图 2-69　缩小选区

在不进入选区变换状态时也可移动选区，方法是选中任一选区制作工具，并确保选中了 "新选区" 运算按钮 □，然后将光标放入选区内并拖动鼠标。

此外，按键盘上的【↑】、【↓】、【←】、【→】方向键可以以 1 像素为单位精确移动选区；按住【Shift】键的同时按方向键，可以以 10 像素为单位移动选区。

使用拖动方式移动选区时，如果按住【Shift】键，则只能沿水平、垂直或 45 度方向移动；如果按住【Ctrl】键，则可移动选区中的图像（相当于选择了 "移动工具"）。

**步骤 11** 按【D】键将前景色和背景色恢复成默认的黑色和白色，按【Ctrl+Delete】组合键将选区填充成白色，最终效果如前面的图 2-49 所示。最后将 "21.psd" 图像另存。

# 任务六　制作小房子——描边和填充选区

## 任务说明

创建好选区后，还可对选区进行描边和填充操作，生成实际的图像。下面，我们将通过制作图 2-70 所示的小房子，来学习填充和描边选区的操作。

图 2-70　小房子效果

素材：素材与实例\项目四\25.jpg～27.jpg、28.psd
效果：素材与实例\项目三\小房子.psd
视频：视频\项目三\2-6.swf

## 预备知识

### 一、描边选区

创建选区后，利用"描边"命令可以沿选区边缘描绘指定宽度的颜色。

选择"编辑"＞"描边"菜单项，打开"描边"对话框，设置好描边宽度、颜色和位置等参数后，单击"确定"按钮即可在指定位置为选区描边，如图 2-71 所示。

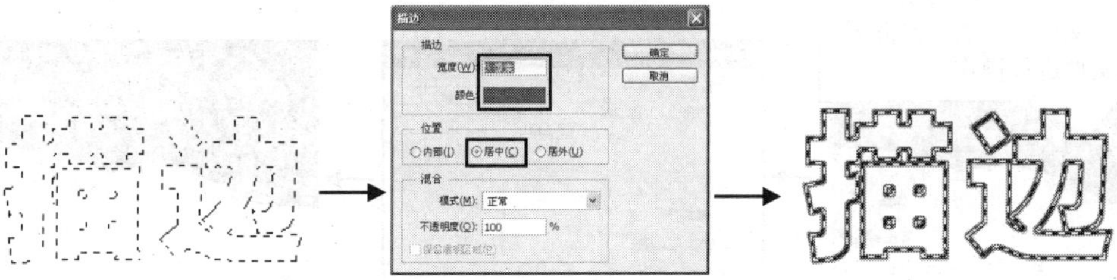

图 2-71　使用"描边"对话框描边选区

设置描边的位置时，"内部"表示在选区边缘以内描边；"居中"表示以选区边缘为中心描边；"居外"表示在选区边缘以外描边。

### 二、填充选区

填充选区是指在选区内部填充颜色或图案。常用的填充选区的方法有以下几种。

> **提示**　如果图像中没有选区，则使用下面介绍的快捷键、"填充"命令，以及后面要介绍的"渐变工具"或"油漆桶工具"等时，都是对当前图层进行填充。

> 设置好前景色后，按【Alt+Delete】组合键可用前景色快速填充选区。

> 设置好背景色后，按【Ctrl+Delete】组合键可用背景色快速填充选区。

> 选择"编辑">"填充"菜单项，打开"填充"对话框，在"使用"下拉列表中选择要填充的内容（包括前景色、背景色或图案等）。若选择使用图案填充，则还可在"自定义图案"下拉列表中选择要填充的图案。此外，还可设置填充颜色或图案的混合模式和不透明度等，最后单击"确定"按钮即可填充选区，如图 2-72 所示。

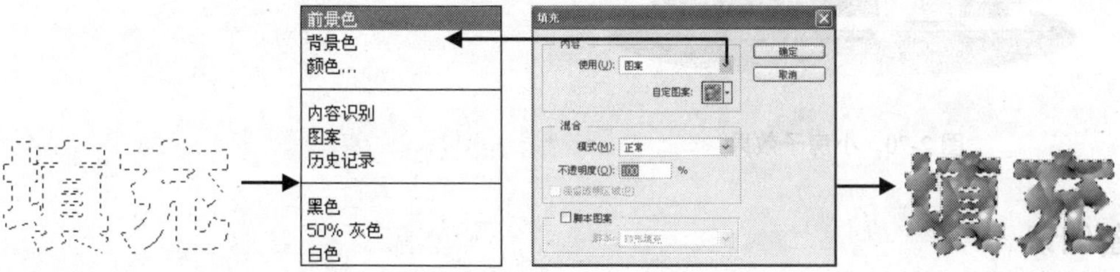

图 2-72  使用"填充"对话框填充选区

**小技巧**    若在"使用"下拉列表中选择"内容识别"选项，可对选区内的图像区域进行修复，如去除污点、杂物等。图 2-73 所示为利用该功能修复图像。

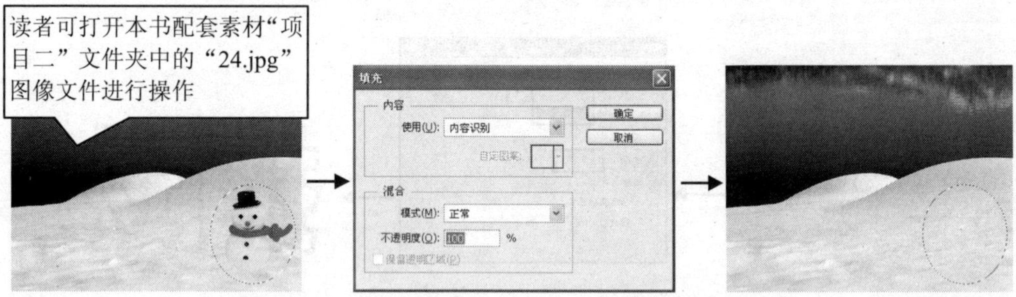

读者可打开本书配套素材"项目二"文件夹中的"24.jpg"图像文件进行操作

图 2-73  使用"内容识别"选项修复图像

## 任务实施——制作小房子

### 制作思路

首先打开各素材图片，然后将"25.jpg"图像窗口中的红色屋顶定义为图案，接着为白色墙体创建选区并填充定义好的图案；利用"魔棒工具" [图标] 和选区编辑命令分别将"26.jpg"和"27.jpg"图像窗口中的图像制作成选区，并复制到"25.jpg"图像窗口；再为屋顶的窗户创建选区并执行描边操作；最后将"28.psd"图像窗口中的图像复制到

"25.jpg"图像窗口中。

制作步骤

**步骤 1**　打开本书配套素材"25.jpg"、"26.jpg"、"27.jpg"和"28.psd"图像文件，如图2-74 所示。

**步骤 2**　将"25.jpg"置为当前图像窗口，利用"矩形选框工具" （只能用该工具）在图 2-75 左图所示位置创建选区，然后选择"编辑">"定义图案"菜单项，在打开的对话框中输入图案名称，单击"确定"按钮，如图 2-75 右图所示。

图 2-74　打开素材图片

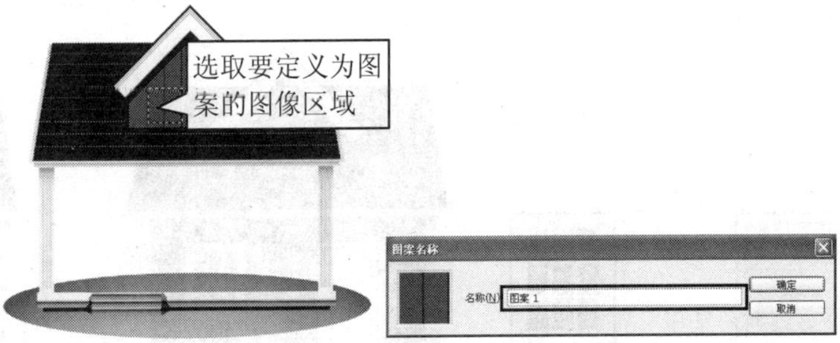

图 2-75　定义图案

在 Photoshop 中，我们可以将使用"矩形选框工具" 创建的选区内的图像定义为图案，以便在填充选区或使用"图案图章工具" 等时使用。如果没有预先创建选区（注意只能使用"矩形选框工具" 创建），则执行"定义图案"命令时，会将整张图像定义为图案。

**步骤 3**　利用"矩形选框工具" 在图 2-76 左图所示位置创建选区。选择"编辑">"填充"菜单项，打开"填充"对话框，在"使用"下拉列表中选择图案，然后在"自定图案"下拉列表中选择"图案 1"，单击"确定"按钮，如图 2-76 中图和右图所示。

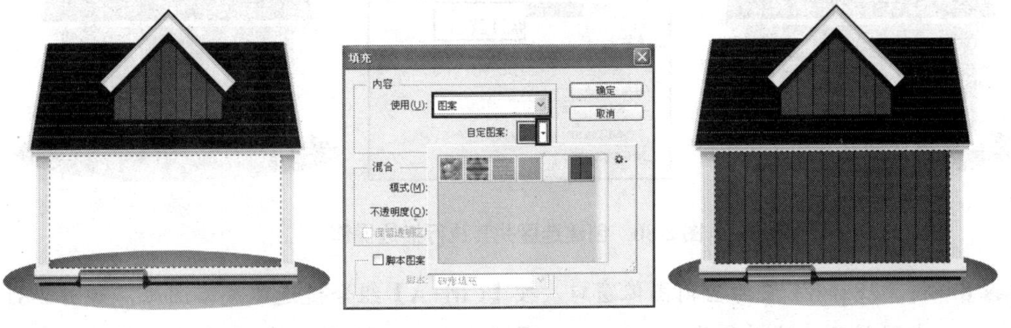

图 2-76　填充图案

**步骤4** 将"26.jpg"置为当前图像窗口，然后利用"魔棒工具" 将背景图像制作成选区，再按【Shift+Ctrl+I】组合键反选选区，效果如图 2-77 所示。

**步骤5** 按【Ctrl+C】组合键复制选区内的图像，然后切换到"25.jpg"图像窗口中，按【Ctrl+V】组合键粘贴图像，再利用"移动工具" 将其移动到图 2-78 所示位置。

**步骤6** 将"27.jpg"置为当前图像窗口，按【Ctrl+A】组合键选取整幅图像，如图 2-79 上图所示，然后将选区内的图像复制到"25.jpg"图像窗口，再利用"移动工具" 将其移动到图 2-79 下图所示位置。

图 2-77　创建选区　　　　图 2-78　组合图像　　　　图 2-79　创建选区并组合图像

**步骤7** 利用"矩形选框工具" 在图 2-80 左图所示位置创建选区，然后选择"编辑">"描边"菜单项，打开"描边"对话框，设置描边宽度为 3 像素，颜色为褐色（#512b20），位置居外，单击"确定"按钮对选区执行描边操作，最后按【Ctrl+D】组合键取消选区，如图 2-80 中图和右图所示。

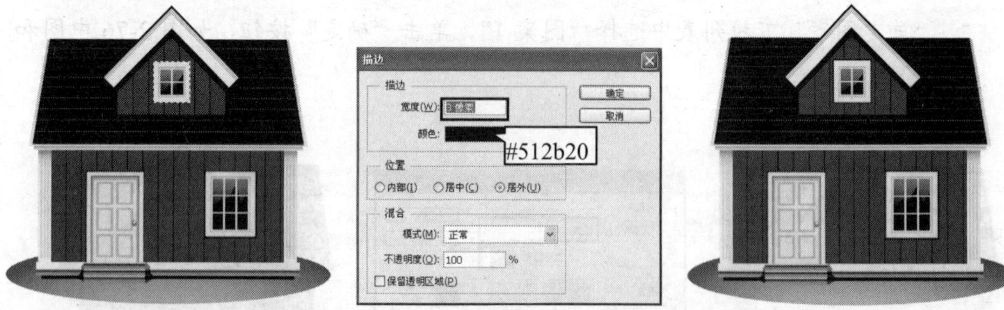

图 2-80　创建选区并其执行描边操作

**步骤8** 将"28.psd"置为当前图像窗口，按【Ctrl+A】组合键选取整幅图像，如图 2-81 左图所示。然后切换到"25.jpg"图像窗口中，按【Ctrl+V】组合键将选区内的图像粘贴到该窗口，再利用"移动工具" 将其移动到图 2-81 右图所示位置。

图 2-81　创建选区并组合图像

# 项目实训

## 一、绘制卡通企鹅

绘制图 2-82 所示的卡通企鹅。

提示：

（1）新建一个 RGB 颜色模式的图像文件，使用青色（#8ce8fb）填充背景，用"椭圆选框工具" ⬭ 绘制一个椭圆形选区，并设置羽化效果（羽化值为 100 像素），然后使用白色填充选区，得到渐变效果的背景。

（2）用"椭圆选框工具" ⬭ 绘制出企鹅的脑袋和身体（注意需要利用工具属性栏中的"添加到选区"运算功能），并用黑色填充。

（3）用"椭圆选框工具" ⬭ 绘制并填充企鹅的眼睛（包括白色的眼白、黑色的眼珠和白色的高光）、白色的肚皮和黄色的嘴巴。

（4）用"椭圆选框工具" ⬭ 绘制出企鹅的手和脚，并分别用黑色和黄色填充。注意绘制手时，需要利用工具属性栏中的"从选区减去"运算功能。

图 2-82　卡通企鹅

## 二、制作电视广告

打开本书配套素材"29.jpg"（电视）、"30.psd"（鸽子）、"31.jpg"（人物）、"32.psd"（文字）和"33.jpg"（背景）图片文件，利用这些图片制作图 2-83 所示的电视广告。

提示：

依次将各素材图片中的主体选出，并复制到

图 2-83　电视广告效果

"38.jpg"（背景）图片文件中。其中，鸽子和文字所在的图片具有透明背景，只需将它们全选并复制到背景图片中即可。制作其他选区时要注意设置一定的羽化效果。最后选择电视所在的图层，制作电视屏幕选区并按【Delete】键删除选区内的图像，再选中文字所在图层，为"自然真选"文字制作空心字效果。

# 项目总结

本项目主要介绍了创建与编辑选区的各种方法。读者在学完本项目内容后，应重点掌握以下知识。

➢ Photoshop 的大多数操作都是基于选区进行的。例如，要对图像的局部进行处理，需要先通过各种途径将其选中。

➢ 利用"矩形选框工具" 、"椭圆选框工具" 、"单行选框工具" 和"单列选框工具" 可以创建规则选区。

➢ 利用"套索工具" 、"多边形套索工具" 、"磁性套索工具" 可以制作任意形状的不规则选区。

➢ 利用"魔棒工具" 、"快速选择工具" 和"色彩范围"命令可以根据颜色来创建不规则选区。使用这些工具时，用户应理解"容差"的含义，它决定了选取的颜色范围。

➢ 利用快速蒙版可以创建各种复杂的选区。

➢ 创建选区时，利用选区的添加、相减和相交等运算操作，可以制作出复杂的选区；利用选区的羽化功能，可以柔化选区图像的边缘，从而制作出一些特殊的图像效果。此外，还可以对选区进行移动、扩展、收缩、平滑、反选等操作。

➢ 对创建的选区进行描边，或在其内部填充各种颜色和图案，可以制作出丰富多彩的图像。

# 项目考核

一、选择题

1. 利用（　　　）可以选择连续的颜色相似选区。

　　A. "矩形选框工具"　　　　　　　B. "椭圆选框工具"

　　C. "魔棒工具"　　　　　　　　　D. "磁性套索工具"

2. 在图像中创建选区后，执行（　　　）命令，可以将原选区以外的区域创建为选区。

　　A. "选择" > "反向"　　　　　　　B. "选择" > "载入选区"

　　C. "选择" > "变换选区"　　　　　D. "选择" > "调整边缘"

3．"边界"命令可以将选区的边界向（　　）扩展，扩展后的边界与原来的边界组成一个新的环状选区。

  A．任意角度       B．上边或下边

  C．内部或外部       D．颜色相似区域

4．在执行"平滑"命令时，可通过调整（　　）的数值来设置选区的平滑范围。

  A．扩展量   B．取样半径   C．宽度   D．羽化半径

5．利用"填充"命令可在选区内部填充（　　）。

  A．前景色       B．背景色

  C．颜色或图案       D．以上答案均可

## 二、判断题

1．利用"单行选框工具" 或"单列选框工具" 创建选区时，其工具属性栏中的"羽化"值必须小于 250 像素，否则无法创建选区。（　　）

2．"消除锯齿"复选框只有在选择"椭圆选框工具" 后才可用。（　　）

3．"容差"参数值的设置直接影响"魔棒工具" 选取范围的大小，容差越大，选取范围就越大。（　　）

4．"快速选择工具" 以画笔的形式出现，在创建选区时可根据选择区域来调整画笔的大小。（　　）

5．如果在图像中创建了选区，则"色彩范围"命令只分析选区内的图像。（　　）

# 项目三 编辑图像

## 项目导读

    Photoshop 的图像编辑方法包括移动、复制、删除、合并拷贝、自由变换图像、调整图像的大小与分辨率，以及操控变形图像等。其中，绝大部分图像编辑命令都只对当前选区（或当前图层）有效。下面我们便来学习编辑图像的方法。

## 学习目标

- ✍ 掌握调整图像大小与分辨率，以及裁剪图像的方法。
- ✍ 掌握移动、复制和删除图像的方法。其中，应重点掌握复制图像的多种方法，以及"合并拷贝"和"贴入"命令的使用。
- ✍ 掌握对图像进行缩放、旋转和扭曲等变换，以及使用网格进行任意变形的方法。

## 任务一 制作公告栏——调整图像大小与裁剪图像

### 任务说明

    本任务中，我们将通过制作图 3-1 所示的公告栏来学习调整图像大小、调整画布大小和旋转与翻转画布的相关知识，以及"裁剪工具"和"透视裁剪工具"的使用方法。

素材：素材与实例\项目三\3.jpg、4.psd、5.psd

效果：素材与实例\项目三\公告栏.psd

视频：视频\项目三\3-1.swf

图 3-1 公告栏效果

**预备知识**

**一、调整图像大小**

要调整图像大小，可选择"图像">"图像大小"菜单项，打开"图像大小"对话框，在其中输入像素大小、文档大小或分辨率后，单击"确定"按钮即可，如图 3-2 所示。读者可打开本书配套素材"项目三"文件夹中的"1.jpg"图像文件进行操作。

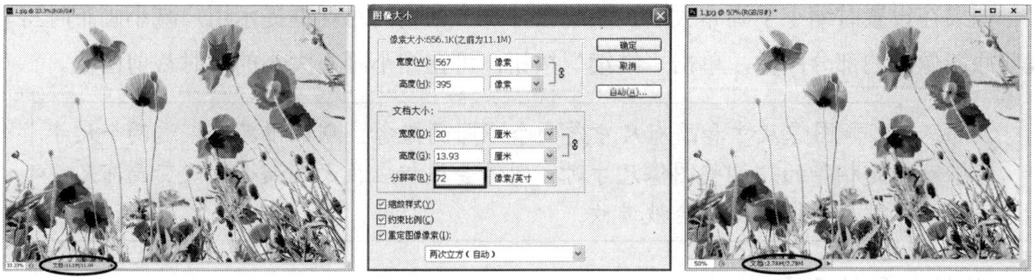

图 3-2　调整图像大小

该对话框各选项的意义如下。

➤ **"像素大小"设置区**：设置图像的宽度和高度，它决定图像在屏幕上的显示尺寸。

➤ **"文档大小"设置区**：设置图像在输出打印时的实际尺寸和分辨率大小。

➤ **"缩放样式"复选框**：如果图像中包含应用了样式的图层，则选中该复选框后，在调整图像大小的同时将缩放样式，以免改变图像效果。只有在选中"约束比例"复选框后，该复选框才被激活。

➤ **"约束比例"复选框**：选中该复选框表示系统将图像的长宽比例锁定。当修改其中的某一项时，系统会自动更改另一项，使图像的比例保持不变。

➤ **"重定图像像素"复选框**：若选中该复选框，更改图像的分辨率时图像的显示尺寸会相应改变，而打印尺寸不变；若取消该复选框，更改图像的分辨率时图像的打印尺寸会相应改变，而显示尺寸不变。

**二、调整画布大小**

在编辑图像时，如果不需要改变图像的显示或打印尺寸，而是对图像进行裁剪或增加空白区，此时可使用"画布大小"命令来调整图像。打开要调整的图像，选择"图像">"画布大小"菜单项，打开"画布大小"对话框，如图 3-3 所示。对话框中各选项的意义如下所示。

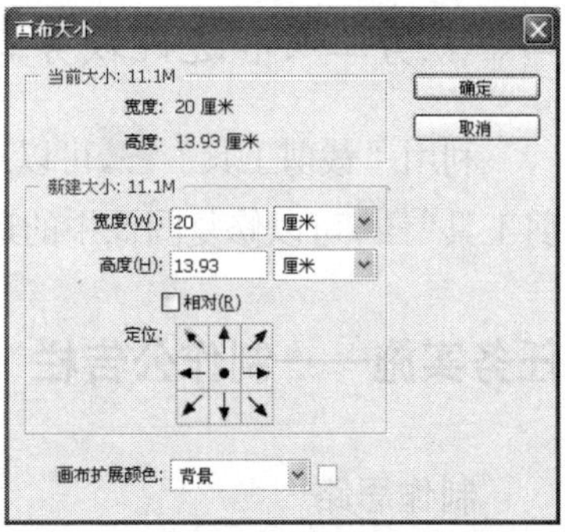

图 3-3　"画布大小"对话框

➢ **当前大小**：显示当前图像的画布大小，默认与图像的实际宽度和高度相同。

➢ **新建大小**：在该设置区中可以更改画布的"宽度"和"高度"值，更改后在"定位"设置区中单击某个定位方块可以确定图像裁剪或延伸的方向，包括居中、偏左、偏右、偏上等方向。

➢ **画布扩展颜色**：如果图像增加了画布大小，可以在该下拉列表框中选择新增画布的填充颜色（前景、背景、白色和黑色等），也可单击右侧的色块，利用打开的"拾色器"对话框来设置扩展颜色。

如果在设置时缩小了画布大小，系统会打开一个询问对话框提示用户减小画布时将裁剪原图像中的部分图像，单击"继续"按钮，可在缩小画布大小的同时裁剪图像。

> **知识库**
>
> 图像尺寸和画布尺寸是两个不同的概念。默认情况下，这两个尺寸是相等的。调整图像尺寸时，图像会被相应放大或缩小；改变画布尺寸时，图像本身不会被缩放。

### 三、旋转与翻转画布

通过选择"图像">"图像旋转"菜单项中的各子菜单项，可以将画布分别作"180度"旋转、"顺时针90度"旋转、"逆时针90度"旋转、"任意角度"旋转、"水平翻转"和"垂直翻转"。图3-4为将画布顺时针旋转30度后的效果。

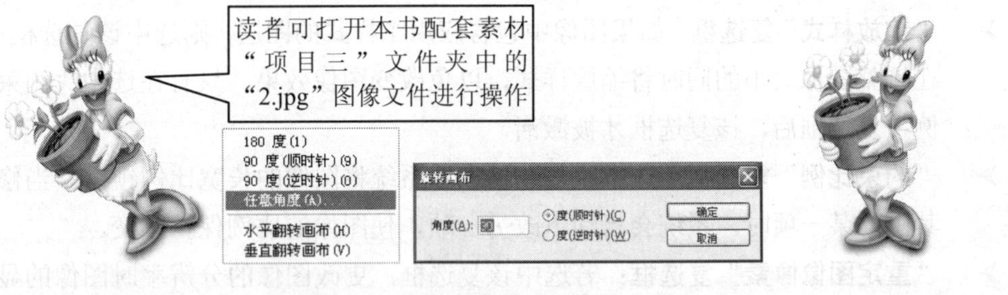

**图3-4 将画布沿顺时针旋转30度**

### 四、裁剪工具和透视裁剪工具

利用"裁剪工具" 可以对图像进行任意裁剪，重新定义画布的大小；利用"透视裁剪工具" 可以修复图像中的透视畸变。关于这两个工具的用法，请参考后面的任务实施。

### 任务实施——制作公告栏

#### 制作思路

打开素材图片，首先利用"图像旋转"命令对背景图像进行旋转，然后利用"透视裁剪工具"修正背景图像中的畸变,再利用"图像大小"命令调整藤蔓图像的分辨率,并将其复制到背景图像窗口中,最后利用"裁剪工具"修正倾斜的垃圾桶图像,并将其复制到背景图像窗口中,完成实例制作。

**制作步骤**

**步骤1** 打开本书配套素材"3.jpg"图像文件,如图3-5左图所示,可以看到该图像呈现倒立状态,选择"图像">"图像旋转">"垂直翻转画布"菜单项,将画布垂直翻转,如图3-5中图和右图所示。

图3-5 打开素材图片并将画布垂直翻转

**步骤2** 此时,可以看到黑板的两侧向外倾斜,这是透视畸变的明显特征,如图3-5右图所示。选择工具箱中的"透视裁剪工具",在图像中按住鼠标左键不放并拖动绘制裁剪区域,释放鼠标左键后,将出现一个裁剪框(裁剪框内的图像为要保留的区域),如图3-6左图所示。

**步骤3** 将鼠标光标移至裁剪框左下角的方形控制点□上,待鼠标光标呈⌐形状时,按住【Shift】键并向右拖动控制点,如图3-6中图所示;再将鼠标光标移至裁剪框右下角的方形控制点□上,待鼠标光标呈⌐形状时,按住【Shift】键并向左拖动控制点,使得裁剪框的两侧与黑板的两侧保持平行,如图3-6右图所示。

图3-6 创建并调整裁剪框

选择"透视裁剪工具"后,也可在图像中依次单击绘制裁剪框。此外,将鼠标光标放置在裁剪框内,当光标呈▶形状时,按住鼠标左键不放并拖动可移动裁剪框。

**步骤 4**　单击工具属性栏中的"提交当前裁剪操作"按钮☑，或按【Enter】键，或在裁剪框内双击鼠标左键确认裁剪操作，如图 3-7 所示。图 3-8 所示为裁剪后的图像效果。

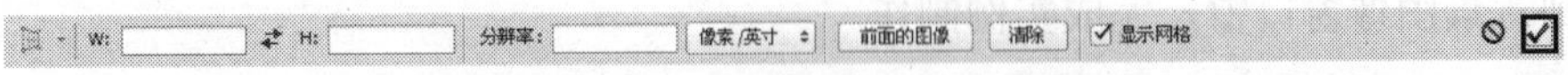

图 3-7　"透视裁剪工具"属性栏

> **提示**
>
> 在"透视裁剪工具"属性栏的"W"、"H"和"分辨率"编辑框输入数值，可设置裁剪后图像的高度、宽度和分辨率大小，否则裁剪后的图像大小将与裁剪框内的图像大小一致，分辨率与原图像相同。要清除这几个编辑框中的数值，可单击"清除"按钮。

图 3-8　对图像进行裁剪

**步骤 5**　打开本书配套素材"4.psd"图像文件，选择"图像">"图像大小"菜单项，打开"图像大小"对话框，在其中输入"分辨率"为 300，单击"确定"按钮，如图 3-9 所示。

**步骤 6**　按【Ctrl+A】组合键全选图像，按【Ctrl+C】组合键复制选区内的图像，然后切换到"3.jpg"图像窗口中，按【Ctrl+V】组合键粘贴图像，再利用"移动工具"将其移动到图 3-10 所示位置。

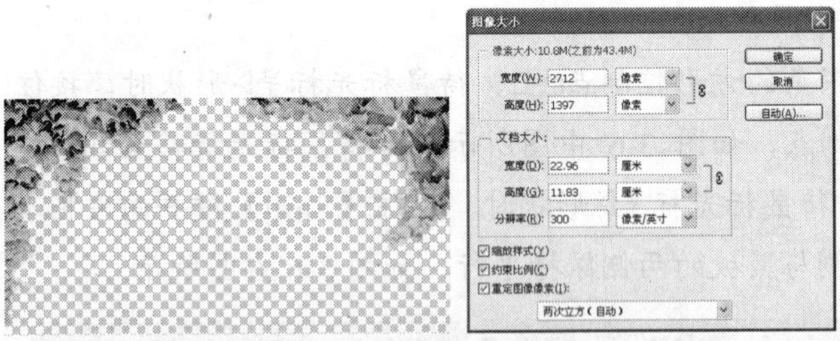

图 3-9　打开素材图片并调整图像大小

图 3-10　组合图像

**步骤 7**　打开本书配套素材"5.psd"图像文件，选择工具箱中的"裁剪工具"，在图像窗口中按住鼠标左键不放并拖动绘制裁剪区域，释放鼠标左键后，将出现一个裁剪框，裁剪框外是将被裁剪掉的图像区域，如图 3-11 所示。

**步骤 8**　创建裁剪框后，通过拖动裁剪框四周的控制点━来调整裁剪框的大小，然后将鼠标指针放置在裁剪框的外侧，当光标呈↵形状时拖动鼠标，将垃圾桶旋转到与画布垂直的角度，如图 3-12 左图和中图所示。

**步骤 9**　调整满意后，单击工具属性栏中的"提交当前裁剪操作"按钮☑、按【Enter】键或者在裁剪框内双击鼠标左键确认裁剪操作，如图 3-12 右图所示。

图 3-11 打开素材图片并创建裁剪框 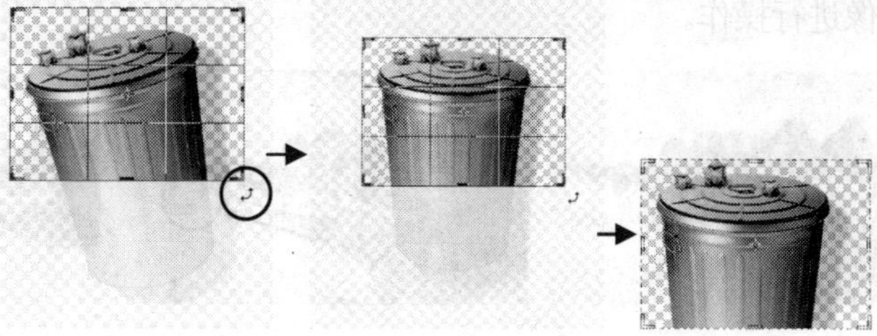　　　图 3-12 调整裁剪框并对图像进行裁剪

**步骤 10** 参考步骤 6 的操作方法，全选图像并将其复制到"3.jpg"图像窗口中，并放在合适的位置，最终效果如图 3-1 所示。最后将文档另存。

## 补充学习——裁剪工具属性栏

选择"裁剪工具" 后，其工具属性栏如图 3-13 所示，其中常用选项的意义如下。

图 3-13 "裁剪工具"属性栏

（1）"使用预设的裁剪选项"按钮 ：单击该按钮，可以在打开的下拉列表中选择预设的裁剪选项，如图 3-14 所示。

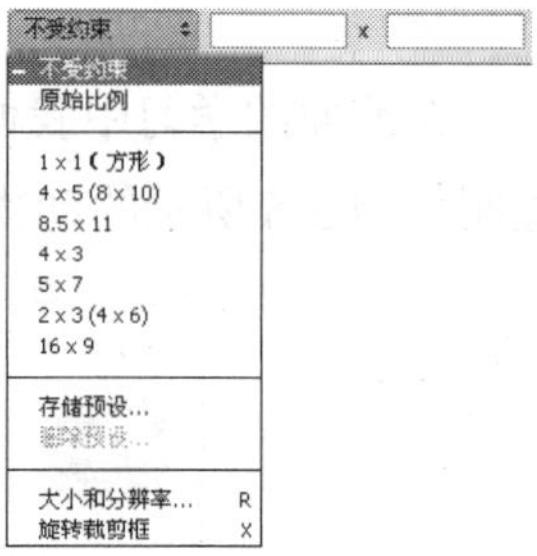

➢ **不受约束：**选择该项后，可以自由调整裁剪框的大小。

➢ **原始比例：**选择该项后，调整裁剪框大小时始终会保持图像原始的长宽比例。

➢ **预设长宽比：**包括"1×1（方形）"、"4×5（8×10）"等选项。如果要自定义长宽比，可在按钮右侧的文本框中输入数值。调整裁剪框大小时始终会保持预设的长宽比例。

图 3-14 选择预设的裁剪选项

➢ **存储预设/删除预设：**创建裁剪框后，选择"存储预设"选项，可以将当前创建的长宽比保存为一个预设文件。如果要删除自定义的预设文件，可将其选中，再选择"删除预设"选项。

➢ **大小和分辨率：**选择该项后，将打开一个对话框，输入图像的宽度、高度和分辨率数值并单击"确定"按钮，可按照设定的尺寸裁剪图像。

（2）"通过在图像上画一条直线来拉直该图像"按钮 ：如果画面内容出现倾斜，可单击该按钮，然后将鼠标移至图像窗口中，当光标呈 形状时拖动鼠标，在画面中绘制一条直线，使之与地平线、建筑物墙面等主体物平行，Photoshop 会在裁剪图像时自动将倾斜的画面校正过来，如图 3-15 所示。读者可打开本书配套素材"项目三"文件夹中的"6.jpg"

图像进行操作。

图 3-15　校正倾斜的图像

（3）"删除裁剪的像素"复选框：如果不选择此复选框，Photoshop 会将裁剪掉的图像保留在文件中（我们可以使用"移动工具" 拖动图像，将隐藏的图像内容显示出来）。如果要彻底删除被裁剪的图像，可勾选复选框，再执行裁剪操作。

（4）"复位裁剪框、图像旋转以及长宽比设置"按钮 ：单击该按钮，可以将裁剪框、图像旋转以及长宽比恢复为最初状态。

（5）"取消当前裁剪操作"按钮 ：要放弃裁剪操作，可单击该按钮或按【ESC】键。

# 任务二　制作动物聚会图像——移动、复制与删除图像

## 任务说明

在前面的学习中我们已经多次用到了移动和复制图像的操作，在本任务中，我们通过制作图 3-6 所示的动物聚会图像，来系统地学习移动、复制和删除图像的操作。

图 3-16　动物聚会图像

素材：素材与实例\项目三\"7.jpg"、"8.psd"

效果：素材与实例\项目三\动物聚会.psd

视频：视频\项目三\3-2.swf

## 预备知识

➢ **移动图像**：是指用"移动工具" 将当前图层的图像（或当前图层中选区内的图像）移至同一图像窗口的其他位置或其他图像窗口中。

➢ **复制图像**：复制图像也是针对当前图层或当前图层选区内的图像进行，因此在复制图像前，应先在"图层"面板中选中要操作的图层。在 Photoshop 中有多种复制图像的方法，包括使用拖动方式、使用菜单命令或使用复制图层方式等。

➤ **删除图像**：指删除选区内或某个图层上的图像。

## 任务实施——制作动物聚会图像

下面通过制作动物聚会图像来学习移动、复制和删除图像的方法。

**步骤 1** 打开本书配套素材 "7.jpg"、"8.psd" 图像文件，然后将 "8.psd" 图像置为当前窗口。

**步骤 2** **移动图像**。在工具箱中选择 "移动工具" ，按【F7】键打开 "图层" 调板，单击选择要移动的图像所在的 "小鸭子" 图层，然后在图像窗口中按住鼠标左键并拖动，至目标位置后释放鼠标，将小鸭子图像移至目标位置，如图 3-17 所示。

> **提示**
>
> 移动选区内的图像时，如果在背景图层上移动，图像的原位置将被当前背景色填充；如果在普通图层上移动图像，图像的原位置将变成透明。此外，若在拖动时按住【Shift】键，可以在水平、垂直和 45 度方向移动图像。

> **小技巧**
>
> 选择 "移动工具" 后，按键盘上的方向键，可以将图像在相应的方向上移动 1 个像素的距离；如果按住【Shift】键再按键盘上的方向键，则每次可以将图像移动 10 个像素的距离。

图 3-17 移动图像

> **知识库**
>
> 选择 "移动工具" 后，其工具属性栏如图 3-18 所示。勾选 "自动选择" 复选框，在其后的下拉列表中选择 "图层" 或 "图层组"，然后用 "移动工具" 在图像窗口中单击某对象，可自动选中该对象所在的图层或图层组。

图 3-18 "移动工具" 属性栏

**步骤 3** **利用拖动方式复制图像**。选择要复制的图层 "背景"，若要复制当前图层某个区域的图像，则将该区域创建为选区，如选中白云图像，然后选择 "移动工具" ，按住

【Alt】键，当光标呈 ▶ 形状时拖动鼠标，至目标位置后释放鼠标，如图 3-19 所示。

> 使用拖动方式复制图像时，若复制的是当前图层中的图像，将自动生成一个图层副本；若复制的是当前图层选区内的图像，将不生成图层副本。

图 3-19  利用拖动方式复制图像

**步骤 4** 利用复制图层方式复制图像。将要复制图像所在的"小鸭子"图层拖拽到"图层"调板底部的"创建新图层"按钮 🗋 上，可快速复制出该层的副本图层，如图 3-20 左图和中图所示。被复制的图像与原图像完全重合，用"移动工具" ▶+ 将小鸭子图像移动到另一个凳子上，如图 3-20 右图所示。

图 3-20  利用复制图层方式复制图像

**步骤 5** 利用命令复制图像。切换到"7.jpg"图像窗口，将猫头鹰图像创建为选区，然后选择"编辑">"拷贝"菜单或按快捷键【Ctrl+C】，将图像存入剪贴板中。

**步骤 6** 切换到"8.psd"图像窗口，选择"编辑">"粘贴"菜单或按快捷键【Ctrl+V】，可将选区内图像粘贴到当前图像窗口或选区（如果有选区）的正中间，并且自动生成一个图层来放置复制的图像，这里将复制的图像移动到合适位置，如图 3-21 所示。

> 选择"编辑">"剪切"菜单项，或按【Ctrl+X】组合键，可将选区内图像剪切到剪贴板，再粘贴到其他位置，但原位置将不再保留该图像。
> 复制或剪切选区图像后，选择"编辑">"选择性粘贴">"原位粘贴"菜单项，或按【Shift+Ctrl+V】组合键，可将图像粘贴到图像窗口的相同位置。

**步骤7**　快速复制选区内的图像到新图层。按【Ctrl+J】组合键，系统将自动新建一个图层，并将当前图层选区内的图像复制到新图层中，此时新图像将与原图像重合。该操作在处理图像时经常使用。

**步骤8**　删除选区内的图像。选择"编辑">"清除"菜单，或者按【Delete】键。其中，如果当前图层为背景图层，被清除的选区将以背景色填充；如果当前图层不是背景图层，被清除的选区将变为透明区。

**步骤9**　删除图层。可以将该图层拖拽到"图层"调板底部的"删除图层"按钮 上，然后释放鼠标即可，此时，该图层上的所有图像都将被删除，如图3-22所示。

图3-21　使用命令复制图像

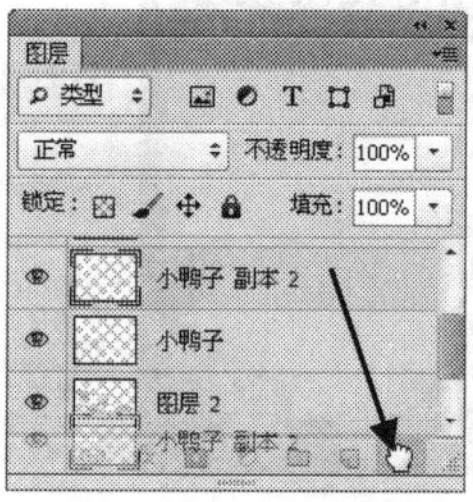

图3-22　删除图像

## 补充学习——合并拷贝、贴入与外部粘贴

　　合并拷贝、贴入与外部粘贴都需要先创建选区才能使用。其中，使用"合并拷贝"可以同时复制选区内多个图层中同一位置的内容，并在粘贴时将其合并为一个图层；"贴入"命令和"外部粘贴"命令的作用相似，效果相反，前者可以将被复制的图像内容粘贴到选区内部显示，而后者是将被复制的图像内容粘贴到选区外部显示。

**步骤1**　新建一文档，参数设置如图3-23左图所示，然后打开本书配套素材"9.psd"和"10.jpg"图像文件。

**步骤2**　将"9.psd"图像文件置为当前窗口，这是一幅拥有4个图层的图像，按【F7】键打开"图层"调板即可看到，如图3-23右图所示。

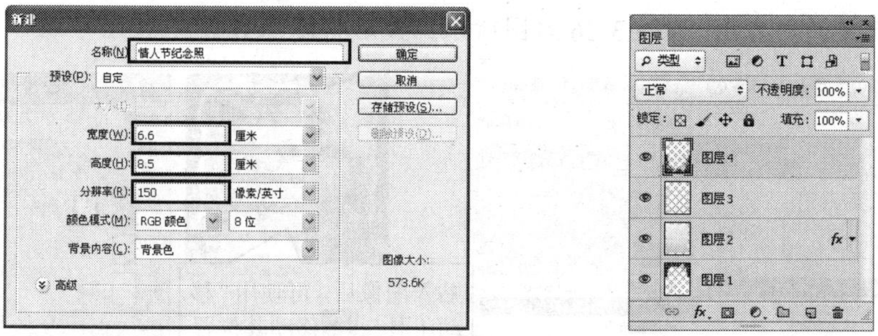

图3-23　新建文档和打开图像文件

**步骤 3** 按【Ctrl+A】组合键全选图像，如图 3-24 左图所示，然后选择"编辑">"合并拷贝"菜单项，或按【Shift+Ctrl+C】组合键，将显示画面中包含的所有图层当前选区中的图像复制到剪贴板（如果使用"拷贝"命令，则只复制当前图层当前选区内的图像），如图 3-24 右图所示。

**步骤 4** 切换到新建图像窗口，按【Ctrl+V】组合键将合并拷贝的图像粘贴到该窗口。接着利用"魔棒工具" 在图像中创建图 3-25 左图所示的选区。

**步骤 5** 将"10.jpg"图像置为当前窗口，依次按【Ctrl+A】和【Ctrl+C】组合键全选并复制图像，如图 3-25 右图所示。

图 3-24　全选并复制图像 　　　　图 3-25　分别为不同的图像创建选区

**步骤 6** 切换到新建图像窗口中，然后选择"编辑">"选择性粘贴">"贴入"菜单项，或者按【Alt+Shift+Ctrl+V】组合键，即可将复制的图像粘贴到当前选区内，如图 3-26 左图和中图所示。其中各子菜单项的意义如下。

➢ **原位粘贴：**可将图像按照其原位粘贴到图像窗口中。

➢ **贴入：**如果在图像中创建了选区，选择该子菜单项，可将图像粘贴到选区内，并自动添加蒙版，将选区外的图像隐藏。

➢ **外部粘贴：**如果创建了选区，选择该子菜单项，可将图像粘贴到选区外，并自动添加蒙版，将选区内的图像隐藏。

**步骤 7** 此时，从"图层"调板中可看到原"9.psd"图像选区内的 4 个图层内容都合并为 1 个图层，即"图层 1"；原"10.jpg"图像中的内容被粘贴到新建图像窗口的选区内，并自动添加蒙版以将选区外的图像隐藏（关于蒙版的知识请参阅项目六中的内容），如图 3-26 右图所示。最后将图像另存。

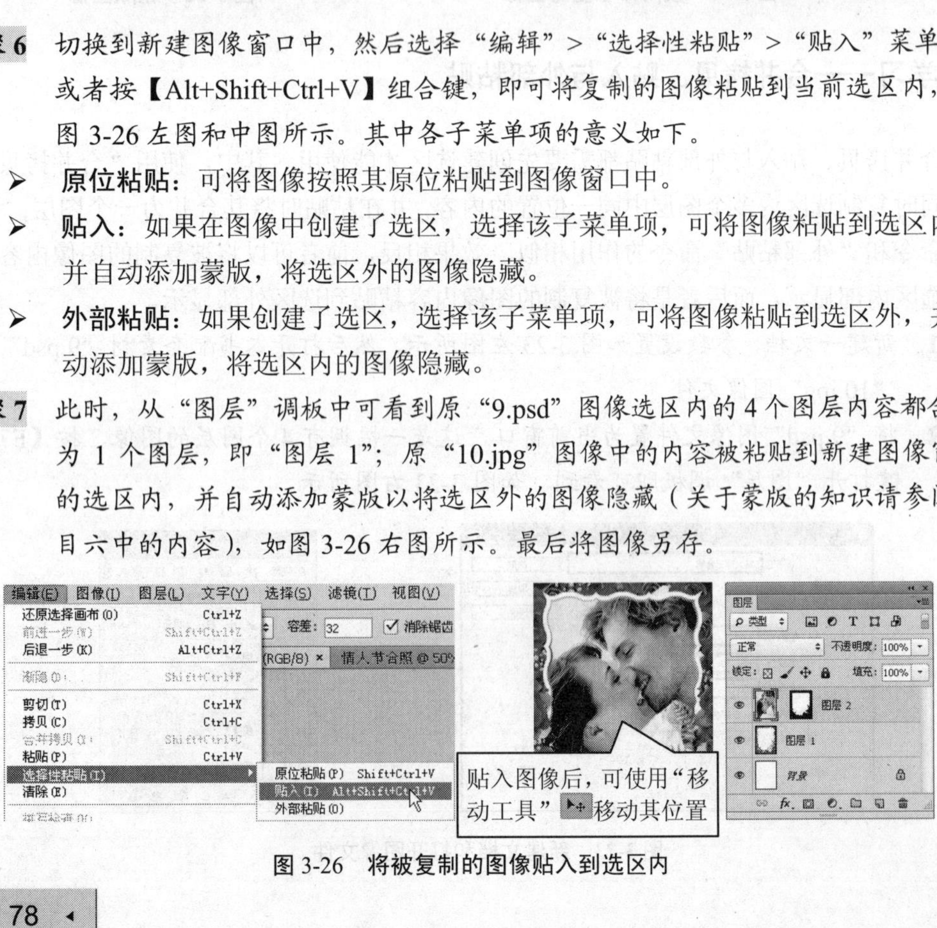

图 3-26　将被复制的图像贴入到选区内

## 任务三 合成象鼻取物图——变化和变形图像

### 任务说明

本任务中，我们将通过合成图 3-27 所示的象鼻取物图，来学习图像的变形方法。

素材:素材与实例\项目三\11.jpg、12.jpg 和 13.psd

效果: 素材与实例\项目三\象鼻取物.psd

视频: 视频\项目三\3-3.swf

图 3-27　象鼻取物效果

### 预备知识

#### 一、变换图像

变换图像与本书项目二中所讲的变换选区的操作相似，只是变换的对象不同，变换图像是对图像本身变形，而变换选区只是对选区变形，不会影响到选区内的图像。

选择"编辑">"自由变换"菜单项，或按【Ctrl+T】组合键，可以利用出现的变换框对选区内的图像或非背景层图像进行缩放、旋转、扭曲、斜切和透视等各种变换，操作与前面介绍的变换选区相同。若选择"编辑">"变换"菜单中的子菜单项，则可对图像执行指定的变化操作。

#### 二、变换的同时复制图像

对图像进行变换操作后，可以选择"编辑">"变换">"再次"菜单对图像重复应用相同的变换；若按【Alt+Shift+Ctrl+T】组合键，则在变换图像的同时复制图像。

#### 三、使用"变形"命令变形图像

选择"编辑">"变换">"变形"菜单项，在工具属性栏中可以选择系统预设的形状来变形图像，如扇形、上弧、下弧、拱形、旗帜等，并可设置变形效果。例如，选择"旗帜"形状，如图 3-28 所示。

此外，选择"变形"命令后，若在属性栏中选择"自定"变形方式，在图像的四周将显示变形网格，单击并拖动变形网格的控制点或控制点两侧的控制柄可自定义变形效果。

图 3-28　变形图像

## 四、操控变形图像

执行"操控变形"命令后会在图像区域中显示网格，通过在网格上添加图钉并拖动图钉可以任意扭曲图像的特定区域，同时保持其他区域不变，具体操作请参考后面的任务实施。

## 任务实施——合成象鼻取物图

### 制作思路

首先打开瓷杯和树枝图像文件，将树枝图像复制到瓷杯图像文件中，然后利用"自由变换"和"变形"命令对树枝图像进行调整，将其贴在瓷杯上，再将贴好图的瓷杯存储为"瓷杯.jpg"；接着打开大象图像文件，利用"操控变形"命令调整大象的鼻子；再打开"瓷杯.jpg"图像文件，将瓷杯图像复制到大象图像窗口中，并利用"自由变换"命令将瓷杯图像缩小；最后将瓷杯图像所在的图层移至大象图层的下方，完成实例制作。

### 制作步骤

**步骤 1**　打开本书配套素材"11.jpg"和"12.jpg"图像文件，全选树枝图像并将其复制到瓷杯图像中，如 3-29 左图所示。为了方便下面的操作，我们在"图层"调板中将树枝图像的不透明度设置为 50%，如 3-29 中图和右图所示，这时树枝图像呈半透明状态。

图 3-29　复制图片并改变其透明度

**步骤 2** 按【Ctrl+T】组合键,在树枝图像的四周显示自由变形框,再按住【Shift】键拖动变形框的拐角控制点,成比例缩小图像至瓷杯肚大小,如图 3-30 左图所示。

**步骤 3** 在变形框内单击鼠标右键,在打开的快捷菜单中选择"变形"菜单项,此时,变形框转变成如图 3-30 右图所示的变形网络。

图 3-30 成比例缩小图像及选择"变形"命令

**步骤 4** 将鼠标光标移至变形网格的方形控制点□上,待鼠标光标呈▶或▶形状时,按下鼠标并拖动,可改变该控制点的位置,如图 3-31 左图所示。将鼠标光标移至角点控制柄的端点◆上,待鼠标光标呈▶形状时,拖动鼠标改变控制柄的方向,以使图像适合杯身的弧度,如图 3-31 右图所示。

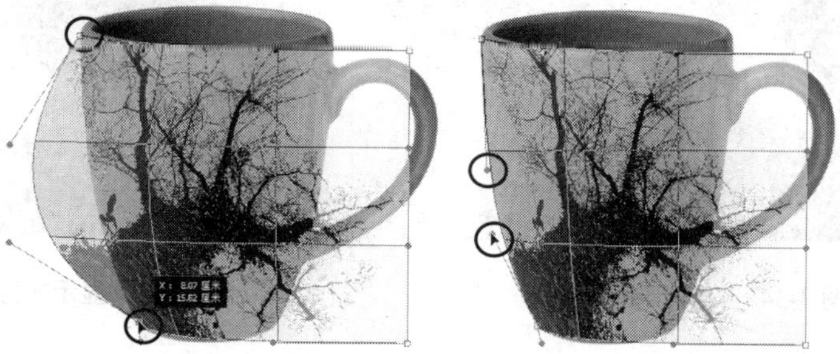

图 3-31 调整变形框

**步骤 5** 继续调整其他控制点和控制柄,以使图案的形状与杯身相吻合,如图 3-32 左图所示,按【Enter】键确认变形操作,然后在"图层"调板中将"图层 1"的"不透明度"改为 100%,得到如图 3-32 右图所示效果。

图 3-32 应用变形操作并改变透明度

**步骤 6** 为了使贴图效果更为自然，在“图层”调板中设置树枝图像所在图层的混合模式为“正片叠底”，如图 3-33 所示。按【Ctrl+S】组合键，打开“存储为”对话框，将制作好的图像文件保存为“瓷杯.jpg”。

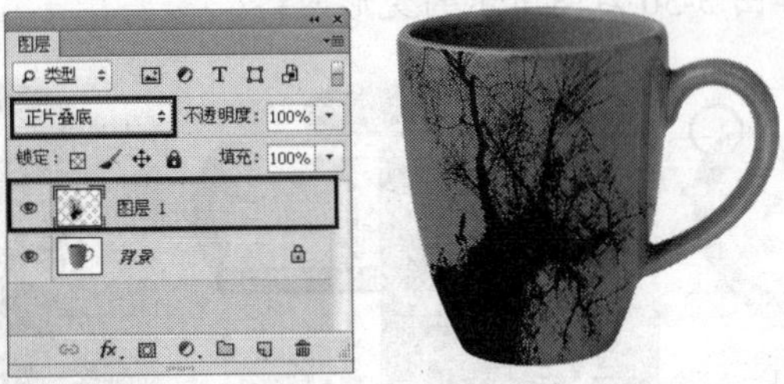

图 3-33　设置图层混合效果

**步骤 7** 打开本书配套素材“13.psd”图像文件，该图像文件中的大象图像位于“图层 1”上，下面我们将对其执行操控变形操作，如图 3-34 所示。

**步骤 8** 选择“编辑”>“操控变形”菜单项，在大象图像区域中显示操控变形网格，如图 3-35 所示，此时其属性栏如图 3-36 所示。

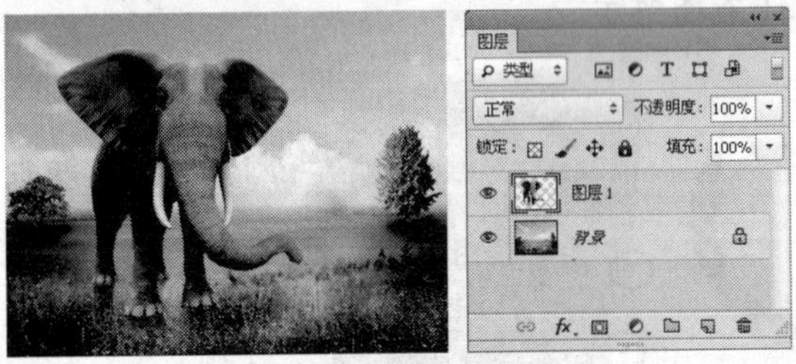

图 3-34　打开素材图片

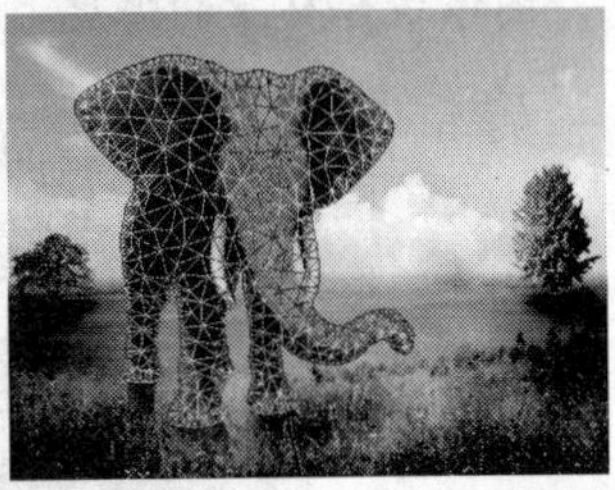

图 3-35　显示操控变形网格

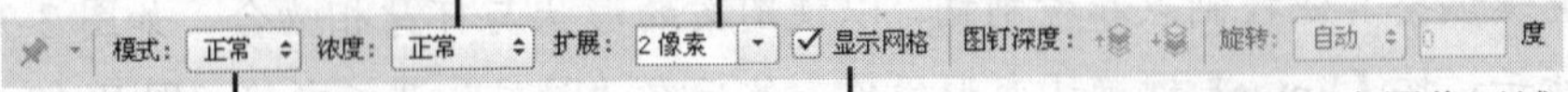
设置网格点的间距。网格点越多，可以对图像的细节部位进行更精密的操控变形，但是耗费时间也会相应增加
扩展或收缩网格的外边缘
模式：正常 浓度：正常 扩展：2 像素 显示网格 图钉深度： 旋转：自动 0 度
设置网格的整体弹性
设置是否在图像区域中显示网格

图 3-36　操控变形属性栏

**步骤 9** 将鼠标光标移至网格上依次单击添加图钉，如图 3-37 左图所示，然后将光标移至大象鼻尖的图钉上，单击并向右上方拖动图钉，如图 3-37 右图所示。此时，可发现其他图钉所在的大象图像区域被固定不发生变化，而当前图钉所在的大象图像区域随着鼠标的拖动，带动没被其他图钉固定的图像区域发生变化。

**步骤 10** 继续拖动鼠标，至满意位置时释放鼠标，最后按【Enter】键完成操控变形操作（按【Esc】键可取消变形），如图 3-38 所示，可看到大象鼻子发生了变化。

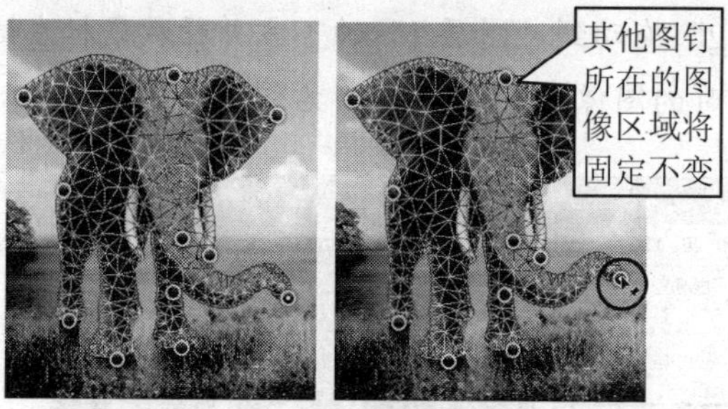

其他图钉所在的图像区域将固定不变

图 3-37 添加并拖动图钉

图 3-38 变形效果

**知识库**

我们可在图像的任意区域添加图钉以对图像执行各种变形操作。当添加了多个图钉后，可按住【Shift】键依次单击图钉以同时选中多个图钉，然后按住鼠标左键并拖动，此时，被选中的图钉所在的图像区域将同时发生变化。

要删除图钉，可先选中要删除的图钉，然后按【Delete】键；或者按住【Alt】键不松手，将光标移至图钉上，待光标呈形状时单击图钉。

**步骤 11** 打开步骤 6 中保存的"瓷杯.jpg"图像文件，利用"魔棒工具" 在"瓷杯.jpg"图像文件的白色背景处单击，然后按【Shift+Ctrl+I】组合键反选选区，如图 3-39 左图所示。

**步骤 12** 按【Ctrl+C】组合键复制选区内的图像，然后切换到"13.psd"图像窗口，按【Ctrl+V】组合键将复制的图像粘贴到图像窗口中央。

**步骤 13** 按【Ctrl+T】组合键，在瓷杯图像的四周显示自由变换框，在变换框内单击鼠标右键，在打开的快捷菜单中选择"水平翻转"菜单项，此时，瓷杯图像变成图 3-39 中图所示的效果。

**提示**

选择"旋转 180 度"、"旋转 90 度"、"水平翻转"和"垂直翻转"等子菜单项后，可直接对图像执行相应的变换操作，无需使用鼠标拖动。

**步骤 14** 按住【Shift】键拖动变换框的拐角控制点，将图像缩小并移动至大象鼻尖后按【Enter】键确认操作，如图 3-39 右图所示。

图 3-39 组合并变换图像

**步骤 15** 按住鼠标左键不放，将"图层 2"拖动到"图层 1"的下方并释放鼠标左键，如图 3-40 左图和中图所示。此时的图像效果如图 3-40 右图所示。

图 3-40　调整图层顺序

## 补充学习——操作的撤销与重做

由于图像处理是一项实践性很强的工作，因此，用户在进行图像处理时，可能经常需要撤销已进行的错误操作。在 Photoshop 中，我们可以利用菜单命令和"历史记录"调板来撤销操作，或重做撤销的操作。

### 一、使用菜单命令

在 Photoshop 中，用户可利用"编辑"菜单中的相关命令来撤销单步、多步操作或重做撤销的操作。

- ➢ 选择"编辑" > "还原+操作名称"菜单或按【Ctrl+Z】组合键，可撤销刚执行过的操作，此时菜单项变为"重做+操作名称"。
- ➢ 单击"重做+操作名称"菜单或按【Ctrl+Z】组合键，则取消的操作又被恢复。
- ➢ 若要逐步撤销前面执行的多步操作，可选择"编辑" > "后退一步"菜单，或按【Alt+Ctrl+Z】组合键。
- ➢ 若要逐步恢复被撤销的操作，可选择"编辑" > "前进一步"菜单，或按【Shift+Ctrl+Z】组合键。

### 二、使用"历史记录"调板

"历史记录"调板是一个非常有用的工具，用户可利用它撤销前面进行的任意操作，并可为当前图像处理结果创建快照，或将当前图像处理结果保存为文件，还可设置历史记录画笔的源。

选择"窗口" > "历史记录"菜单，打开图 3-41 所示的"历史记录"调板，从图中可知，调板操作列表中记录了打开图像后进行的所有操作：

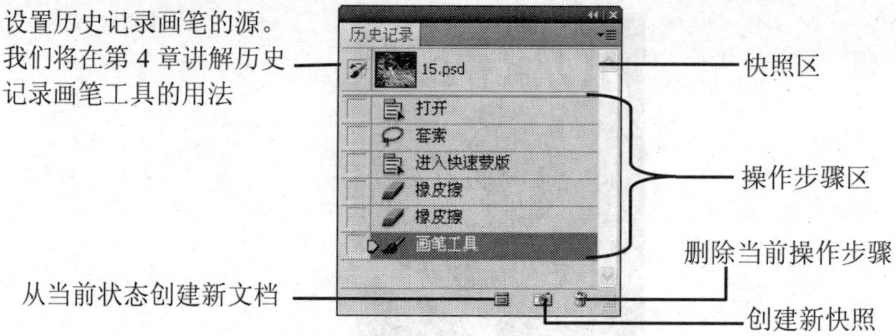
设置历史记录画笔的源。
我们将在第 4 章讲解历史
记录画笔工具的用法
历史记录
15.psd
打开
套索
进入快速蒙版
橡皮擦
橡皮擦
画笔工具
快照区
操作步骤区
删除当前操作步骤
从当前状态创建新文档
创建新快照

图 3-41 “历史记录”面板

- **撤销打开图像后的所有操作**：当用户打开一个图像文件后，系统将自动把该图像文件的初始状态记录在快照区中，用户只需单击该快照，即可撤销打开文件后所执行的全部操作。
- **撤销指定步骤后所执行的系列操作**：要撤销指定步骤后所执行的系列操作，只需在操作步骤区中单击该步操作即可。
- **新建快照并撤销快照之后的所有操作**：用户在执行某些操作后，可单击调板底部的“创建新快照”按钮创建一个快照；之后，无论进行任何操作，只需单击新建的快照，即可将图像恢复到新建快照时的状态。
- **恢复被撤销的步骤**：如果撤销了某些步骤，而且还未执行其他操作，则还可恢复被撤销的步骤，此时只需在操作步骤区单击要恢复的操作步骤即可。

### 三、从磁盘上恢复图像和清理内存

- **恢复图像**：如果用户在处理图像时，中间曾经保存过图像，且其后又进行了其他处理，则选择“文件”>“恢复”菜单，可让系统从磁盘上恢复最近保存的图像。
- **清理内存**：由于 Photoshop 在处理图像时要保存大量的中间数据，所以会减慢计算机处理图像的速度。为此，可选择“编辑”>“清理”菜单中的选项，来清理、还原剪贴板数据、历史记录或全部操作。

## 项目实训

### 一、制作电影海报

打开本书配套素材“项目三”文件夹中的“14.jpg”（背景）、“15.jpg”（胶片）、“16.psd”（立方体）、“17.jpg～19.jpg”（立方体上的贴图）、“20.psd”（文字）图像文件，利用这些素材制作图 3-42 所示的电影海报。

图 3-42　电影海报效果

（1）打开素材图片，将"15.jpg"图像文件复制到"14.jpg"图像窗口中，然后选择"编辑" > "变换" > "变形"菜单项，显示变形网格，在工具属性栏中设置变形样式为"增加"，并设置"弯曲"为 90，"水平扭曲"（即 H）为 50，如图 3-43 所示。

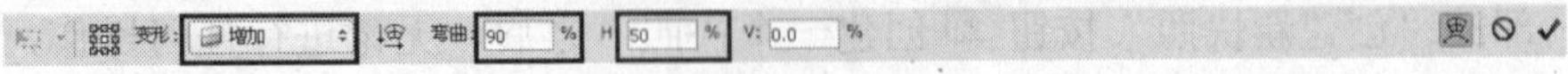

图 3-43　变形属性栏

（2）将光标放置在变形框内，然后按住鼠标左键并拖动，调整图像的位置，得到图 3-44 左图所示的效果。

（3）单击工具属性栏右侧的 按钮，切换到变换状态，然后设置"参考点位置"为左下角，设置"水平缩放"和"垂直缩放"均为 113%。确认操作后，效果如图 3-44 右图所示。

（4）将"16.psd"图像文件中的立方体图像拖至"14.jpg"图像窗口中，如图 3-45 左图所示。

（5）将"17.jpg～19.jpg"图像复制到"14.jpg"图像窗口中，分别对它们执行自由变换操作，以将它们贴在立方体的 3 个面上，效果如图 3-45 右图所示。

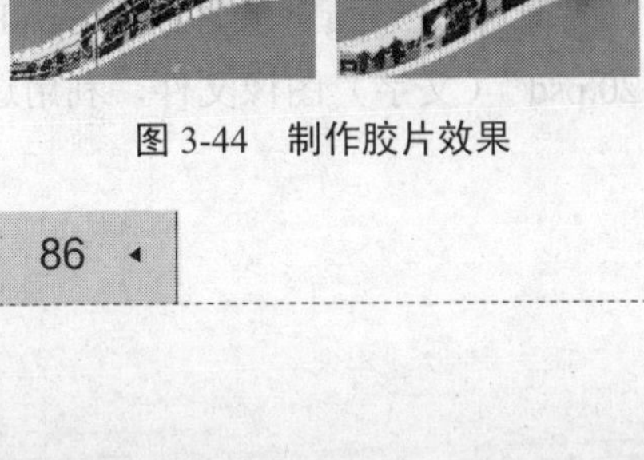

图 3-44　制作胶片效果

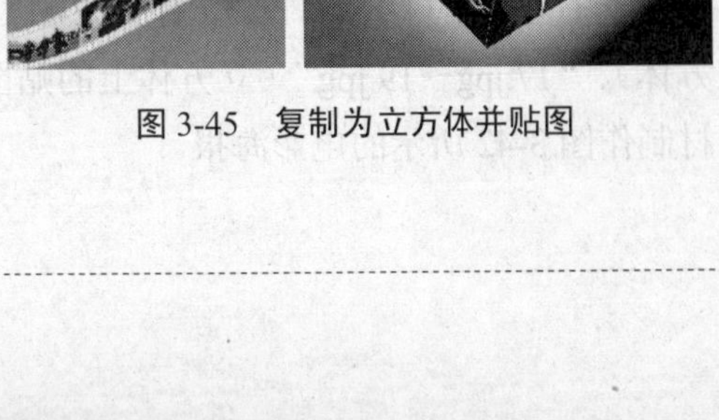

图 3-45　复制为立方体并贴图

（6）将"20.psd"图像文件中的文字拖曳到"14.jpg"图像窗口中，并放置在合适的位置。至此，一幅电影海报就制作完成了。

## 二、制作羽毛球广告

打开本书配套素材"项目三"文件夹中的"21.psd"（已选取出羽毛球）、"22.psd"（文字和羽毛球牌等，含多个图层）图像文件，利用这些素材制作图 3-46 所示的羽毛球广告。

**图 3-46　羽毛球广告效果**

（1）打开素材图片，在"21.psd"图像窗口中使用"移动工具" 复制羽毛球图像，然后水平翻转复制的图像，并利用"自由变换"命令将复制的图像稍微旋转，摆放效果如图 3-46 所示。

（2）将羽毛球图像合并拷贝到"22.psd"图像窗口中，然后选择"移动工具" ，在其工具属性栏中勾选"自动选择"复选框，并在其后的下拉列表中选择"图层"。

（3）在图像窗口中单击"快乐羽众不同"，此时将自动选中该文字所在的图层，然后选择"变形"菜单，显示变形网格，在工具属性栏中选择变形样式为"波浪"，并设置"弯曲"为 90。

## 项目总结

通过学习本项目内容，读者应该重点掌握以下知识。

➤ 熟练掌握调整图像大小和画布大小，以及旋转与翻转画布的方法。

➤ 熟练掌握利用"裁剪工具" 和"透视裁剪工具" 修正图像的方法。

➤ 熟练掌握移动、复制和删除图像的方法，以及"合并拷贝"与"选择性粘贴"命令的用法。

➤ 熟练掌握变化和变形图像的方法。

> 掌握利用菜单命令和"历史记录"调板撤销和恢复操作的方法。

# 项目考核

## 一、选择题

1. 要自由变换图像,可按快捷键( )。

    A.【Ctrl+T】        B.【Ctrl+C】        C.【Ctrl+B】        D.【Ctrl+V】

2. 选择"移动工具" 后,如果按住【Shift】键,再按键盘上的方向键,每次可以将图像移动( )个像素的距离。

    A. 1        B. 5        C. 10        D. 20

3. 在选择"移动工具" 后,按住( )键,然后按住鼠标左键并拖动,可对当前图层或选区内的图像进行复制操作。

    A.【Alt】        B.【Ctrl】        C.【Shift】        D.【Ctrl+Alt】

4. 使用"合并拷贝"命令可以同时复制选区内多个图层中的内容,并在粘贴时( )。

    A. 保留全部图层                B. 合并为一个图层

    C. 新建一个图层组            D. 置为底层

5. 若要逐步撤销前面执行的多步操作,可选择"编辑">"后退一步"菜单,或按( )组合键。

    A.【Alt+Ctrl+Z】            B.【Ctrl+Z】

    C.【Shift+Ctrl+Z】         D.【Alt+Z】

## 二、判断题

1. 在"图像大小"对话框中设置"像素大小"选项时,如果设置的像素大于原图像像素,图像就会模糊或出现像素块。    ( )

2. 变换图像是图像本身变形,而变换选区只是选区变形,不会影响到选区内、外的图像。    ( )

3. 利用"裁剪工具" 可以隐藏图像中不需要的部分。    ( )

4. "合并拷贝"与"选择性粘贴"命令都要先创建选区才能使用。    ( )

5. 当用户打开一个图像文件后,系统将自动把该图像文件的初始状态记录在"历史记录"调板的操作步骤区中。    ( )

# 项目四 绘制、修复与修饰图像

## 项目导读

　　Photoshop CS6 提供了许多实用的绘画与修饰工具，如"画笔工具"、"仿制图章工具"和"修复画笔工具"等，利用这些工具不仅可以绘制图形，还可以修饰或修复图像，从而制作出一些特殊的艺术效果或修复图像中存在的缺陷。

## 学习目标

- 　掌握利用"画笔工具" 绘制与修饰图像，利用"颜色替换工具" 替换图像颜色的方法。在使用"画笔工具" 时，尤其要掌握选择和设置笔刷的方法。
- 　掌握利用图章工具组、历史记录画笔工具组、修复工具组和图像修饰工具组复制、修复和修饰图像的方法。
- 　掌握利用橡皮擦工具组擦除图像，以及利用"渐变工具" 为图像填充渐变图案的方法。
- 　了解相似修饰或修复工具之间的区别，以便在处理图像的过程中能选择更为合适的工具。如"修复画笔工具" 与"仿制图章工具" 的操作方法类似，但产生的效果并不一样。
- 　能够在实践中选择合适的绘制与修饰工具对图像进行处理，如修饰和修复相片等。

## 任务一　绘制风景画——使用画笔工具组

### 任务说明

　　画笔工具组包括"画笔工具" 、"铅笔工具" 、"颜色替换工具" 和"混合器画笔工具" ，如图 4-1 左图所示。本任务中，我们将通过绘制图 4-1 右图所示的风景画，来学习画笔工具组中各工具，以及"画笔"调板的用法。

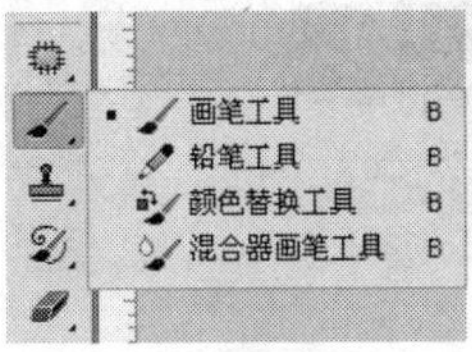

素材：素材与实例\项目四\2.jpg
效果：素材与实例\项目四\风景画.jpg
视频：视频\项目四\4-1.swf

图 4-1　画笔工具组和风景画效果

## 预备知识

### 一、使用画笔工具

　　"画笔工具" 类似于传统的毛笔，可以绘制各类柔和的线条或一些预先定义好的图案（笔刷），其使用方法很有代表性，一般绘图和修饰工具的用法都与它相似。

　　选择"画笔工具" 后，首先设置绘画颜色（前景色），以及利用属性栏或"画笔"调板选择笔刷并设置笔刷大小、硬度和间距等属性，然后在图像中按住鼠标左键不放并拖动即可进行绘画，如图 4-2 所示。具体操作请参考后面的任务实施。

### 二、使用铅笔工具

　　利用"铅笔工具" 可以模拟铅笔的绘画风格，绘制一些无边缘发散效果的线条或图案。"铅笔工具" 与"画笔工具" 的用法基本相同。

### 三、使用混合器画笔工具

　　"混合器画笔工具" 可以模拟真实的绘画技术，使用前景色并混合图像（画布）上的颜色在图像上进行绘画。图 4-3 所示为利用该工具绘制的水彩画效果，读者可打开本书配套素材"项目四"文件夹中的"1.jpg"图像文件进行操作。

图 4-2　使用画笔工具绘画

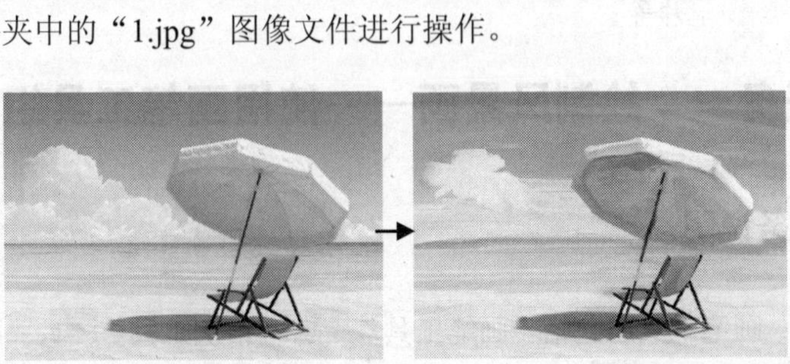

图 4-3　使用混合器画笔工具绘画

## 四、使用颜色替换工具

利用"颜色替换工具" 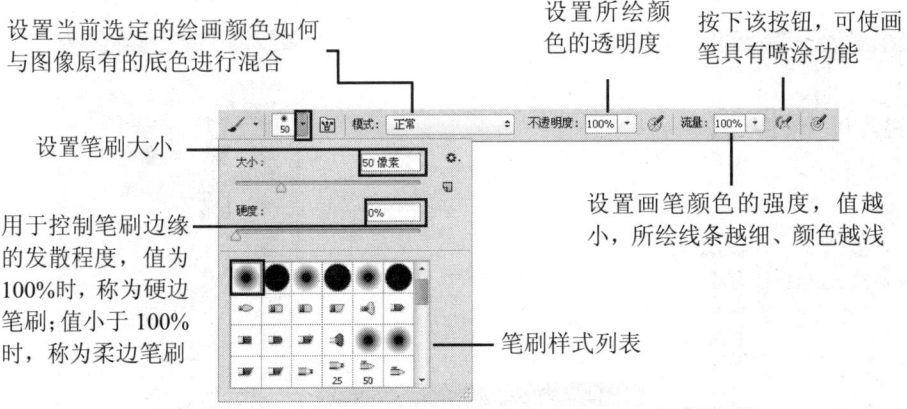可以在保留图像纹理和阴影不变的情况下，快速改变图像任意区域的颜色。要使用该工具编辑图像，应先设置合适的前景色，然后在指定的图像区域进行涂抹即可，具体操作请参考后面的任务实施。

## 任务实施——绘制风景画

### 制作思路

打开素材图片，选择"画笔工具" ，在工具属性栏中选择一种笔刷样式并利用"画笔"调板进行设置，然后在图像窗口中绘制白色的云朵；载入"特殊效果画笔"，选择其中的杜鹃花串样式并利用"画笔"调板进行设置，然后绘制杜鹃花串；最后利用"颜色替换工具" 改变树叶的颜色，完成实例制作。

### 制作步骤

**步骤 1** 打开本书配套素材 "2.jpg" 图像文件，然后将前景色设为白色，背景色设为黄色。

**步骤 2** 选择 "画笔工具" ，单击工具属性栏中 "画笔" 右侧的下三角按钮，从弹出的下拉面板中选择一种笔刷样式，并参考图 4-4 所示设置笔刷的硬度、大小和不透明度。

设置当前选定的绘画颜色如何
与图像原有的底色进行混合

设置所绘颜色的透明度

按下该按钮，可使画笔具有喷涂功能

设置笔刷大小

设置画笔颜色的强度，值越小，所绘线条越细、颜色越浅

用于控制笔刷边缘的发散程度，值为 100%时，称为硬边笔刷；值小于 100%时，称为柔边笔刷

笔刷样式列表

**图 4-4 选择笔刷样式并设置其参数**

> **小技巧** 用户也可选择"窗口" > "画笔预设" 菜单项，打开"画笔预设"调板，从中选择需要的笔刷样式。

**步骤 3** 还可利用 "画笔" 调板设置笔刷的更多特性。选择"窗口" > "画笔" 菜单项或按快捷键【F5】，打开"画笔" 调板。在"画笔笔尖形状"分类中设置"间距"

（笔刷点之间的距离）为 25%；在"形状动态"分类中设置"大小抖动"为 100%，"最小直径"为 20%；在"散布"分类中设置"散布"为 120%，"数量"为 5，"数量抖动"为 100%，如图 4-5 所示。

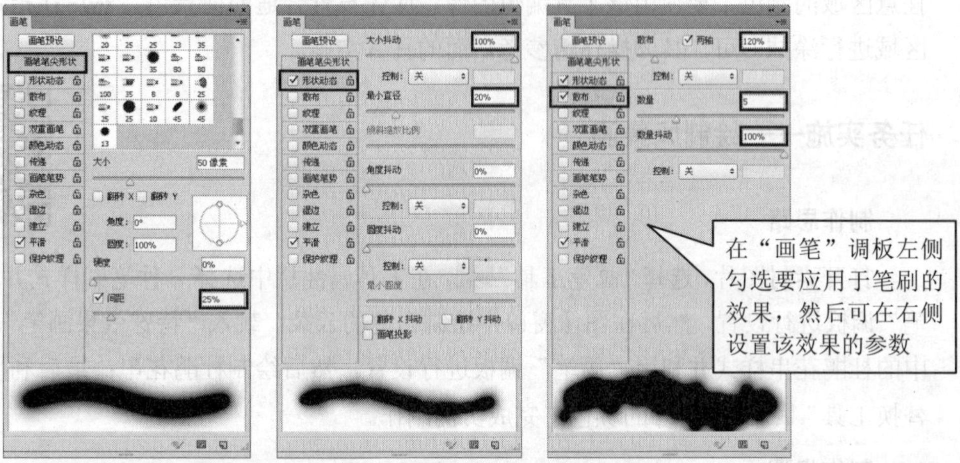

图 4-5　在"画笔"调板中设置笔刷特性

**步骤4**　在"画笔"调板中选择"纹理"分类，然后单击图案右侧的下三角按钮，在弹出的图案列表中单击❀按钮，在弹出的下拉列表中选择"图案"，如图 4-6 左图所示。再在弹出的提示框中单击"确定"或"追加"按钮，将所选图案添加到图案列表中，最后在图案列表中选择"云彩"，如图 4-6 中图和右图所示。

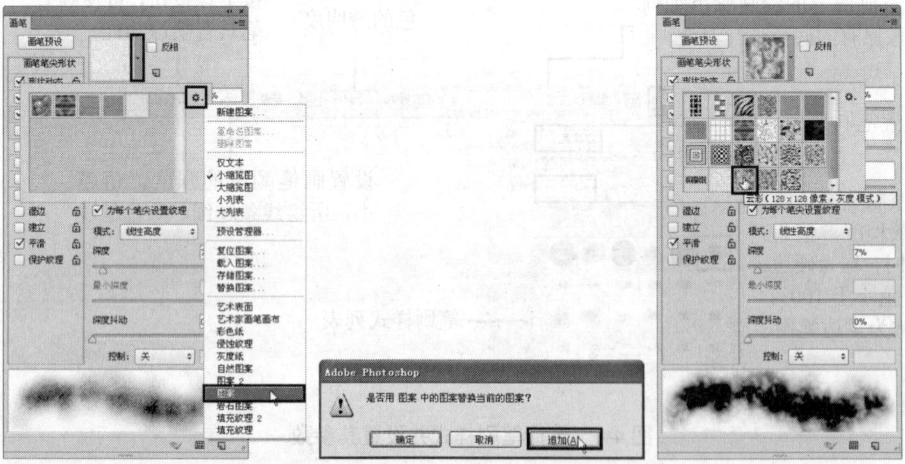

图 4-6　添加图案并选择"云彩"

➤　**"画笔笔尖形状"分类**：在该界面中可选择笔刷，设置笔刷大小、角度、硬度和笔刷点之间的距离等。

➢ **"形状动态"分类**：在该界面中可设置绘制时笔刷的形状（大小和角度等）是否随机发生变化，以及变化的程度等。其中，将各"抖动"设置为 0%时表示不变化。

➢ **"散布"分类**：在该界面中可设置绘制时笔刷的分布方式、数量和抖动等。其中，"散步"值越大，分散效果越明显，当勾选"两轴"时，笔刷同时在水平和垂直方向上分散，否则只在鼠标拖动轨迹的两侧发散；"数量"值越大，笔刷之间的密度越大；而通过调整"数量抖动"参数，可绘制密度不一样笔刷效果。

➢ **"颜色动态"分类**：该界面中的"前景/背景抖动"用来设置所绘图像的颜色从前景色过渡到背景色的程度，设置为 0%时保持前景色不变。

➢ **"传递"分类**：在该界面中可设置透明度和颜色流量的抖动效果，从而绘制出不同透明度和浓度的图像。

➢ **"文理"分类**：在该界面中可为笔刷设置文理图案。

**步骤 5** 此时可在"画笔"调板底部的预览框中看出云彩过浓，这样绘制出来的图案将是一片白色，没有云彩应有的蓬松感。在"传递"分类中设置"不透明度抖动"为 50%，"流量抖动"为 20%，如图 4-7 左图所示。设置好笔刷后，在图像窗口的右上角按住鼠标左键并拖动，绘制心形云朵，效果如图 4-7 右图所示。

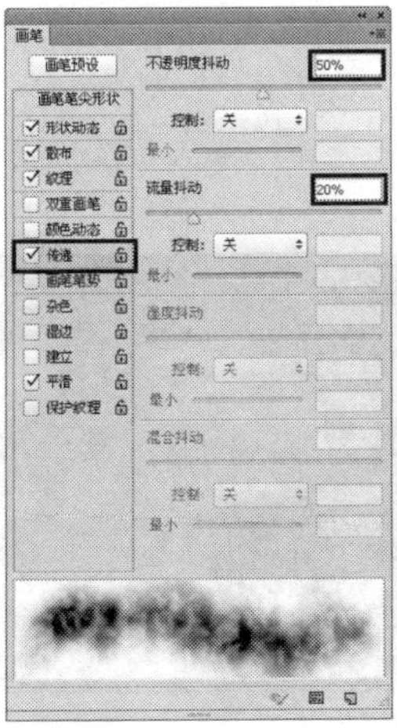

**图 4-7 设置笔刷特性并绘制心形云朵**

**步骤 6** 我们还可为画笔添加更多的笔刷样式，方法是单击画笔下拉面板右上角的 ❀ 按钮，从弹出的菜单中选择需要添加的笔刷类型，如"特殊效果画笔"，在弹出的提示框中单击"确定"或"追加"按钮，将所选笔刷添加到笔刷列表中，如图 4-8 所示。

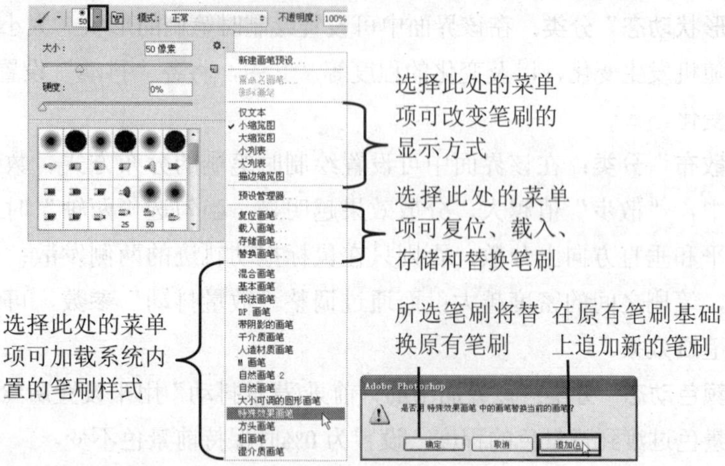

选择此处的菜单
项可改变笔刷的
显示方式

选择此处的菜单
项可复位、载入、
存储和替换笔刷

选择此处的菜单
项可加载系统内
置的笔刷样式

所选笔刷将替 在原有笔刷基础
换原有笔刷 上追加新的笔刷

图 4-8 添加笔刷

**步骤7** 在"画笔"下拉面板中选择刚才添加的笔刷"杜鹃花串",如图 4-9 左图所示,然后在"画笔"调板的"画笔笔尖形状分类中"将"间距"设为 90%,在"颜色动态"分类中将"前景/背景抖动"设为 0%,在"散布"分类中将"散布"设为 260%,数量设为 2。图 4-9 右图所示为在"颜色动态"分类中进行的设置。

**步骤8** 将前景色设为黄色,然后在图像窗口底部拖动鼠标绘制杜鹃花串,如图 4-10 所示。

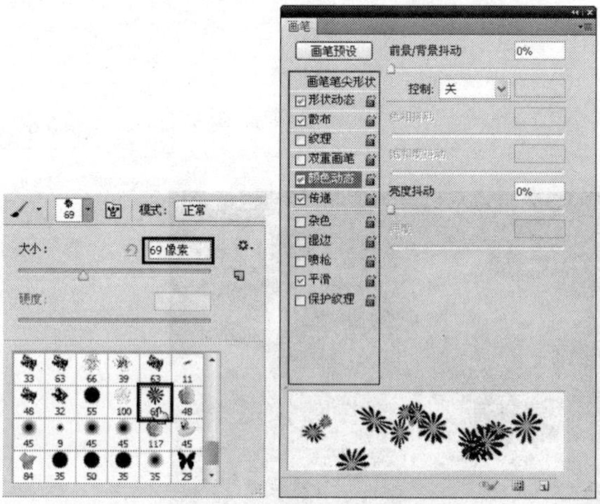

图 4-9 选择笔刷并设置笔刷效果

图 4-10 绘制杜鹃花

**步骤9** 下面利用"颜色替换工具" 改变树叶的颜色。首先将前景色设为黄色,再选择"吸管工具" 后,按住【Alt】键在绿色树叶上单击,将单击处的颜色设置为背景色。在后面的操作中我们将只替换该颜色。

**步骤10** 选择"颜色替换工具" ,在其工具属性栏中设置笔刷直径为 30 像素,"模式"为"颜色","容差"为 50%,并按下"背景色板"按钮 ,其他参数为系统默认，如图 4-11 所示。其中各选项意义如下。

图 4-11 "颜色替换工具" 属性栏

➢ **取样按钮**：用来设置如何取样需要替换的颜色。单击"连续"按钮表示将替换鼠标光标经过处的颜色；单击"一次"按钮表示只替换与第一次单击处颜色相似的区域；单击"背景色板"按钮表示只替换与当前背景色相似的颜色区域。

➢ **"限制"选项**：用来设置如何替换与取样的颜色相似的颜色。选择"连续"表示只替换光标经过处区域的颜色；选择"不连续"表示将替换与取样颜色相似的任何位置的颜色；选择"查找边缘"表示将替换包含样本颜色的连接区域。

➢ **"容差"选项**：容差值越大，可替换的颜色范围就越大。

**步骤 11** 笔刷属性设置好后，将鼠标光标移动至树叶上，并按住鼠标左键进行涂抹，直至树叶呈现出泛黄的效果，如图 4-12 所示。到此，风景画便绘制好了，最后将图像另存。

图 4-12 改变树叶颜色

## 补充学习

### 一、自定义画笔

用户可以将自己喜爱的图像定义为画笔笔刷。例如，打开本书配套素材"项目四"文件夹中的"3.jpg"图像文件，首先将准备定义为笔刷的图案区域创建为选区，如图 4-13 左图所示，然后选择"编辑">"定义画笔预设"菜单项，打开"画笔名称"对话框，输入画笔的名称，单击"确定"按钮即可将所选图案定义为画笔笔刷，如图 4-13 中图所示。

画笔笔刷定义好后，用户可以在笔刷列表的最下面看到它，如图 4-13 右图所示。此时，便可以像使用系统内置的笔刷一样使用它进行绘画了，还可在"画笔"调板中设置笔刷效果。但要注意：由于笔刷中不能保存图像的色彩，因此，自定义的笔刷均为灰度图。

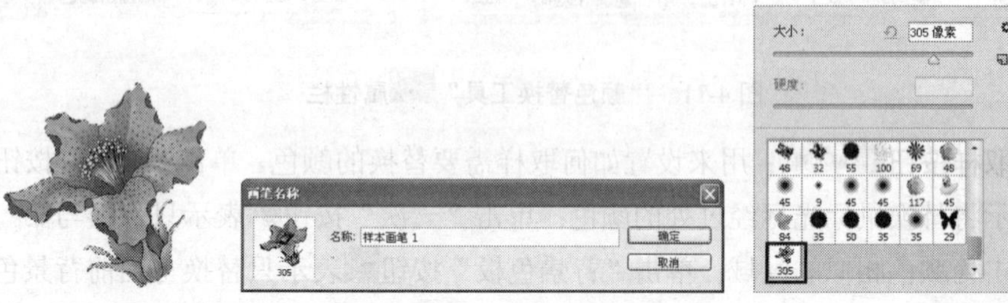

图 4-13　自定义画笔

## 二、画笔工具使用技巧

使用"画笔工具" 绘制图像时应注意以下一些事项。

➤ 绘画时一般情况下使用的颜色为前景色。

➤ 按住【Shift】键拖动鼠标可画出一条直线；若按住【Shift】键反复单击并拖动鼠标，可自动画出首尾相连的折线。

➤ 在英文输入法状态下分别按【[】和【]】键可减小或增大笔刷的大小。该方法也适用于其他大多数绘画和修饰工具。

# 任务二　制作车体彩绘——使用图章工具组

## 任务说明

图章工具组（参见图 4-14）包括"仿制图章工具" 和"图案图章工具" ，下面，我们通过去除图像中的饮料瓶和绘制车体图案（参见图 4-15），来学习这两个工具使用方法。

素材：素材与实例\项目四\4.psd

效果：素材与实例\项目四\车体彩绘.swf

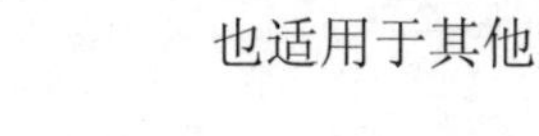

图 4-14　图章工具组

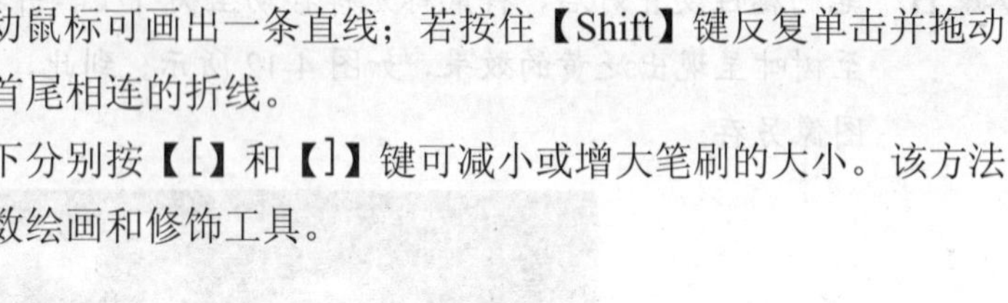

图 4-15　车体彩绘效果前后对比

## 预备知识

### 一、使用仿制图章工具

利用"仿制图章工具" 可以将使用笔刷取样的图像区域复制到同一幅图像的不同位置或另一幅图像中，通常用来去除照片中的污渍、杂点或复制图像等。具体操作请参考后面的任务实施。

### 二、使用图案图章工具

利用"图案图章工具" 可以用系统自带的或者用户自己定义的图案绘画，具体操作请参考后面的任务实施。

## 任务实施——制作车体彩绘

### 制作思路

首先使用"仿制图章工具" 去除图片中的饮料瓶，然后利用"图案图章工具" 在车体的白色区域绘制图案，最后保存图像。

### 制作步骤

**步骤 1**　打开本书配套素材"4.psd"图像文件，如图 4-15 左图所示，可看到图像左下角的饮料瓶影响画面的整体效果，需要将其去除。

**步骤 2**　选择"仿制图章工具" ，在工具属性栏中设置主直径为 50 像素的柔边笔刷，其他参数保持默认值，如图 4-16 所示。其中部分选项的意义如下。

图 4-16　"仿制图章工具"属性栏

- ➤ **"对齐"复选框**：默认状态下该复选框被选中，表示在设置了取样点并通过连续单击或拖动方式复制取样点处的图像时，取样点将随单击或拖动位置的变化而改变，但与初始取样点保持一定的对齐关系；若取消该复选框，则在不重新设置取样点的情况下，将一直从初始取样点复制图像。

- ➤ **"样本"下拉列表框**：从该下拉列表中可以选择"当前图层"、"当前和下方图层"和"所有图层"，分别表示只对当前图层中的图像进行取样、对当前图层和其下方图层的图像取样以及从所有可见图层中的图像进行取样。

**步骤 3**　利用"缩放工具" 将饮料瓶图像区域局部放大显示。将光标放在饮料瓶周围，然后按住【Alt】键并单击鼠标定义取样点。松开【Alt】键后，在饮料瓶上单击

（可稍微拖动鼠标），将取样点处的图像复制过来，如图 4-17 左图和中图所示。

**步骤4** 根据饮料瓶图像所在区域的不同多次定义取样点和复制图像（这样能使修复的图像显得更真实和自然），最后效果如图 4-17 右图所示。

图 4-17 用"仿制图章工具"去除饮料瓶图像

> **提示** 在复制图像时出现的十字指针"+"用于指示当前取样的区域。如果图像中定义了选区，则仅将图像复制到选区中。此外，在使用"仿制图章工具" 🖃 时可根据需要按键盘上的【[】和【]】键来调整笔刷大小。

**步骤5** 选择"选择">"载入选区"菜单项，打开图 4-18 所示的"载入选区"对话框，在"通道"下拉列表中选择"白色漆"选区，单击"确定"按钮，载入素材中保存的选区（选中汽车白色的车体）。

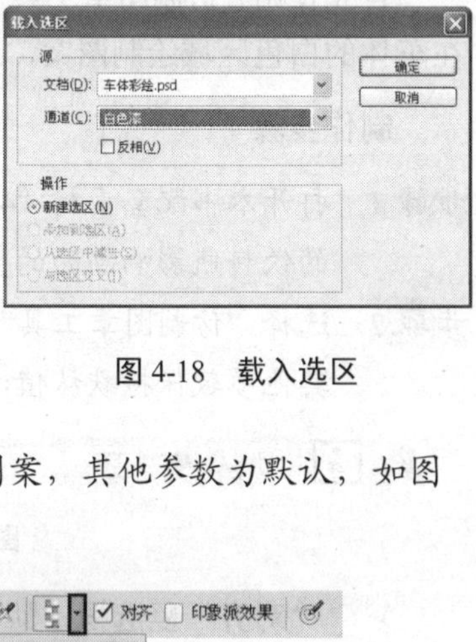

图 4-18 载入选区

**步骤6** 选择"图案图章工具" 🖃 ，在属性栏中设置笔刷"主直径"为 175 像素，"模式"为"线性加深"，打开图案下拉面板，单击 ✿ 按钮，在弹出的下拉列表中选择"图案"，然后选择"编织"图案，其他参数为默认，如图 4-19 所示。其中部分选项的意义如下。

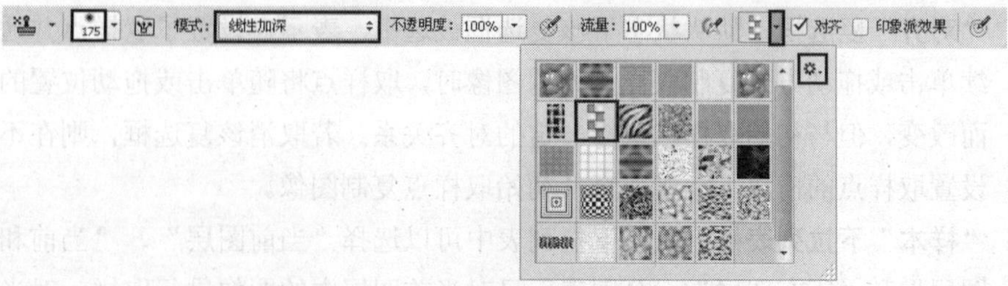

图 4-19 "图案图章工具"属性栏

> ➢ **图案：** 单击图案 🖃 右侧的 按钮，可从弹出的图案下拉列表中选择系统默认或用户自定义的图案。

> ➤ **印象派效果**：勾选该复选框，在绘制图像时将产生类似于印象派艺术画效果。

**知识库** 用户可参考本书项目二任务六任务实施中的内容，将某图像或图像区域定义为图案。

**步骤7** 为了方便观察效果，按【Ctrl+H】组合键将选区隐藏。将鼠标光标移至车体的白色区域单击并拖动鼠标，即可将所选图案复制到鼠标指针经过的区域（位于选区内），如图4-20所示。最后将文件另存即可。

图 4-20　复制图案

# 任务三　制作服装广告——使用历史记录画笔工具组

## 任务说明

历史记录画笔工具组包括"历史记录画笔工具" ✍ 和"历史记录艺术画笔工具" ✍（参见图4-21），下面，我们通过制作图4-22所示的服装广告，来学习这两个工具的使用方法。

素材：素材与实例\项目四\5.jpg
效果：素材与实例\项目四\服装广告.jpg
视频：视频\项目四\4-3.swf

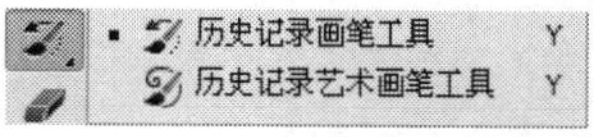

图 4-21　历史记录工具组

图 4-22　服装广告效果前后对比

**预备知识**

**一、使用历史记录画笔工具**

使用"历史记录画笔工具" 可以将图像还原到先前的某个编辑状态，与普通的撤销操作不同的是，图像中未被"历史记录画笔工具" 涂抹过的区域将保持不变。具体操作请参考后面的任务实施。

**二、使用历史记录艺术画笔工具**

利用"历史记录艺术画笔工具" 可以将图像编辑中的某个状态还原并做艺术化处理，其使用方法与"历史记录画笔工具" 完全相同。

**任务实施——制作服装广告**

**制作思路**

打开素材图片，首先利用"去色"命令将彩色图像变为黑白图像，然后利用"历史纪录画笔工具" 在图像中需要还原到彩色状态的区域涂抹，再利用"历史记录艺术画笔工具" 对鲜花图像进行艺术化处理，最后保存图像，完成实例制作。

**制作步骤**

**步骤 1** 打开本书配套素材"5.jpg"图像文件，如图 4-22 左图所示。选择"图像">"调整">"去色"菜单项，快速将彩色图像变为黑白效果，如图 4-23 所示。

**步骤 2** 打开"历史记录"调板，如图 4-24 所示。可以看到"设置历史记录画笔的源"标志 在图像原始快照的左侧，表示下面用"历史记录画笔工具" 涂抹的图像区域将被恢复到原始状态。

图 4-23　将彩色图像变为黑白图像 　　　　图 4-24　"历史记录"调板

> 　　用户也可以通过单击某一快照或步骤左边的▢，将"历史记录画笔的源"标志✍ 指定到某一快照或步骤中。该标志在哪个步骤的左边，就表示涂抹的图像区域将恢复到哪一步骤。

**步骤3**　选择"历史记录画笔工具" ✍，在工具属性栏中设置主直径为 40 像素的硬边笔刷，"模式"为正常，"不透明度"为 100%，"流量"为 100%，如图 4-25 所示。

**图4-25　"历史记录画笔工具"属性栏**

**步骤4**　属性设置好后，在图像窗口中的针织衫、价格标签、logo 和鞋子处涂抹，使其恢复到图片打开时的状态，即彩色图像状态，如图 4-26 所示。

**图4-26　用"历史记录画笔工具"恢复图像**

**步骤5**　选择"历史记录艺术画笔工具" ✍，在工具属性栏中设置"笔刷样式"为硬画布蜡笔，"样式"为轻涂，"区域"为 50，"容差"为 0%，如图 4-27 所示。其中各选项的意义如下。

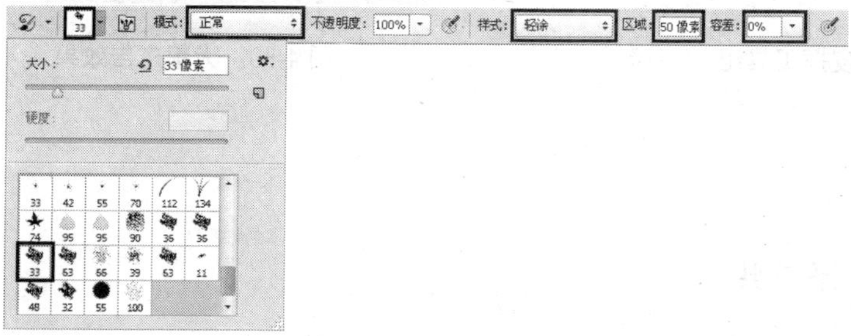

**图4-27　"历史记录艺术画笔工具"属性栏**

**步骤6**　属性设置好后，在图像窗口中的鲜花图像上涂抹，使其在恢复到图片打开状态的同时具有一定的艺术效果，如图 4-28 所示。最后将文件另存即可。

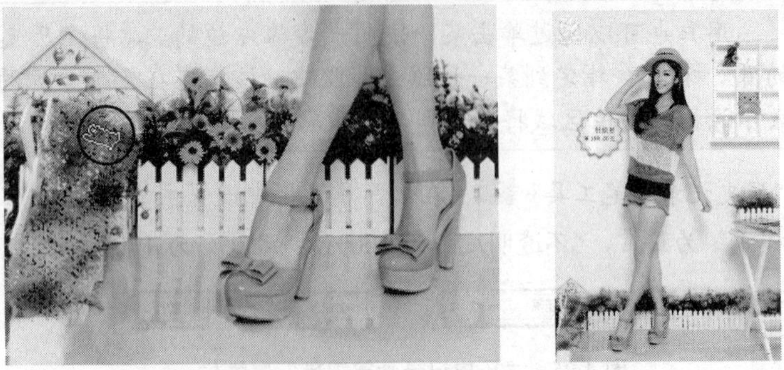

图 4-28　用"历史记录艺术画笔工具"恢复图像

# 任务四　制作犬粮广告——使用橡皮擦工具组

## 任务说明

橡皮擦工具组包括"橡皮擦工具" 、"背景橡皮擦工具" 和"魔术橡皮擦工具" （参见图 4-29），下面，我们通过制作图 4-30 所示的犬粮广告，来学习这些工具的使用方法。

素材：素材与实例\项目四\6.jpg~8.jpg

效果：素材与实例\项目四\犬粮广告.psd

视频：视频\项目四\4-4.swf

图 4-29　橡皮擦工具组

图 4-30　犬粮广告效果

## 预备知识

### 一、使用橡皮擦工具

"橡皮擦工具" 的用法很简单，选择该工具后，在工具属性栏中设置好笔刷和其他属性，然后在图像窗口中拖动鼠标即可擦除图像。若在背景层上擦除图像，被擦除区域将使用背景色填充；若在普通图层上擦除图像，则被擦除的区域将变成透明。

## 二、使用背景橡皮擦工具

利用"背景橡皮擦工具" ，可以有选择地将图像中与取样颜色或基准颜色相近的区域擦除成透明效果。具体操作请参考后面的任务实施。

## 三、使用魔术橡皮擦工具

利用"魔术橡皮擦工具" 可以将图像中颜色相近的区域擦除。它与"魔棒工具" 的作用和用法类似，选择该工具后，在其工具属性栏中设置合适的"容差"和其他选项，然后在图像中要被擦除的区域单击鼠标，即可擦除与鼠标单击处颜色相似的所有像素。

## 任务实施——制作犬粮广告

### 制作思路

打开素材图片，首先使用"背景橡皮擦工具" 擦除小狗图像的背景区域，然后使用"橡皮擦工具" 擦除图像的细节，再使用"魔术橡皮擦工具" 快速擦除犬粮图像的背景区域，最后组合图像，完成实例制作。

### 制作步骤

**步骤 1** 打开本书配套素材"6.jpg"、"7.jpg"和"8.jpg"图像文件，如图 4-31 所示。下面，我们要将"6.jpg"和"7.jpg"图像中的小狗和犬粮图像选取出来，然后再将它们复制到"8.jpg"图像窗口中，合成一个广告。

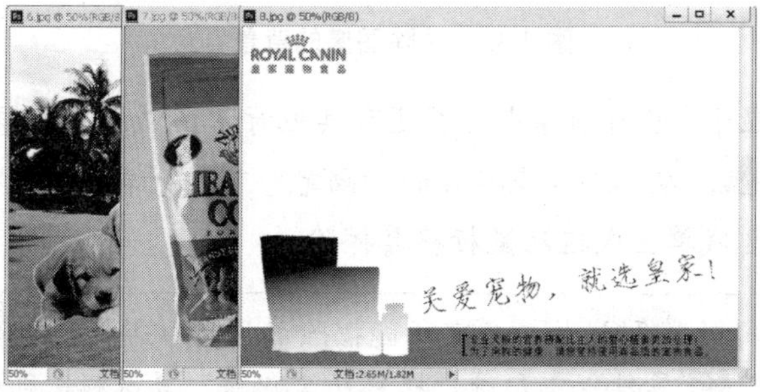

**图 4-31 打开素材图片**

**步骤 2** 将"6.jpg"图像置为当前图像窗口，选择工具箱中的"背景橡皮擦工具" ，在其工具属性栏中设置画笔大小为 150 像素的硬边笔刷，单击"一次"按钮 ，在"限制"下拉列表中选择"不连续"，设置容差为"30%"，勾选"保护前景色"复选框，如图 4-32 所示。

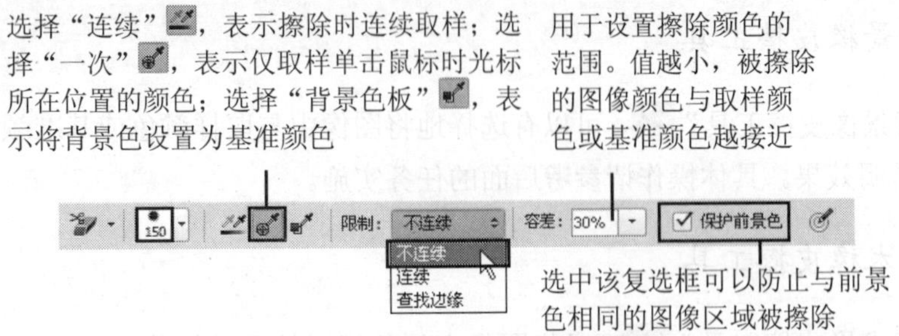

选择"连续" ，表示擦除时连续取样；选
择"一次" ，表示仅取样单击鼠标时光标
所在位置的颜色；选择"背景色板" ，表
示将背景色设置为基准颜色

用于设置擦除颜色的
范围。值越小，被擦除
的图像颜色与取样颜
色或基准颜色越接近

限制： 不连续 容差：30% ☑ 保护前景色

不连续
连续
查找边缘

选中该复选框可以防止与前景
色相同的图像区域被擦除

图 4-32 "背景橡皮擦工具"属性栏

**步骤 3** 将光标移至小狗图像的背景区域，然后按住鼠标左键并拖动，笔刷经过的图像
区域被擦除成透明，如图 4-33 左图所示。此时，系统会自动将"背景"图层转
换为普通图层。

**步骤 4** 按住【Alt】键的同时，在图 4-33 中图所示的小狗头部位置单击鼠标，将单击处
的颜色设置为前景色以进行保护，然后继续擦除小狗头部附近的区域。

**步骤 5** 继续擦除图像的其他背景区域，当要擦除的区域与附近的小狗图像颜色相近时，
可按住【Alt】键在该处的小狗图像上单击，以将该颜色设为前景色加以保护，
最终效果如图 4-33 右图所示。

图 4-33 擦除图像的背景

**步骤 6** 将图像放大显示，看看图像中是否还有其他背景区域没有被擦除，然后选择"橡
皮擦工具" ，在其工具属性栏的"画笔"下拉列表中设置合适的笔刷大小，
在要擦除的区域单击或拖动鼠标将其擦除。

> 选择的笔刷越大，一次所能擦除的区域就越大。此外，若在"橡皮
> 擦工具" 属性栏中勾选"抹到历史记录"复选框，则使用此工具在图
> 像上擦除，可以将图像有选择地恢复至某一历史记录状态（历史记录画
> 笔的源状态）。

提示

**步骤 7** 依次按【Ctrl+A】、【Ctrl+C】组合键，复制小狗图像，然后切换到"8.jpg"图像
窗口中，按【Ctrl+V】组合键，将小狗图像粘贴到该图像窗口，并将其移动到
合适的位置，如图 4-34 所示。

**步骤8** 将"7.jpg"图像置为当前窗口，选择"魔术橡皮擦工具" ，在其工具属性栏中设置"容差"为50，其他参数保持默认。将鼠标光标移至图像窗口中，在背景图像中要擦除的颜色上单击鼠标，如图4-35左图所示，与单击处颜色相近的区域都变成了透明，如图4-35右图所示。

**步骤9** 全选犬粮图像并将其复制到"8.jpg"图像窗口中，然后用"自由变换"命令调整其大小，并放置在窗口的左下角，最终效果如前面的图4-30所示。最后将图像另存。

图4-34　组合图像

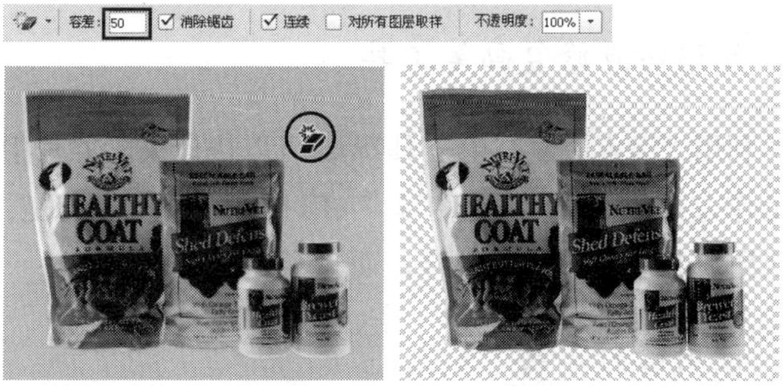

图4-35　擦除图像背景

# 任务五　修复人物图像——使用修复工具组

## 任务说明

修复工具组包括"污点修复画笔工具" 、"修复画笔工具" 、"修补工具" 、"内容感知移动工具" 和"红眼工具" ，如图4-36所示，它们主要用来修复图像中的曲线。下面我们将通过修复图4-37所示的人物图像，包括修复红眼、去除人物脸上的斑点等，来学习这些工具的使用方法。

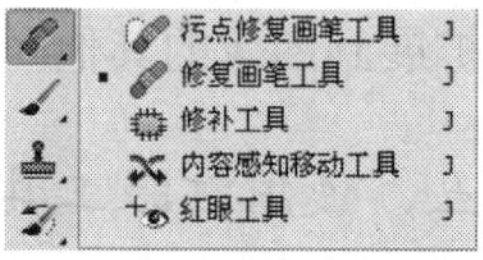

图4-36　修复工具组

图4-37　修复人物图像效果前后对比

素材：素材与实例\项目四\9.jpg

效果：素材与实例\项目四\修复人物图像.psd

视频：视频\项目四\4-5.swf

## 预备知识

### 一、使用修复画笔工具

利用"修复画笔工具" 可以清除图像中的杂质、污点等。在修复图像时，"修复画笔工具" 的用法与图章工具组一样，也是进行取样复制或使用图案进行填充，不同的是，"修复画笔工具" 能够将取样点的图像自然融入到目标位置，使被修复的图像区域和周围的区域完美融合。

### 二、使用污点修复画笔工具

利用"污点修复画笔工具" 可以快速去除照片中的污点和其他不理想的部分，它的工作方式与"修复画笔工具" 相似，不同之处是"污点修复画笔工具" 可以自动从所修复区域的周围取样，而无需定义取样点。

### 三、使用修补工具

"修补工具" 也是用来修复图像的，其作用、原理和效果与"修复画笔工具" 相似，但它们的使用方法有所区别："修补工具" 是基于选区修复图像的，在修复图像前，必须先制作选区。

### 四、使用内容感知移动工具

"内容感知移动工具" 是 Photoshop CS6 新增的工具，用它将选中的对象移动或扩展到图像的其他区域后，可以重组和混合对象，产生出新的视觉效果。

### 五、使用红眼工具

"红眼工具" 用于修复相片中的红眼现象。该工具的使用方法很简单，选择工具后，在相片中的红眼上单击即可修复红眼。

## 任务实施——修复人物图像

### 制作思路

打开素材图片，首先使用"污点修复画笔工具" 去除人物嘴角下的痣，然后使用"修复画笔工具" 清除人物胳膊上的污渍，接着使用"修补工具" 修复图像的背景，再使用"内容感知移动工具" 将鸭子图像移至画面中合适的地方，最后使用"红眼工具" 去除人物因闪光灯拍摄而产生的红眼，保存图像即可完成实例制作。

　　**制作步骤**

**步骤 1**　打开本书配套素材"9.jpg"图像文件，如图 4-37 左图所示。

**步骤 2**　在工具箱中选择"污点修复画笔工具" ，然后在"画笔"下拉面板中设置笔刷"大小"为"10px"，如图 4-38 所示。

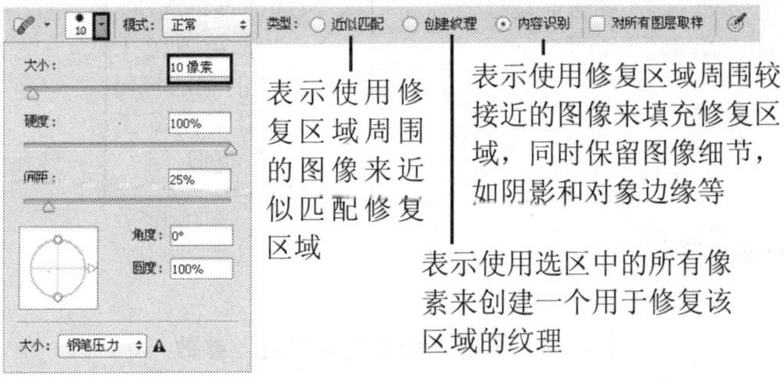

图 4-38　设置"污点修复画笔工具"参数

> **小技巧**　设置笔刷大小时，将其设置得比要修复的污点稍大一些为宜，这样，只需单击一次即可覆盖整个污点，而无需使用涂抹的方式。

**步骤 3**　参数设置好后，将光标移至人物嘴下的痣处并单击鼠标左键，即可将痣清除，如图 4-39 所示。

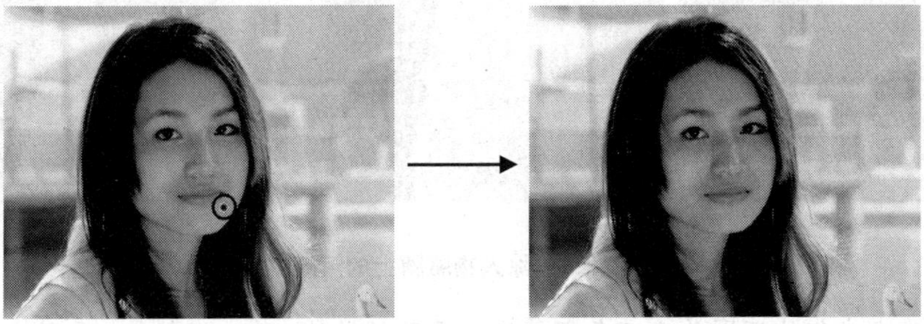

图 4-39　清除人物脸部的痣

> **提示**　"污点修复画笔工具" 适用于修复污点区域较小的图像，如果要修复大片区域或需要更大程度地控制取样来源，建议使用"修复画笔工具" 。

**步骤 4**　下面我们用"修复画笔工具" 清除人物胳膊上的污渍。选择"修复画笔工具" 后，在其工具属性栏中设置图 4-40 所示的参数。

> **提示** 修复图像时，"修复画笔工具" 的用法与图章工具组一样，也是进行取样复制或使用图案进行填充，不同的是，"修复画笔工具" 能够将取样点的图像自然融入到目标位置，使被修复的图像区域与周围的区域完美融合。

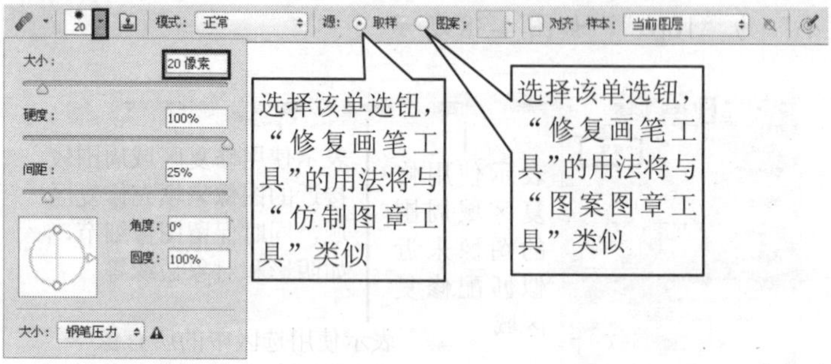

选择该单选钮，"修复画笔工具"的用法将与"仿制图章工具"类似

选择该单选钮，"修复画笔工具"的用法将与"图案图章工具"类似

**图 4-40　设置"修复画笔工具"参数**

**步骤 5** 参数设置好后，在人物胳膊有污渍附近的正常皮肤处，按住【Alt】键单击鼠标确定取样点，然后松开【Alt】键，在污渍上单击鼠标左键即可使用取样点处的颜色替代单击处的颜色，并与其周围的皮肤完美融合，如图 4-41 左图和中图所示。

**步骤 6** 在修复不同区域的图像时，用户还应设置不同的取样点，这样修复的图像才能更自然、真实。修复好的图像如图 4-41 右图所示。

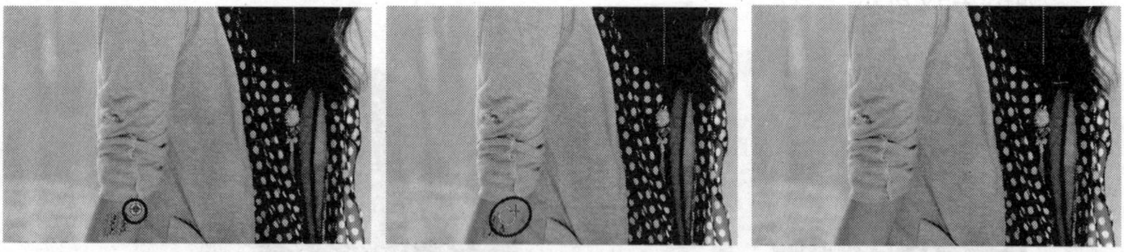

**图 4-41　清除人物胳膊上的污渍**

**步骤 7** 接下来我们处理图片右下角那艘影响画面效果的小船。首先在工具箱中选择"修补工具" ，设置"修补"为内容识别，"适应"为中，如图 4-42 所示。属性栏中各选项的意义如下。

**图 4-42　"修补工具"属性栏**

➢ **"源"单选钮**：选中该单选钮后，如果将源图像选区拖至目标区，源选区内的图像将被目标区域的图像覆盖，并与周围的像素自然融合。

> ➤ **"目标"单选钮**：选中该单选钮，如果将源图像选区拖至目标区，目标区的图像将被源选区内的图像覆盖。

> ➤ **"使用图案"按钮**：制作选区后，该按钮被激活，在右侧的图案下拉列表中选择一种预设或用户自定义图案，单击该按钮，可用选定的图案覆盖选定区。

**步骤8** 用"修补工具" 将图像右下角的小船制作成选区（也可用别的选区工具定义选区）作为源图像区域，如图4-43左图所示。将光标放入选区内，待光标变为 形状时，单击并拖动鼠标至图4-43中图所示的位置。释放鼠标，源图像（小船）被目标区（湖水）的图像覆盖，取消选区后的效果如图4-43右图所示。

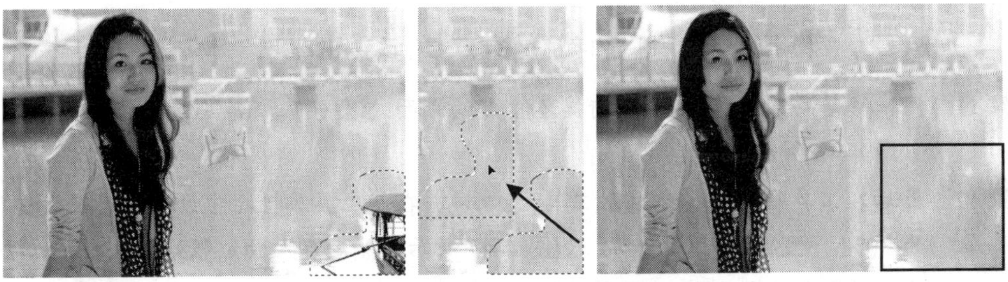

图4-43 使用"修补工具"修复图像

> **提示** 如果在工具属性栏中选择"目标"单选钮，则将小船选区拖到其他图像区域后，将复制出小船图像并与目标区域自然融合。

**步骤9** 此时，可以看到图像中部的鸭子破坏了画面的构图，下面我们学习用"内容感知移动工具" 将其移动到画面中合适的地方。首先在工具箱中选择"内容感知移动工具" ，设置"模式"为移动，如图4-44所示。属性栏中各选项的意义如下：

图4-44 "内容感知移动工具"属性栏

> ➤ **模式**：用来设置图像的移动方式，包含"移动"和"扩展"两种方式。

> ➤ **适应**：用来设置图像修复的精度。

> ➤ **对所有图层取样**：如果文档中包含多个图层，勾选该复选框，就可以对所有图层中的图像进行取样。

**步骤10** 用"内容感知移动工具" 将图像中的鸭子制作成选区（也可用别的选区工具定义选区）作为源图像区域，如图4-45左图所示。将光标放入选区内，待光标变为 形状时，单击并拖动鼠标至图4-45中图所示的位置。释放鼠标后，鸭子图像便会移动到新的位置，鸭子图像原来所在的位置将被自动填充为与周围图像相近的图案，取消选区后的效果如图 4-45 右图所示。

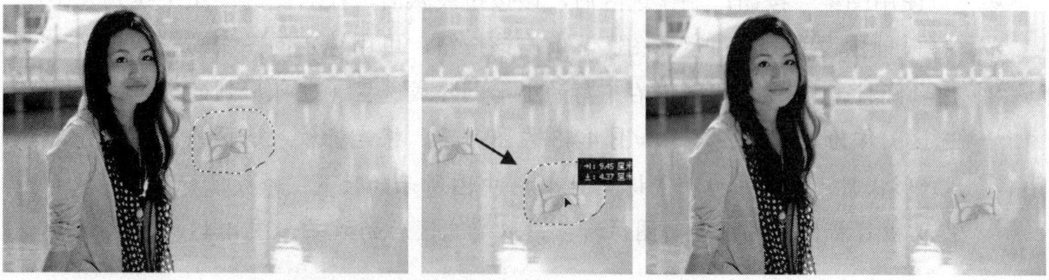

图 4-45 使用“内容感知移动工具”改变图像构图

**步骤 11** 用“修复画笔工具”将衔接不自然的湖面处理一下，使画面效果更加完美，如图 4-46 所示。

**步骤 12** 最后在工具箱中选择“红眼工具”，并在其工具属性栏中设置“瞳孔大小”为 30%，“变暗量”为 50%，如图 4-47 所示。然后在人物红眼处单击鼠标，去除人物因闪光灯拍摄而产生的红眼。再利用“历史记录画笔工具”还原超出眼球的灰黑色区域，即可得到前面的图 4-37 右图所示的最终效果。

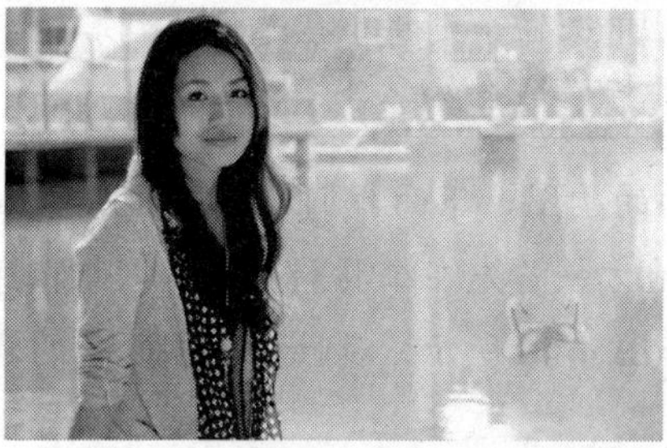

图 4-46 修复湖面衔接生硬的地方

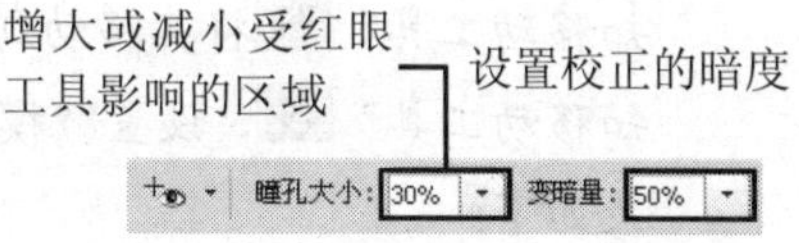
增大或减小受红眼工具影响的区域
设置校正的暗度
瞳孔大小: 30%
变暗量: 50%

图 4-47 “红眼工具”属性栏

## 任务六 修饰珠宝广告——使用图像修饰工具

### 任务说明

Photoshop 提供了“模糊工具”、“锐化工具”、“涂抹工具”、“减淡工具”和“加深工具”等图像修饰工具，如图 4-48 所示。本任务中，我们将通过制作图 4-49 所示的珠宝广告效果，来学习这些工具的用法。

素材：素材与实例\项目四\10.psd

效果：素材与实例\项目四\阳光海滩.psd

视频：视频\项目四\4-6.swf

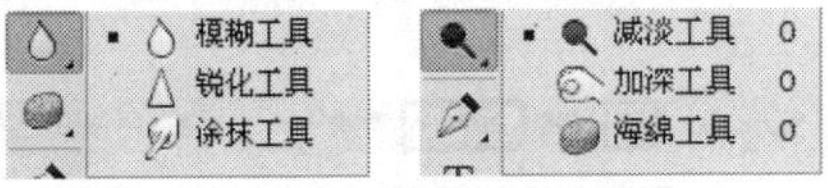

图 4-48　图像修饰工具组

图 4-49　珠宝广告效果

## 预备知识

### 一、使用模糊、锐化与涂抹工具

利用"模糊工具" 可以柔化图像，减少图像的细节；利用"锐化工具" 可以增强相邻像素之间的对比，提高图像的清晰度；利用"涂抹工具" 可以拾取鼠标单击点的颜色，并沿拖移的方向展开这种颜色，模拟出类似于手指拖过湿颜料时的效果。这几个工具的用法都很简单，选择需要的工具后，在图像中单击并拖动鼠标即可对图像进行处理。

### 二、使用减淡、加深与海绵工具

利用"减淡工具" 和"加深工具" 可以改变图像的曝光度，从而使图像中的某个区域变亮或变暗；"海绵工具" 可以修改色彩的饱和度。选择需要的工具后，在图像中单击并拖动鼠标即可对图像进行处理。

## 任务实施——修饰珠宝广告

### 制作思路

打开素材图片，首先利用"减淡工具" 使背景图层中的图像颜色变亮，然后利用"涂抹工具" 使背景图像中的颜色过渡自然，接着利用"海绵工具" 增加蓝色绸缎的饱和度，再利用"锐化工具" 使项链图像更加清晰，最后利用"加深工具" 加深人物头发的颜色，即可完成实例。

### 制作步骤

**步骤 1** 打开本书配套素材"10.psd"图像文件，可以看到该图像色调较暗、左下角的色块衔接生硬、主体物模糊等，如图 4-50 左图所示。

**步骤 2** 按【F7】键打开 "图层" 调板, 如图 4-50 右图所示。从图中可知, 该素材文件是一个包含 6 个图层的分层文件, 我们先对背景图层中的图像进行修饰。

**步骤 3** 选择 "减淡工具" 🔍, 并在其工具属性栏中设置画笔为 500 像素的柔边笔刷, "范围" 为中间调, "曝光度" 为 50%。设置好后, 在背景图像上涂抹, 使其颜色减淡, 如图 4-51 所示。

图 4-50　打开素材图片 　　　　　　　　　　图 4-51　用 "减淡工具" 修饰图像

> **知识库**　　　"加深工具" 🔍和 "减淡工具" 🔍的作用是相反的, 但它们的工具属性栏相同。其中, "范围" 用于选择加深或减淡效果的颜色范围; "曝光度" 设置值越大, 加深或减淡效果越明显。

**步骤 4** 选择 "涂抹工具" 🖐, 并在其工具属性栏中设置画笔为 80 像素的柔边笔刷, "模式" 为正常, "强度" 为 50%, 设置好后, 在背景图像的左下角从左至右拖动鼠标进行涂抹, 使该处的颜色过渡自然, 如图 4-52 所示。

> **知识库**　　　勾选 "涂抹工具" 🖐工具属性栏中的 "手指绘画" 复选框后, 可以在涂抹时添加前景色; 取消勾选, 则使用每个涂抹起点处光标所在位置的颜色进行涂抹。

**步骤 5** 在 "图层" 调板中选择 "图层 3", 然后选择 "海绵工具" 🟠, 并在其工具属性栏中设置画笔为 500 像素的柔边笔刷, "模式" 为饱和, "流量" 为 50%。设置好后, 在蓝色的绸缎上涂抹, 使该处色彩的饱和度增加, 如图 4-53 所示。其中各选项的意义如下。

> **知识库**　　　勾选 "海绵工具" 🟠工具属性栏中的 "自然饱和度" 复选框后, 在进行增加饱和度的操作时, 可避免颜色过于饱和而出现溢色。

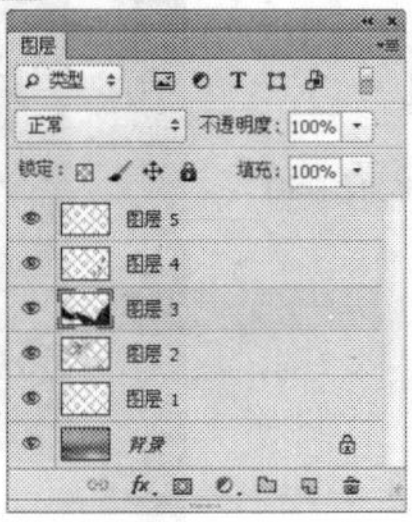

图 4-52 用"涂抹工具"修饰图像      图 4-53 用"海绵工具"修饰图像

**步骤 6** 在"图层"调板中选择"图层 4",然后选择"锐化工具" △,并在其工具属性栏中设置画笔为 300 像素,"模式"为正常,"强度"为 20%,设置好后,在图像窗口右侧的项链上涂抹,使其更加清晰,如图 4-54 所示。

**步骤 7** 在"图层"调板中选择"图层 2",然后选择"加深工具" ◎,并在其工具属性栏中设置画笔为 20 像素的柔边笔刷,"范围"为中间调,"曝光度"为 50%,设置好后,在人物的头发上涂抹,使其颜色加深,更具层次感,最终效果如图 4-55 所示。

图 4-54 用"锐化工具"修饰图像      图 4-55 用"加深工具"修饰图像

# 任务七 绘制梦幻花朵——使用填充工具组

## 任务说明

填充工具组包括"渐变工具" ▢和"油漆桶工具" ◙,如图 4-56 所示。"油漆桶工具" ◙的使用方法很简单,本任务中,我们主要通过绘制图 4-57 所示的梦幻花朵,来学习"渐变工具" ▢的使用方法。

素材：素材与实例\项目四\11.psd

效果：素材与实例\项目四\梦幻花朵.psd

视频：视频\项目四\4-7.swf

| | | |
|---|---|---|
| ■ ■ | 渐变工具 | G |
| | 油漆桶工具 | G |

图 4-56　填充工具组 　　　　　　　　　图 4-57　梦幻花朵效果

## 预备知识

### 一、使用油漆桶工具

"油漆桶工具" 🪣 的使用方法很简单，选择该工具后，其工具属性栏如图 4-58 所示。设置好所需的填充色和其他属性后，在图像上单击即可使用所设的前景色或图案填充与单击处颜色相近的区域。

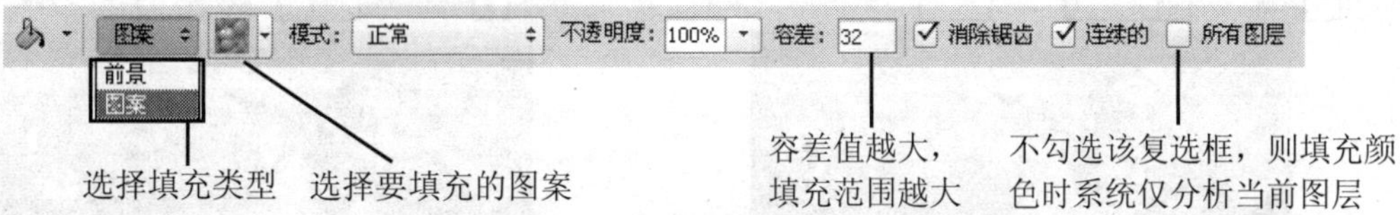

🪣 · 图案 ♦ ■ · 模式：正常　♦　不透明度：100% ▾　容差：32　☑ 消除锯齿　☑ 连续的　☐ 所有图层

前景
图案

选择填充类型　选择要填充的图案　　　　　容差值越大，　不勾选该复选框，则填充颜
　　　　　　　　　　　　　　　　　　　　填充范围越大　色时系统仅分析当前图层

图 4-58　"油漆桶工具" 属性栏

### 二、使用渐变工具

利用"渐变工具" ■ 可以在当前图层或选区内填充系统内置或用户自定义的渐变图案。选择该工具后，首先在其工具属性栏中选择或设置渐变图案，以及选择渐变类型，然后在图像窗口中按住鼠标左键并拖动即可为当前选区填充渐变图案。

需要注意的是，"油漆桶工具" 🪣 只能填充与鼠标单击处颜色相近的颜色，而"渐变工具" ■ 填充是整个选区。如果没有创建选区，则填充的是整个当前图层。

> 所谓渐变图案，实质上是指具有多种过渡颜色的混合色，该混合色可以是前景色到背景色的过渡，也可以是背景色到前景色的过渡，或其他颜色间的过渡。

知识库

## 任务实施——绘制梦幻花朵

### 制作思路

打开素材文档，首先利用"渐变工具" 为背景层填充自定义的"蓝，白，紫"渐变，渐变类型为"菱形渐变" ；接着载入素材中存储的选区，新建图层，为新建的图层填充系统内置的"前景色到透明渐变"，渐变类型为"线性渐变" ；再采用相反的方向为其填充"前景色到透明渐变"；最后旋转复制"图层 1"中的图像，完成实例。

### 制作步骤

**步骤1** 打开本书配套素材"11.psd"图像文件。选择"渐变工具" ，单击工具属性栏中的渐变预览条 右侧的三角按钮，可在打开的下拉面板中选择系统内置的渐变图案，如图 4-59 左图所示。

> **提示** 单击渐变下拉面板右上角的 ❖. 按钮，还可从打开的菜单中载入系统内置的更多渐变图案，如图 4-59 右图所示。

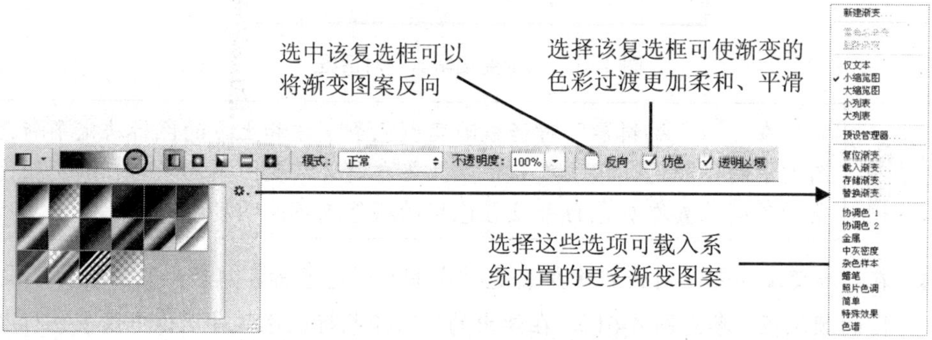

选中该复选框可以
将渐变图案反向

选择该复选框可使渐变的
色彩过渡更加柔和、平滑

选择这些选项可载入系
统内置的更多渐变图案

**图 4-59 选择系统内置的渐变图案**

**步骤2** 选择渐变图案后，在"渐变工具" 属性栏中选择一种渐变类型 ，然后在图像窗口中拖动鼠标，即可使用选择的渐变图案填充当前图层或选区。

> **知识库** 在 Photoshop 中有 5 种渐变类型，即线性渐变、径向渐变、角度渐变、对称渐变和菱形渐变，效果如图 4-60 所示。

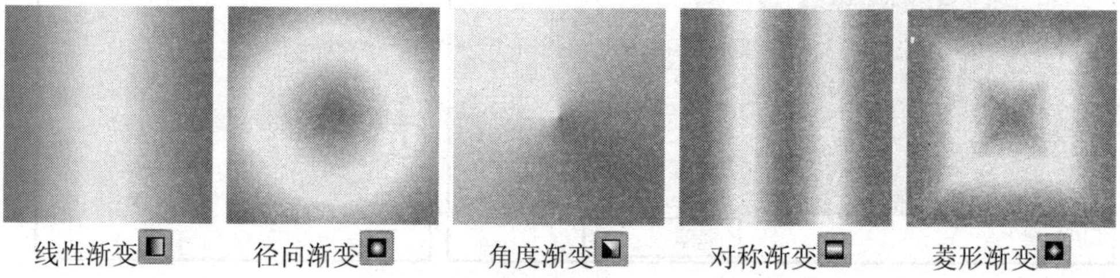

线性渐变    径向渐变    角度渐变    对称渐变    菱形渐变

**图 4-60 5 种渐变类型的效果**

**步骤 3** 本例中，由于内置的渐变图案不符合我们的要求，下面我们来自定义渐变图案。选择"渐变工具" ▣ 后，单击工具属性栏中的渐变预览条▬▬▬▬，打开"渐变编辑器"对话框，如图 4-61 所示。

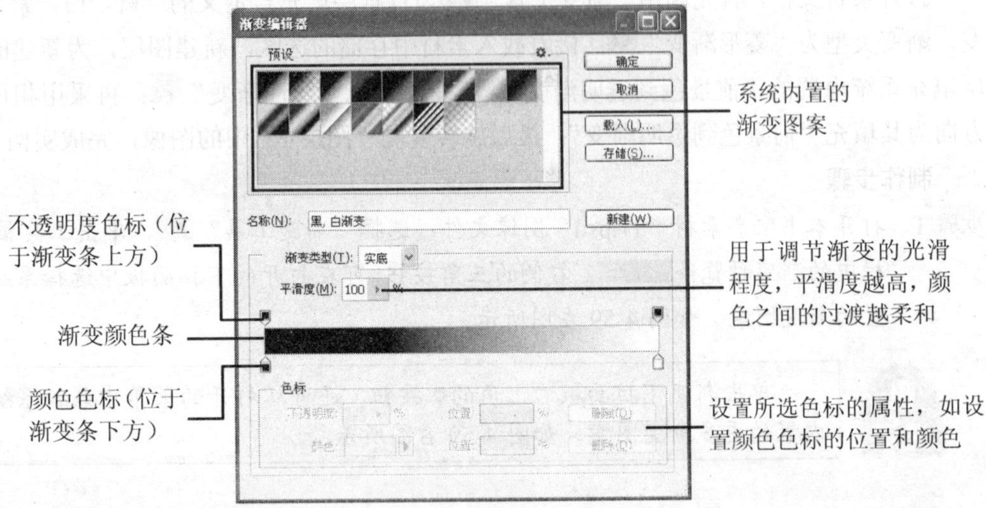

系统内置的渐变图案

不透明度色标（位于渐变条上方）

用于调节渐变的光滑程度，平滑度越高，颜色之间的过渡越柔和

渐变颜色条

颜色色标（位于渐变条下方）

设置所选色标的属性，如设置颜色色标的位置和颜色

图 4-61 "渐变编辑器"对话框

> 在"渐变编辑器"对话框渐变颜色条下方和上方的色标决定了渐变图案中的各颜色、透明度和位置。要自定义渐变图案，只需在渐变颜色条的不同位置添加色标并设置色标的颜色或不透明度即可。

**步骤 4** 在"渐变编辑器"对话框中单击选择左侧的颜色色标，然后单击"色标"设置区的颜色框（参见图 4-61），在弹出的"选择色标颜色"对话框中设置色标颜色为深蓝色（#021aff），单击"确定"按钮，如图 4-62 左图所示。此时，"渐变编辑器"对话框如图 4-62 右图所示。

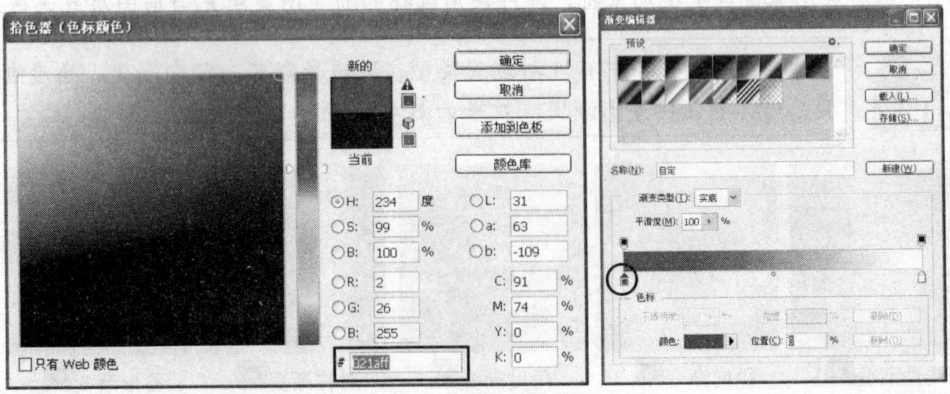

图 4-62 设置色标颜色

**步骤5** 参照步骤3中的方法将右侧的色标颜色设为紫色（#8c05c4），如图4-63左图所示，然后在渐变条下方单击，增加1个颜色色标，将其颜色设为白色，如图4-63中图所示，再将左侧的蓝色色标向右拖动到图4-63右图所示位置。

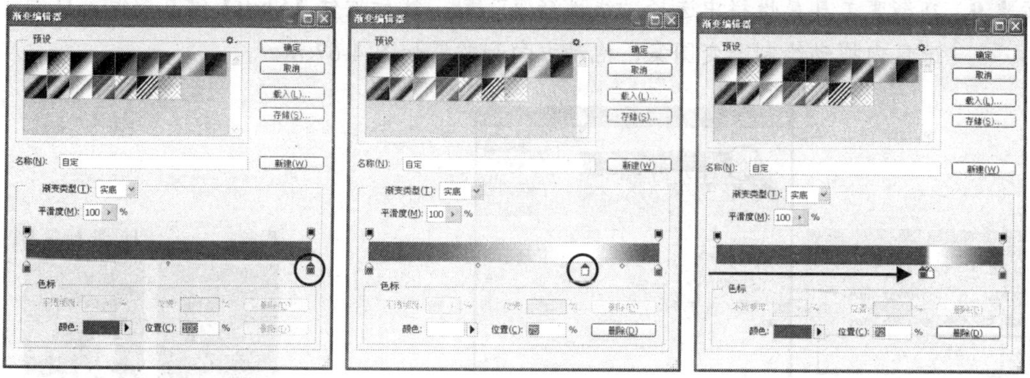

图4-63 添加和移动色标

> **提示** 要删除某个色标，只需将该色标拖出对话框，或在选中色标后，单击"色标"设置区的"删除"按钮。

**步骤6** 编辑好渐变图案后，单击"确定"按钮，然后在渐变工具属性栏中选择"菱形渐变" ，在图像窗口中拖动鼠标绘制渐变图案，拖动方向和效果如图4-64所示。

> **提示** 在利用"渐变工具" 进行填充操作时，单击位置、拖动方向，以及鼠标拖动的长短不同，所产生的渐变效果也不相同。要制作出本例的效果，可按住【Shift】键拖动鼠标，以使拖动方向与水平方向呈45度的夹角。

**步骤7** 选择"选择" > "载入选区"菜单项，打开"载入选区"对话框，在"通道"下拉列表中选择"叶子"，单击"确定"按钮，载入素材中保存的选区，如图4-65所示。

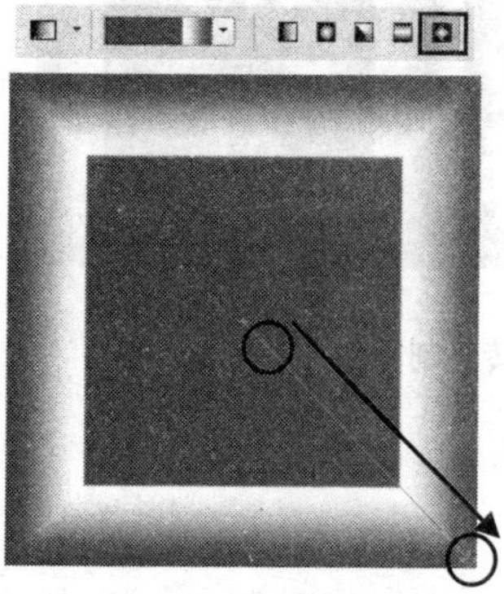

图4-64 绘制渐变色

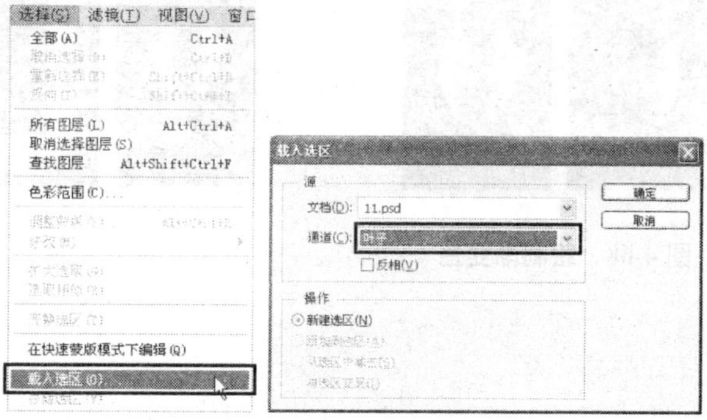

图4-65 载入选区

**步骤 8** 在"图层"调板中单击"创建新图层"按钮🔲，新建"图层 1"，设置前景色为白色，打开"渐变编辑器"对话框，选择"前景色到透明渐变"，单击"确定"按钮，如图 4-66 示。

**步骤 9** 在渐变工具属性栏中选择"线性渐变"🔲，然后按住【Shift】键在图像窗口的选区内拖动绘制渐变图案，拖动方向和效果如图 4-67 示。

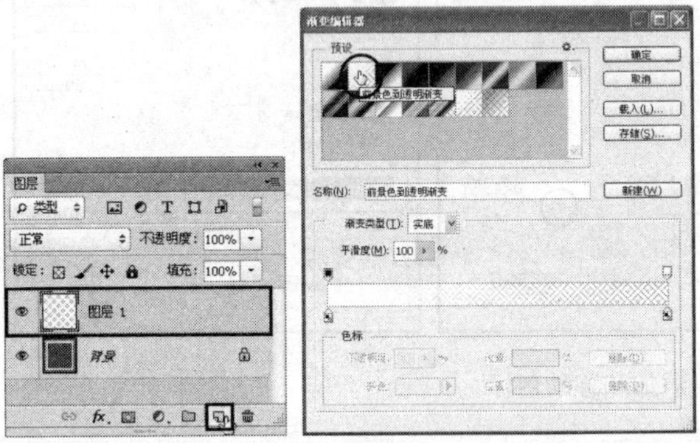

图 4-66　复制图层并选择渐变图案

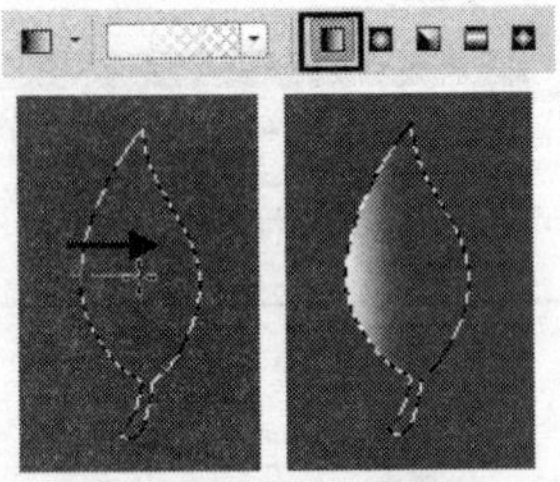

图 4-67　绘制渐变色

**步骤 10** 参照步骤 8 中的方法，在图像窗口的选区内从右至左拖动绘制渐变图案，绘制完毕后，按【Ctrl+D】组合键取消选区，如图 4-68 所示。

**步骤 11** 按【Ctrl+T】组合键显示自由变形框，将变形框中间的旋转支点拖至图像下方，如图 4-69 左图所示。在工具属性栏中将"旋转角度"设置为 30，然后连续按两次【Enter】键确认操作，此时选区内的图像被旋转，自由变形框消失，如图 4-69 中图所示。再在按住【Ctrl+Shift+Alt】组合键的同时，连续多次按【T】键即可旋转复制图像，这样梦幻花朵就绘制好了，效果如图 4-69 右图所示。

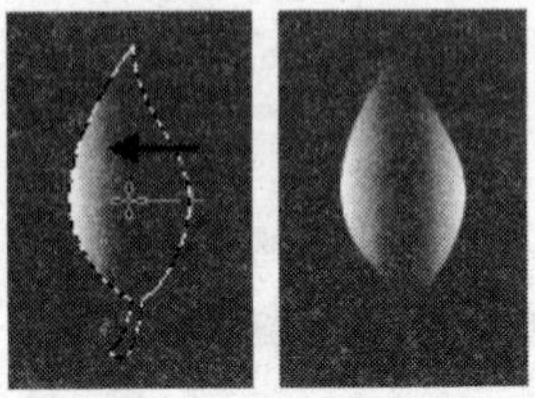

图 4-68　绘制渐变色

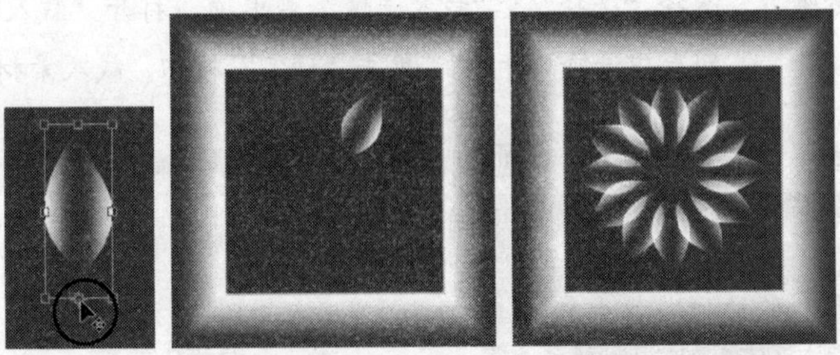

图 4-69　旋转复制图像

## 项目实训

### 一、绘制枫叶背景

利用"画笔工具" ✐ 绘制图 4-70 所示的枫叶背景。

提示：

（1）打开本书配套素材"项目四"文件夹中的"12.psd"和"13.jpg"图像文件，首先将"13.jpg"图像文件中的枫叶定义为笔刷，然后在"12.psd"图像窗口中新建一个图层，设置前景色为红色（#b0372c），使用"画笔工具" ✐，将不透明度设为 30%，绘制两道弯线。

（2）新建一个图层，选择自定义的笔刷，在"画笔"调板中设置笔刷属性，然后绘制枫叶图案。

### 二、为人物美容

打开本书配套素材"项目四"文件夹中的"14.jpg"图像文件，首先利用"修复画笔工具" ✐ 去除人物面部的皱纹，然后利用"减淡工具" ✐ 美白牙齿，如图 4-71 所示。

提示：利用"修复画笔工具" ✐ 去除人物面部的皱纹时，可在相应的皱纹附近定义取样点，然后将取样点中的图像复制到皱纹上。反复操作，直到去除所有皱纹为止。

图 4-70 枫叶背景效果

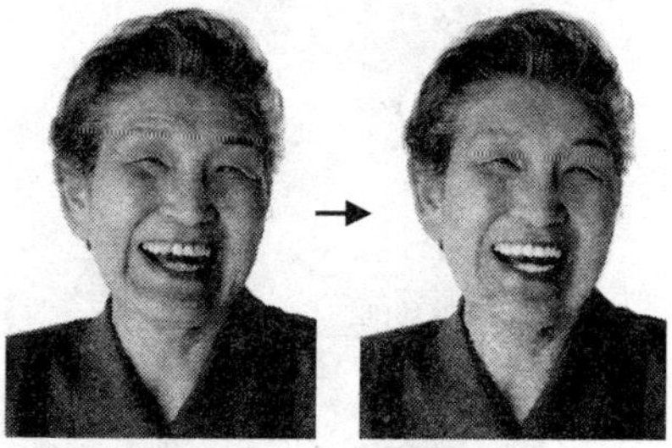

图 4-71 为人物美容

### 三、制作冲浪海报

打开本书配套素材"15.jpg"（作为背景）、"16.jpg"（需要复制里面的冲浪人物）和 17.psd（使用里面的文本）图片文件，利用它们制作冲浪海报，效果如图 4-72 所示。

图 4-72    制作冲浪海报

提示：

（1）打开素材图片，首先使用"修补工具" ⊞ 对背景图片（"15.jpg"文件）进行修改，去除图片左下角和右下角的文字。

（2）切换到"16.jpg"图像窗口，选择"仿制图章工具" ♨，将人物的腰部处定义为取样点，如图 4-73 左图所示，然后返回"15.jpg"图像窗口，新建一个图层，设置画笔大小为 30，在画面中涂抹，直到复制出人物图像为止，效果如图 4-73 右图所示。注意，此操作必须在"仿制图章工具" ♨ 的属性栏中选中"对齐"复选框，此外，涂抹时应打开原图作为参考，以免涂抹出不需要的区域。

图 4-73    利用"仿制图章工具"复制人物图像

（3）仔细观察图像，如果发现有多绘制的地方，使用"橡皮擦工具" ⊿ 擦除多余的部分，最后效果如图 4-74 所示。

（4）将处理好的人物图像复制出 3 份，放在画面中的不同位置，并进行旋转和缩放等变换操作，效果如图 4-75 所示。

图 4-74 处理复制的人物图像

图 4-75 将处理好的人物图像复制出 3 份并调整

（5）使用"裁剪工具" 裁剪图像，以使主题更突出，效果如图 4-76 所示。

图 4-76 裁剪图像

（6）在画面的中下部位置绘制一个矩形选区，然后新建一个图层并填充线性渐变，渐变参数设置如图 4-77 左图所示，效果如图 4-77 右图所示。

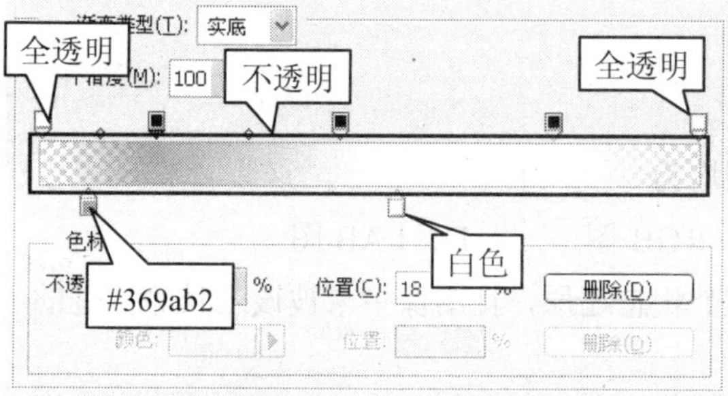

图 4-77 绘制矩形选区并填充渐变

（7）将"17.psd"图片文件中的文本拖到"15.jpg"图像窗口中，放在绘制的矩形框上方。至此，冲浪海报就制作好了。

## 项目总结

读者在学完本项目内容后，除了要了解各种绘制和修饰工具的用途、特点并掌握使用方法外，还应用注意以下几点。

- ➢ 大多数绘图和修饰工具都是对当前图层中的图像进行操作，如果在图像中创建了选区，则是针对当前图层选区内的图像。此外，所有绘制和修饰工具都有一些共同的属性，如笔刷选择、色彩混合模式和不透明度设置等，合理调整这些属性，可以使绘画效果更好。
- ➢ "仿制图章工具"、"修复画笔工具"、"污点修复画笔工具"和"修补工具"通常用来去除图片中的瑕疵。其中，"仿制图章工具"是将取样点中的图像复制到修复区域；"修复画笔工具"可以将取样点中的图像自然融入修复区域；"污点修复画笔工具"不需要定义取样点，只需在修复区域单击即可。
- ➢ 利用"图案图章工具"可以用系统自带的或者用户自己定义的图案绘画。该工具的使用方法很简单，读者应注意的是要掌握自定义图案的方法。
- ➢ 使用"历史记录画笔工具"时，需要先设置"历史记录画笔的源"，然后可通过涂抹方式将涂抹过的区域恢复到"历史记录画笔的源"状态。
- ➢ 使用"油漆桶工具"可以为图像填充颜色；使用"渐变工具"可以为图像填充渐变图案，读者应熟练掌握自定义与编辑渐变色的方法。此外，在使用"油漆桶工具"时，要注意只能填充与单击处颜色相近（填充范围与"容差"有关）的图像区域，而不是填充整个当前图层或选区。

## 项目考核

一、选择题

1. 在 Photoshop 中，用户自定义的笔刷均为（　　）。
   A. 位图　　　B. 灰度图　　　C. RGB 图　　　D. LAB 图
2. 使用（　　）可以将图像编辑中的某个状态还原，且图像中未被该工具涂抹过的区域将保持不变。
   A. "修复画笔工具"　　　B. "修补工具"
   C. "历史记录画笔工具"　　　D. "魔术橡皮擦工具"
3. 下列选项中，对修饰工具组中的工具作用描述正确的是（　　）。
   A. 利用"锐化工具"可对图像进行锐化处理

B．利用"涂抹工具" 可以对图像进行柔化模糊处理

C．利用"加深工具" 可以加深图像的饱和度，从而使图像效果更加清晰

D．利用"海绵工具" 可以降低图像的曝光度

4．在使用"仿制图章工具" 修饰图像时，应按住（　　）键在图像窗口中单击鼠标左键定义取样点。

　　A．【Shift】　　　　B．【Ctrl】　　　　C．【Alt】　　　　D．【F】

二、判断题

1．利用"颜色替换工具" 可以在保留图像纹理和阴影不变的情况下，快速改变图像任意区域的颜色。　　　　　　　　　　　　　　　　　　　　　　（　　）

2．利用"橡皮擦工具" 在背景层上擦除，被擦除区域将变成透明。　　（　　）

3．使用"渐变工具" 对图像进行填充时，如果图像中存在选区，则对整个选区进行填充；如果没有创建选区，则填充的是整个当前图层。　　　　　　　（　　）

# 项目五 调整图像色彩与色调

## 项目导读

Photoshop 提供了许多色彩和色调调整命令，利用这些命令可以轻松改变一幅图像的色调与色彩，使图像符合设计要求。需要注意的是，大多数图像色彩和色调调整命令都是针对当前图层(如果有选区，则是针对选区内的图像)进行的。

## 学习目标

- 掌握利用"图像" > "模式"菜单中的命令转换图像颜色模式的方法。
- 掌握利用"图像" > "调整"菜单项中的命令调整图像色彩和色调的方法。例如，能够利用"色阶"、"曲线"、"色相/饱和度"、"色彩平衡"、"替换颜色"、"可选颜色"，以及"去色"、"反相"、"阈值"等命令调整图像的色调和色彩。
- 能够在实践中合理地利用以上命令来纠正过亮、过暗、过饱和或偏色的图像，以及能根据需要熟练地调整图像的明暗度、对比度或颜色等。

## 任务一 增强相片的质感——使用"色阶"命令

### 任务说明

Photoshop CS6 提供的图像色彩与色调调整命令大部分位于"图像" > "调整"菜单项中，如图 5-1 所示。在本任务中，我们将通过调整照片的色调以增强其质感，来学习其中的"色阶"命令的使用方法，实例效果如图 5-2 所示。

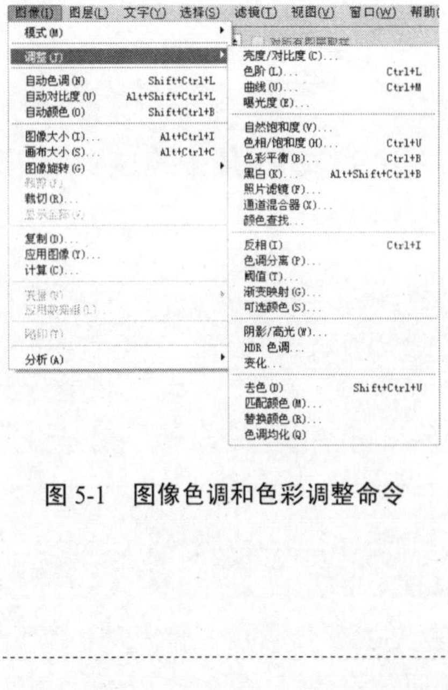

### 预备知识

利用"色阶"命令可以通过调整图像的暗调、中间调和高光的强度级别来校正图像，具体操作请参考后面的任务实施。

图 5-1 图像色调和色彩调整命令

素材：素材与实例\项目五\1.jpg

效果：素材与实例\项目五\调整照

片的色调.jpg

视频：视频\项目五\5-1.swf

图 5-2　调整照片的色调前后效果对比

## 任务实施——增强相片的质感

### 制作思路

打开素材图片，首先利用"色阶"命令打开"色阶"对话框，并利用对话框中的直方图观察图像像素的分布情况，然后分别拖动直方图下面的 3 个滑块，设置图像的最暗点、最亮点和中等亮度点，待图像的色调基本正常后，单击"确定"按钮，完成实例制作。

### 制作步骤

**步骤 1** 打开本书配套素材"项目五"文件夹中的"1.jpg"图像文件，如图 5-3 所示。从图中可知，该图像色调偏灰没有层次，需要进行处理。

**步骤 2** 选择"图像" > "调整" > "色阶"菜单项，或者按【Ctrl+L】组合键，打开"色阶"对话框，如图 5-4 所示。从对话框的色阶直方图中可以看出，该图像的像素基本上分布在中等亮度区域，而最暗和最亮的地方像素较少，这就是该图像偏灰的原因。

直方图中显示了图像中实际像素分布的范围与数量

图像中最暗的区域

图像中中等亮度的区域

图像中最亮的区域

图 5-3　打开素材图片

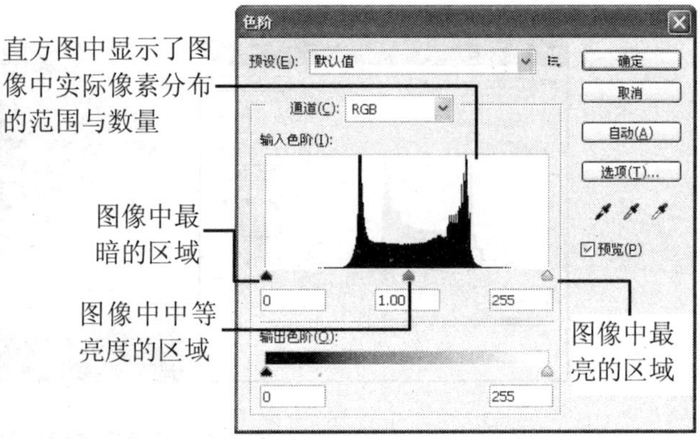

图 5-4　"色阶"对话框

➢ **直方图**：对话框的中间部分称为直方图，其横轴代表亮度范围（从左到右为由全黑过渡到全白），纵轴代表处于某个亮度范围内的像素数量。显然，当大部分像素集中于黑色区域时，图像的整体色调较暗；当大部分像素集中于白色区域时，图像的整体色调偏亮。

> ➢ **"自动"按钮**：单击该按钮，Photoshop 将把最亮的像素变为白色，把最暗的像素变为黑色。

> ➢ **"预览"复选框**：勾选该复选框，在原图像窗口中可预览图像调整后的效果。

> ➢ **"设置黑场"按钮** ✐：使用该工具在图像中单击，可以将单击点的像素调整为黑色，原图像中比该点暗的像素也变为黑色。

> ➢ **"设置灰场"按钮** ✐：使用该工具在图像中单击，可根据单击点像素的亮度来调整其他中间色调的平均亮度。我们通常使用它来校正偏色。

> ➢ **"设置白场"按钮** ✐：使用该工具在图像中单击，可以将单击点的像素调整为白色，原图像中比该点亮的像素也变为白色。

**步骤 3** 将"输入色阶"左侧的黑色滑块▲稍微向右拖动，可看到图像变暗了。这是因为黑色滑块表示图像中最暗的地方，现在黑色滑块所在的位置是原来灰色滑块所在的位置，这里对应的像素原来是中等亮度的，现在被换成最暗的黑色，所以图像变暗了。同样的道理，拖动中间的灰色滑块和左侧的白色滑块可看到图像亮度的变化。

**步骤 4** 按住【Alt】键，"色阶"对话框中的"取消"按钮变成"复位"按钮，单击"复位"按钮，使各项参数恢复到初始状态（该方法适用于所有的色彩调整对话框）。

**步骤 5** 将"输入色阶"的黑色滑块稍向右拖动一点，确定这里为图像最暗的点，也称为"黑场"；将白色滑块稍向左拖动一点，确定该点为图像最亮的点，也称为"白场"；将中间灰色滑块稍向左拖动，提亮部分黑色像素区域，如图 5-5 左图所示。

**步骤 6** 这样，图像中有了最暗和最亮的像素，色调就基本正常了，如图 5-5 右图所示。最后单击"确定"按钮关闭对话框。

图 5-5 正确设置黑白场

> 通过增大暗调编辑框的数值可增加图像暗部的色调，原理是将图像中亮度值小于该数值的所有像素都变成黑色，从而使图像变暗；中间调编辑框用来调整图像的中间色调，数值小于 1.00 时中间色调变暗，大于 1.00 时中间色调变亮；通过减小高光编辑框的数值可以增加图像亮部的色调，

原理是将所有亮度值大于该数值的像素都变成白色，从而使图像变暗。

通常，一幅色调较好的图像，"输入色阶"的上述三个滑块对应处都应有较均匀的像素分布。

## 补充学习

### 一、关于通道

在 Photoshop 中打开一幅图像后，系统会根据该图像的颜色模式创建相应的颜色通道。例如，RGB 图像包含 R（红）、G（绿）、B（蓝）3 个颜色通道和一个 RGB 复合通道。调整图像的色调时，默认是对复合通道进行编辑（即同时对 3 个颜色通道进行调整），我们也可以选择某个颜色通道，单独调整该颜色的色调。

各颜色通道实质上是代表图像中颜色分量的灰度图像，通过调整各颜色通道的色调，就能改变图像的颜色。例如，将"红"通道调亮，那么图像将偏红。我们将在后面的项目中详细讲解通道的应用。

### 二、转换图像颜色模式

通过项目一的学习我们知道图像有多种不同的颜色模式，各颜色模式都有自己的特点和用途。例如，在 Photoshop 中编辑图像时，通常使用 RGB 颜色模式，如果希望将编辑好的图片用于印刷，则还需要将其转换为 CMYK 模式。

打开任意一幅素材图片，要转换颜色模式，可选择"图像" > "模式"菜单中相应的命令，如选择"CMYK 颜色"，可将图像转换为 CMYK 颜色模式，如图 5-6 所示。

### 三、认识"信息"调板

"信息"调板是个多面手，当我们没有进行任何操作时，它会显示光标下面的颜色值，从而方便用户调整图像的颜色或色调，如图 5-7 所示。

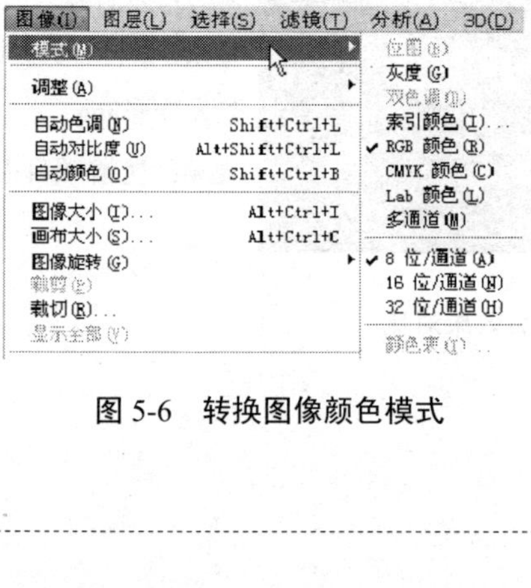

图 5-6　转换图像颜色模式 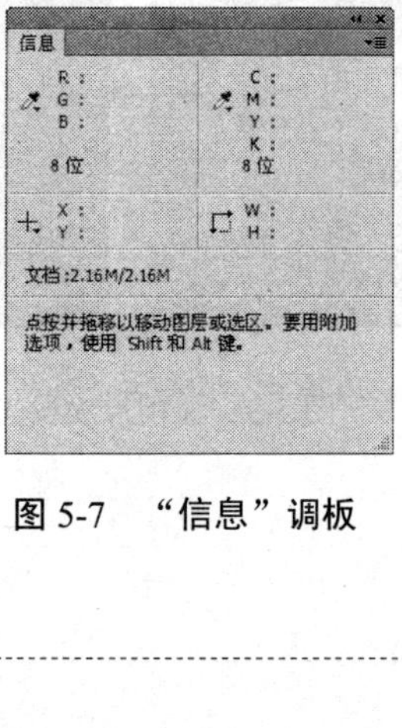　　　　图 5-7　"信息"调板

## 四、认识颜色取样器工具

选择工具箱中的"颜色取样器工具" 后在图像中单击，可在单击处创建一个取样点，并在"信息"调板中显示取样点的颜色，从而方便用户调整图像的色调或颜色。图 5-8 所示为在图像中单击创建了 4 个取样点，并在"信息"调板中显示取样点颜色。

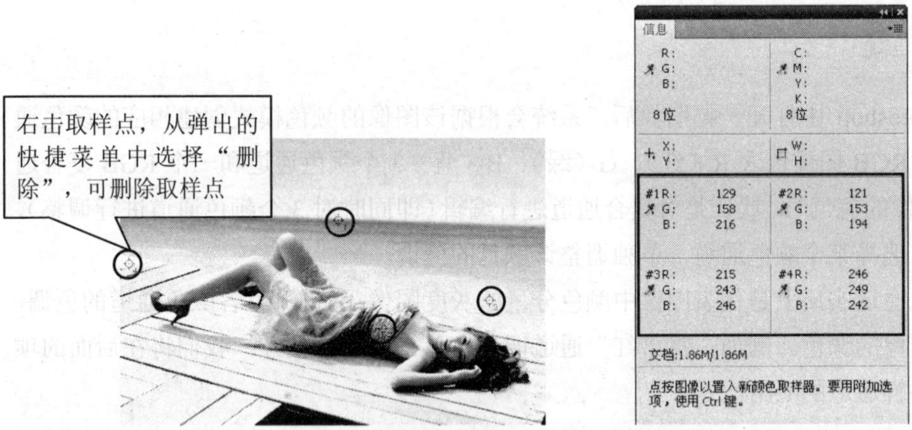

图 5-8　创建取样点并显示取样点的颜色信息

# 任务二　让相片焕发光彩——使用"曲线"命令

## 任务说明

"曲线"也是 Photoshop 中常用的一个用来调整图像颜色和色调的命令，在本任务中，我们将通过让图 5-9 左图所示的相片焕发光彩（效果参见图 5-9 右图），来学习"曲线"命令和"直方图"调板的使用方法。

素材：素材与实例\项目五\2.jpg

效果：素材与实例\项目五\让相片焕发光彩.jpg

视频：视频\项目五\5-2.swf

图 5-9　让相片焕发光彩前后效果对比

## 预备知识

### 一、使用"直方图"调板

直方图在图像领域的应用非常广泛,它用图形表示了图像的每个亮度级别的像素数量,展现了像素在图像中的分布情况。通过观察直方图,我们可以判断出图片的阴影、中间调和高光中包含的细节是否足够,以便对其做出合理的调整。Photoshop除了在"色阶"对话框中提供了直方图外,还提供了专门的"直方图"调板,如图 5-10 所示。

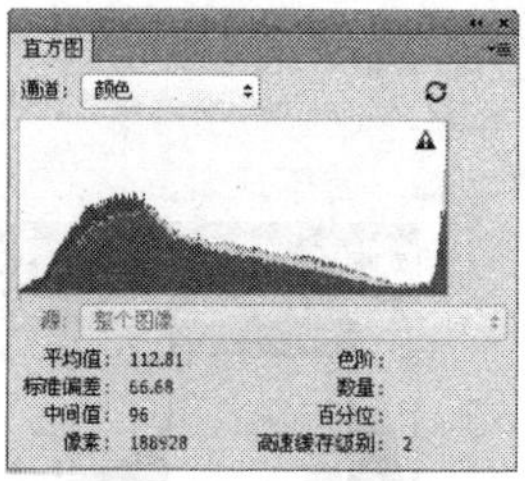

图 5-10　"直方图"调板

### 二、认识"曲线"命令

利用"曲线"命令可以精确调整图像的色调和色彩,赋予那些原本应当报废的图片新的生命力。该命令是用来改善图像质量的首选工具,它不但可调整图像整体或单独通道的色调,还可调节图像任意局部区域的色调。具体操作请参考后面的任务实施。

## 任务实施——让照片焕发光彩

### 制作思路

打开素材图片,然后打开"直方图"调板,选择"RGB"通道并展开"全部通道视图",观察直方图中各通道图像像素的分布情况,然后利用"曲线"命令对需要调整的通道做出相应地调整,待图像的像素分布基本合理后,单击"确定"按钮,完成实例制作。

### 制作步骤

**步骤 1**　打开本书配套素材"2.jpg"图像文件,如图 5-9 左图所示。选择"窗口">"直方图"菜单项,打开"直方图"调板,然后在通道下拉列表中选择"RGB"通道,再单击"直方图"调板右上角的下三角按钮,在弹出的下拉列表中选择"全部通道视图",如图 5-11 所示。

**步骤 2**　通过观察图 5-11 右图所示的直方图,我们可以看到"RGB"通道中的大部分像素分布在直方图左侧和中间,高光部分缺少像素;"红"通道中的像素分布较多,应适当减少该通道中的像素,以使各通道中的像素分布均衡;"蓝"通道中的像素大部分分布在直方图左侧,中间调和高光部分都缺少像素。

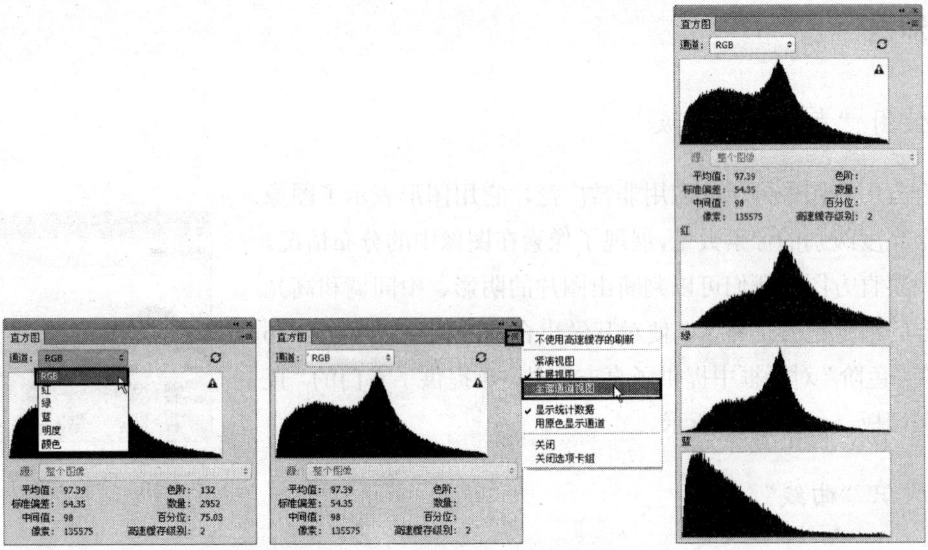

图 5-11　"直方图"调板

**知识库**　在直方图中，左侧代表了图像的阴影区域，中间代表了中间调，右侧代表了高光区域，从阴影（黑色，色阶 0）到高光（白色，色阶 255）共有 256 级色阶。这与"色阶"对话框中的直方图是一样的。

**步骤 3**　下面，我们利用"曲线"命令对图像的"RGB"、"红"和"蓝"通道进行调整。选择"图像" > "调整" > "曲线"菜单项，或者按【Ctrl+M】组合键，打开"曲线"对话框，如图 5-12 所示。该对话框网格中的横坐标表示输入色调（原图像色调），纵坐标表示输出色调（调整后的图像色调），变化范围都在 0 ~ 255 之间，通过改变网格中的曲线形状即可调整图像的色调。

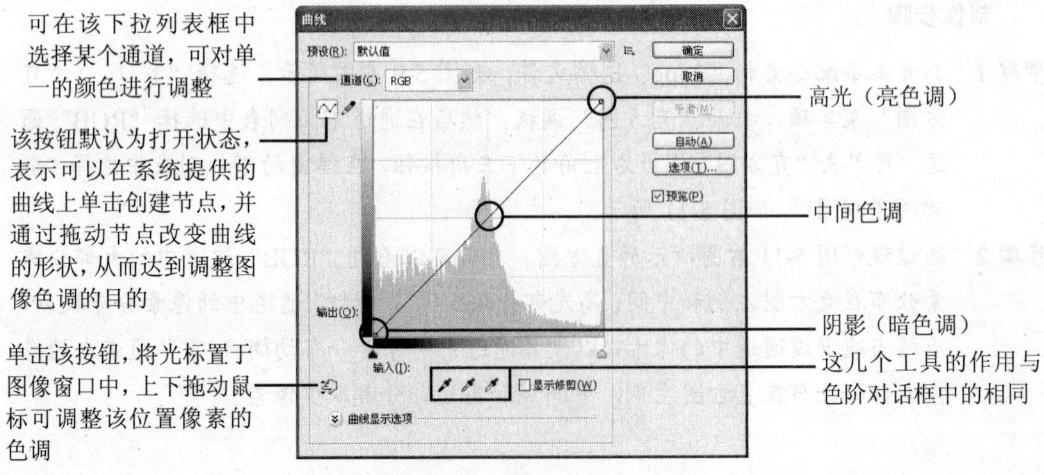

可在该下拉列表框中选择某个通道，可对单一的颜色进行调整

该按钮默认为打开状态，表示可以在系统提供的曲线上单击创建节点，并通过拖动节点改变曲线的形状，从而达到调整图像色调的目的

单击该按钮，将光标置于图像窗口中，上下拖动鼠标可调整该位置像素的色调

高光（亮色调）

中间色调

阴影（暗色调）

这几个工具的作用与色阶对话框中的相同

图 5-12　"曲线"对话框

**步骤 4** 将光标移至曲线的中间并单击，创建一个节点，如图 5-13 左图所示，然后在右上方位置单击，创建一个节点并向上拖动，将曲线调整为"S"形，如图 5-13 中图所示，效果如图 5-13 右图所示。

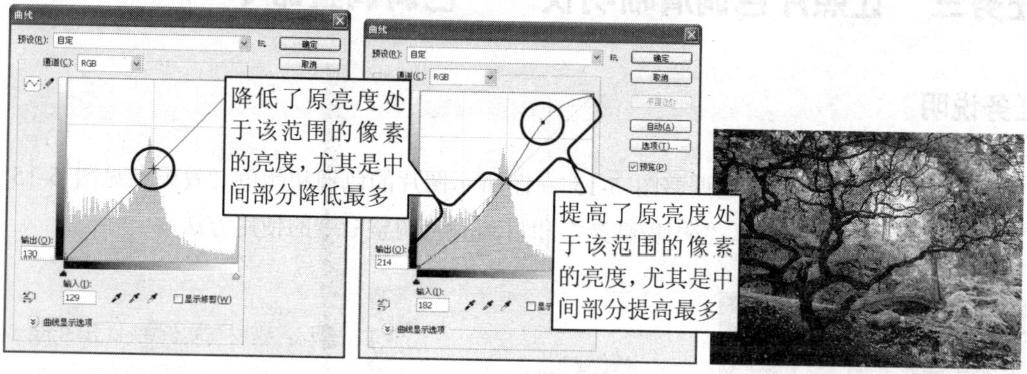

降低了原亮度处于该范围的像素的亮度，尤其是中间部分降低最多

提高了原亮度处于该范围的像素的亮度，尤其是中间部分提高最多

图 5-13　调整图像的明暗部区域

**提示** 关于曲线的一些说明：用户最多可在网格中增加 14 个节点；要删除节点，将其拖移到网格框以外即可；在"输入"和"输出"编辑框中可看到所选节点处的像素在调整前后的亮度对比；S 型曲线可以同时扩大图像的亮部和暗部的像素范围，对于增强图像的反差和层次很有效。

**步骤 5** 在"通道"下拉列表框中选择"红"通道，然后在图 5-14 左图所示的位置添加一个结点并向下拖动，单独减小红色的亮度；再在"通道"下拉列表框中选择"蓝"通道，然后在图 5-14 中图所示的位置添加一个结点并向下拖动，单独减小蓝色的亮度，最终效果如图 5-14 右图所示。

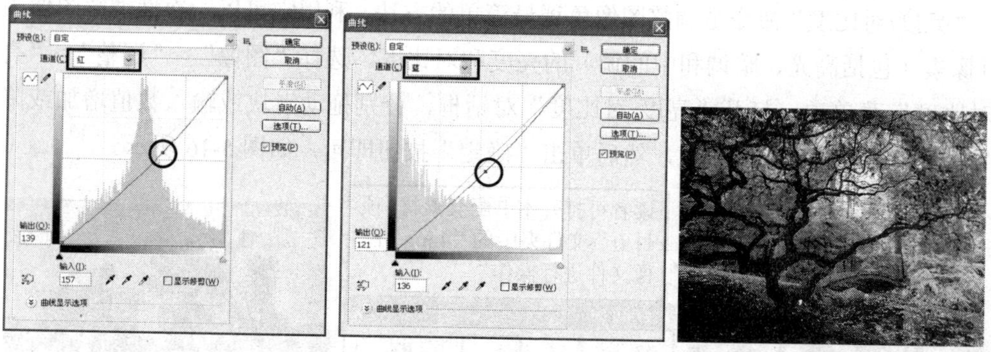

图 5-14　调整"红"、"蓝"通道的色调

**知识库** 在使用"色阶"或"曲线"命令调整图像时，"直方图"调板中会出现两个直方图，黑色是当前调整状态下的直方图（最新的直方图），灰色则表示调整前的直方图。应用调整之后，原始直方图会被新直方图取代。

**步骤 6** 用户可继续选择其他通道进行调整，查看效果，最后单击“确定”按钮关闭对话框。

# 任务三 让照片色调清晰明快——色调调整命令

## 任务说明

本任务中，我们将通过调整图 5-15 左图所示图片的色调和颜色（效果参见图 5-15 右图），来学习“曝光度”、“阴影/高光”和自动颜色调整命令的使用方法。

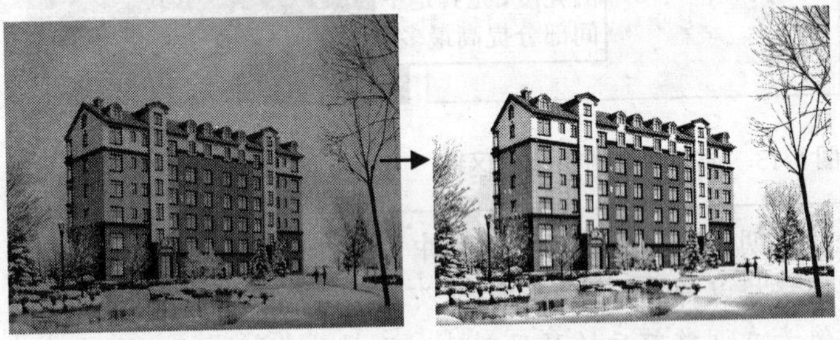

素材：素材与实例\项目五\3.jpg

效果：素材与实例\项目五\让照片色调清晰明快.jpg

视频：视频\项目五\5-3.swf

图 5-15 让照片色调清晰明快前后效果对比

## 预备知识

### 一、亮度/对比度

“亮度/对比度”命令是调整图像色调最简单的方法，利用它可以一次性调整图像中所有像素（包括高光、暗调和中间调）的亮度和对比度。选择“图像”>“调整”>“亮度/对比度”菜单项，打开“亮度/对比度”对话框，分别拖动滑块或输入数值增加或降低“亮度”和“对比度”的值，然后单击“确定”按钮即可，如图 5-16 所示。

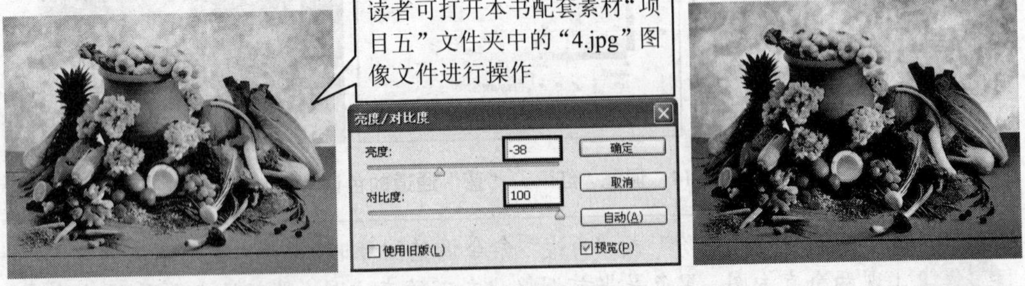
读者可打开本书配套素材“项目五”文件夹中的“4.jpg”图像文件进行操作
亮度/对比度
亮度:
-38
确定
取消
对比度:
100
自动(A)
使用旧版(L)
预览(P)

图 5-16 “亮度/对比度”对话框

## 二、曝光度

利用"曝光度"命令可以模拟照相机的"曝光"效果，该命令主要用于提高图像局部区域的亮度，具体用法请参考后面的任务实施。

## 三、阴影/高光

"阴影/高光"命令适用于校正由强逆光而形成剪影的照片，或者校正由于太接近相机闪光灯而有些发白的焦点。在用其他方式采光的图像中，这种调整也可用于使暗调区域变亮。

"阴影/高光"命令不是简单地使图像变亮或变暗，而是基于阴影或高光周围的像素来增亮或变暗。因此，暗调和高光都有各自的控制选项，默认值设置为修复具有逆光问题的图像。

## 四、自动颜色调整命令

在"调整"菜单中还提供了几个自动调整图像颜色的命令。

➤ **自动色调**：选择"图像">"自动色调"菜单项，可自动将图像每个通道中最亮和最暗的像素定义为白色和黑色，并按比例重新分配中间像素值来调整图像的色调。

➤ **自动对比度**：选择"图像">"自动对比度"菜单项，可以将图像中的最亮和最暗像素映射为白色和黑色，使高光显得更亮而暗调显得更暗，从而使图像显得更有质感。

➤ **自动颜色**：选择"图像">"自动颜色"菜单项，可以通过搜索图像中的明暗像素来自动调整图像的暗调、中间调和高光，从而自动调整图像的颜色。

## 任务实施——让照片色调清晰明快

### 制作思路

首先打开素材图片，然后利用"自动对比度"命令使图像的色调使其变得明亮，再利用"曝光度"命令调整图像的亮度，最后利用"阴影/高光"命令丰富图像的颜色层次。

### 制作步骤

**步骤 1**　打开本书配套素材"3.jpg"图像文件。选择"图像">"自动对比度"菜单项，或按【Alt+Shift+Ctrl+L】组合键，对图像对比度进行自动调整，如图 5-17 左图所示，此时原本昏暗的色彩变得明亮了，效果如图 5-17 右图所示。

图 5-17　利用"自动对比度"命令调整图像

**步骤 2** 选择"图像">"调整">"曝光度"菜单项，打开"曝光度"对话框，在其中拖动曝光度、位移和灰度系数校正滑块，即可调整图像亮度，如图 5-18 所示。其中各选项的意义如下。

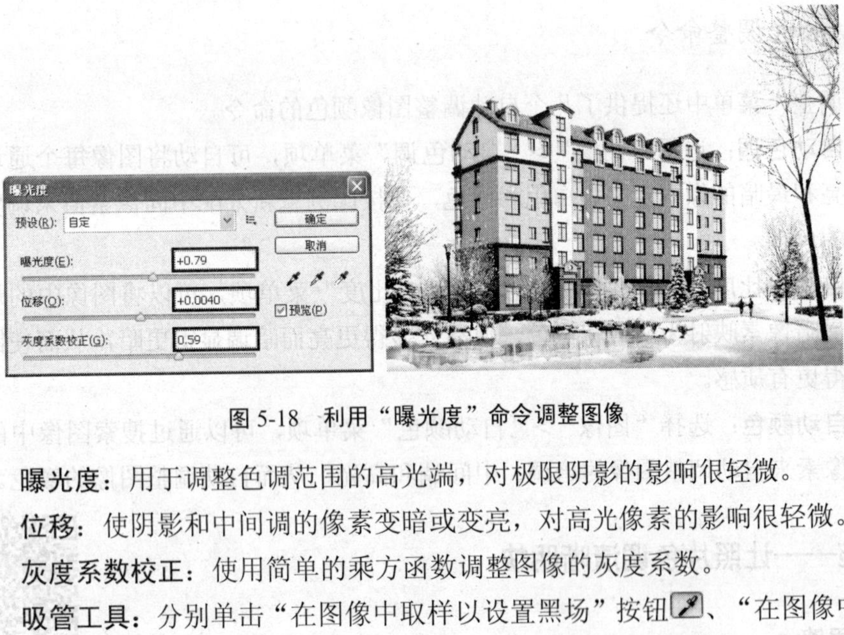

图 5-18　利用"曝光度"命令调整图像

➢ **曝光度**：用于调整色调范围的高光端，对极限阴影的影响很轻微。

➢ **位移**：使阴影和中间调的像素变暗或变亮，对高光像素的影响很轻微。

➢ **灰度系数校正**：使用简单的乘方函数调整图像的灰度系数。

➢ **吸管工具**：分别单击"在图像中取样以设置黑场"按钮 、"在图像中取样以设置灰场"按钮 和"在图像中取样以设置白场"按钮 ，然后在图像中最亮、中间亮度或最暗的位置单击鼠标，可使图像整体变暗或变亮。

**步骤 3** 选择"图像">"调整">"阴影/高光"菜单项，打开"阴影/高光"对话框，在其中设置"阴影"和"高光"的数量（数量的最高值均为 100），即可丰富图像的颜色层次，如图 5-19 所示。至此，本例就制作完成了。

图 5-19　利用"阴影/高光"命令调整图像

# 任务四　为黑白相片上色——颜色调整命令（上）

## 任务说明

　　本任务中，我们将通过为图 5-20 左图所示的黑白相片上色（效果参见图 5-20 右图），来学习 Photoshop 提供的颜色调整命令的用法。尤其是重点学习"色相/饱和度"命令和"色彩平衡"命令的用法。

素材：素材与实例\项目五\5.psd
效果：素材与实例\项目五\为黑白相片上色.jpg
视频：视频\项目五\5-4.swf

图 5-20　为黑白相片上色前后效果对比

## 预备知识

### 一、自然饱和度

　　利用"自然饱和度"命令可以将图像的色彩调整到自然的鲜艳状态。打开本书配套素材"项目五"文件夹中的"4.jpg"图像文件，选择"图像">"调整">"自然饱和度"菜单项，打开"自然饱和度"对话框，左右拖动"自然饱和度"或"饱和度"滑块，即可调整图像饱和度，如图5-21所示。

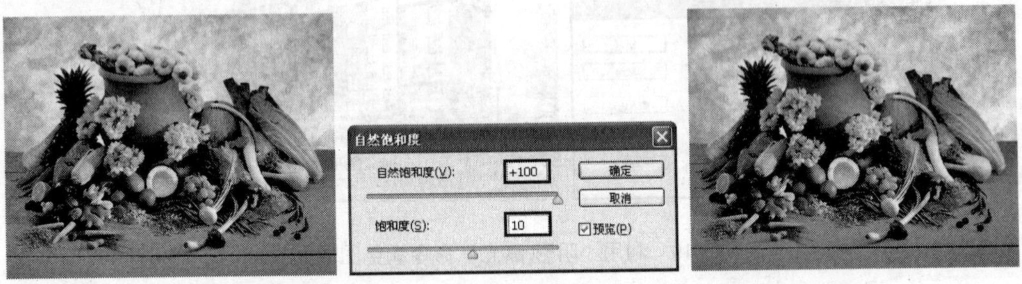

图5-21  利用"自然饱和度"命令调整图像色彩

## 二、色相/饱和度

利用"色相/饱和度"命令可以调整图像整体颜色或单个颜色成分的"色相"、"饱和度"和"明度"，从而改变图像的颜色，或为黑白图片上色等。

打开本书配套素材"项目五"文件夹中的"4.jpg"图像文件，选择"图像">"调整">"色相/饱和度"菜单项，或者按【Ctrl+U】组合键，打开"色相/饱和度"对话框，左右拖动"色相"、"饱和度"和"明度"滑块，即可调整图像色彩，如图5-22所示。

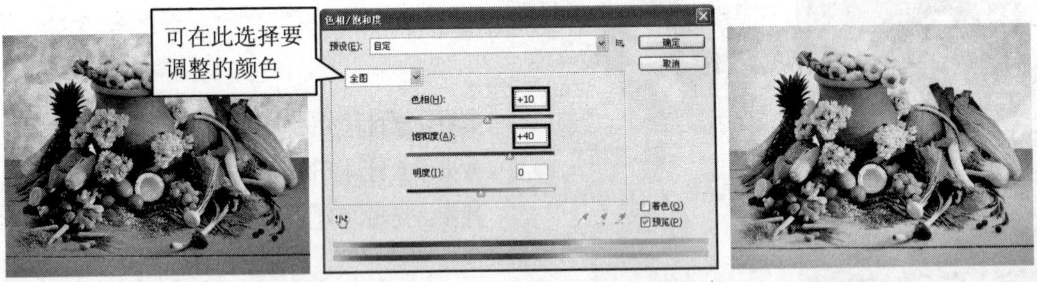

图5-22  利用"色相/饱和度"命令调整图像色彩

## 三、色彩平衡

利用"色彩平衡"命令可以快速调整偏色的图片。它可以单独调整图像的暗调、中间调和高光的色彩，使图像恢复正常的色彩平衡关系。

打开本书配套素材"项目五"文件夹中的"4.jpg"图像文件，选择"图像">"调整">"色彩平衡"菜单项，或者按【Ctrl+B】组合键，打开"色彩平衡"对话框，在"色调平衡"设置区选择需要调整的色调范围，然后拖动相应滑块，即可调整图像色彩，如

图 5-23 所示。

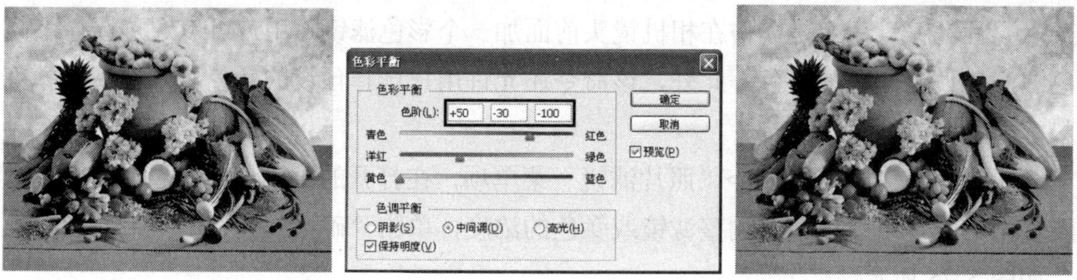

图 5-23　利用"色彩平衡"命令调整图像

## 四、黑白与去色

### 1. 黑白

利用"黑白"命令可以将彩色图像转换为黑白图像，并可调整黑白图像的色相和饱和度，以及单个颜色成分的亮度等。

选择"图像">"调整">"黑白"菜单项，打开"黑白"对话框，此时图像已经变为黑白效果，勾选"色调"复选框，然后拖动相应滑块调整各颜色成分的亮度，如图 5-24 所示。

### 2. 去色

利用"去色"命令可以去除当前图层或选区内图像的色彩，从而在不更改图像颜色模式的情况下将图像转换为灰色图像。该命令用法很简单，只需在打开图像后，选择"图像">"调整">"去色"菜单项，或者按【Shift+Ctrl+U】组合键即可。

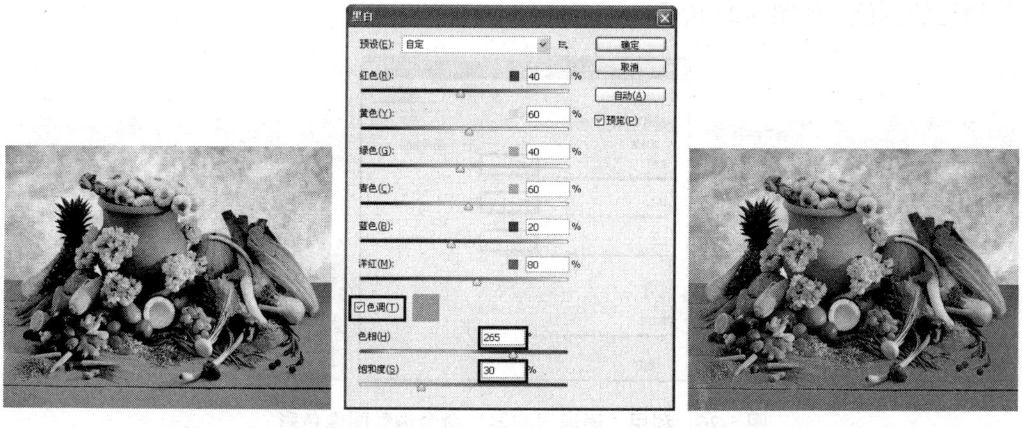

图 5-24　利用"黑白"命令调整图像色彩

## 五、照片滤镜

"照片滤镜"命令是模仿在相机镜头前面加一个彩色滤镜，用户可以通过选择不同颜色的滤镜调整图像的颜色。此外，该命令还允许用户选择预设的颜色对图像进行颜色调整。

选择"图像">"调整">"照片滤镜"菜单项，在打开的"照片滤镜"对话框中选择要使用的滤镜或颜色，并调整滤镜或颜色的浓度，单击"确定"按钮即可调整图像效果，如图 5-25 所示。

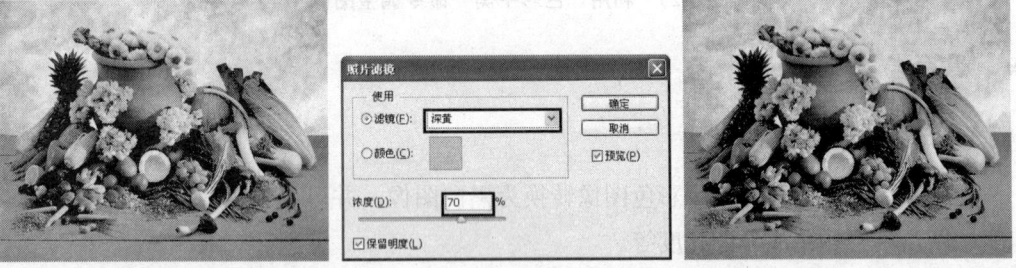

图 5-25　利用"照片滤镜"命令调整图像色彩

## 六、通道混和器

"通道混和器"命令是使用当前（源）颜色通道的混合来修改目标（输出）颜色通道，从而达到改变图像颜色的目的。

选择"图像">"调整">"通道混和器"菜单项，将打开"通道混和器"对话框，在"输出通道"下拉列表中选择要调整的通道，然后拖动源通道的颜色滑块来混合出该输出通道的颜色，如图 5-26 所示。

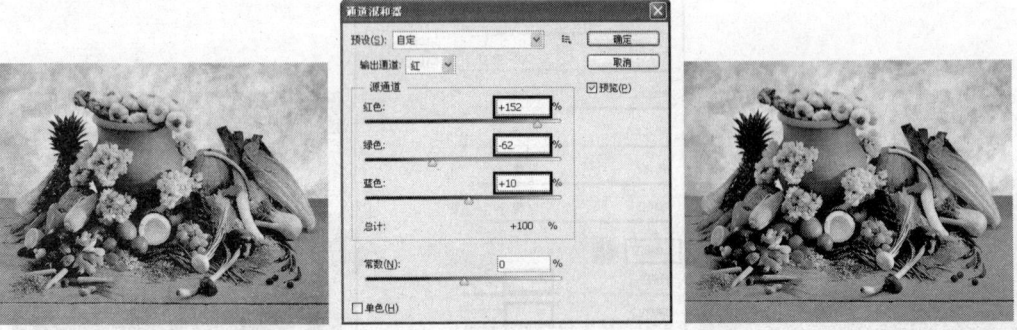

图 5-26　利用"通道混和器"命令调整图像色彩

## 任务实施——为黑白相片上色

### 制作思路

打开素材图片，首先将图像转换为 CMYK 颜色模式，并利用"亮度/对比度"命令对其进行调整；然后为服饰创建选区，并利用"色相/饱和度"命令调整衣服的颜色；接着为头发创建选区，并利用"照片滤镜"命令调整头发的颜色；再为五官和皮肤创建选区，并利用"色彩平衡"命令对其进行调整；最后利用"通道混和器"命令调整图像的整体色彩。

### 制作步骤

**步骤 1** 打开本书配套素材"项目五"文件夹中的"5.psd"图像文件，该图片的模式为灰度模式。

**步骤 2** 选择"图像" > "模式" > "CMYK 颜色"菜单，将照片转换成 CMYK 颜色模式。

**步骤 3** 选择"图像" > "调整" > "亮度/对比度"菜单项，在弹出的"亮度/对比度"对话框中设置参数为 50，20，调整至满意效果后，单击"确定"按钮关闭对话框，如图 5-27 所示。

**步骤 4** 选择"选择" > "载入选区"菜单项，在打开的"载入选区"对话框中单击"通道"下拉按钮 ，在弹出的下拉列表中选择"服饰"，单击"确定"按钮，得到素材中保存的服饰的选区，如图 5-28 所示。

图 5-27　利用"亮度/对比度"命令调整图像 　　　　图 5-28　载入服饰选区

**步骤 5** 选择"图像" > "调整" > "色相/饱和度"菜单项，或者按【Ctrl+U】组合键，在弹出的"色相/饱和度"对话框中勾选"着色"复选框，然后设置色相、饱和度、明度的值分别为 250，100，0（或左右拖动"色相"、"饱和度"和"明度"滑块调整图像色彩），设置好后单击"确定"按钮，如图 5-29 所示。

图 5-29　利用"色相/饱和度"命令调整衣服的颜色

"色相/饱和度"对话框中各选项意义如下所示：

➢ 全图 ▾：单击▾按钮，可从展开的下拉列表中选择要调整的颜色。其中，选择"全图"可一次性调整所有颜色。若选择其他单色，调整参数时只对所选颜色起作用。

➢ **色相**：在"色相"编辑框中输入数值或左右拖动滑块可调整图像的颜色。

➢ **饱和度**：也就是颜色的纯度。饱和度越高，颜色越纯，图像越鲜艳，否则相反。

➢ **明度**：也就是图像的明暗度。

➢ **"着色"复选框**：若选中该复选框，可使灰色或彩色图像变为单一颜色的图像。

➢ ✋：单击该按钮，将光标放置在图像窗口中，左右拖动鼠标可调整与鼠标单击处颜色相似像素的饱和度。

**步骤 6**　参照步骤 4 中的方法将素材图像中存储的"头发"通道载入为选区，如图 5-30 左图所示。然后选择"图像" > "调整" > "照片滤镜"菜单项，在打开的"照片滤镜"对话框中选择"颜色"复选框，并将滤镜"颜色"设为蓝色（#1f286f），"浓度"设为 100%，然后单击"确定"按钮，如图 5-30 中图和右图所示。

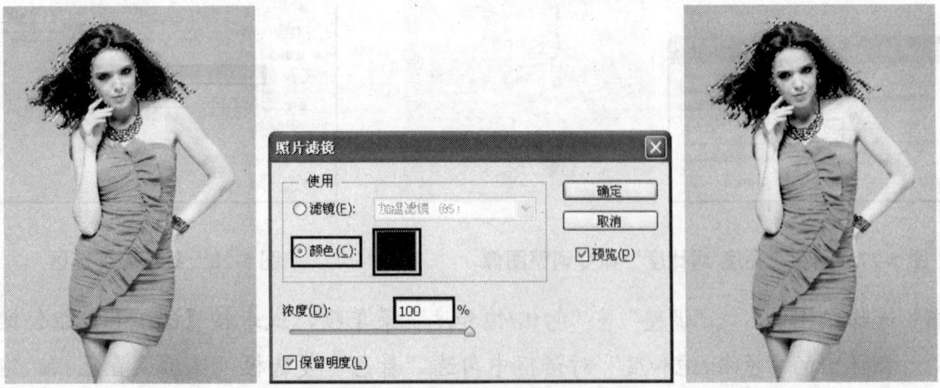

图 5-30　为头发创建选区并利用"照片滤镜"命令对其进行调整

**步骤7** 再次参照步骤4中的方法将素材图像中存储的"五官和皮肤"通道载入为选区，如图5-31左图所示。然后选择"图像">"调整">"色彩平衡"菜单项，在弹出的"色彩平衡"对话框中设置色阶为+69，-36，+33，单击"确定"按钮，再按【Ctrl+D】组合键取消选区，如图5-31中图和右图所示。

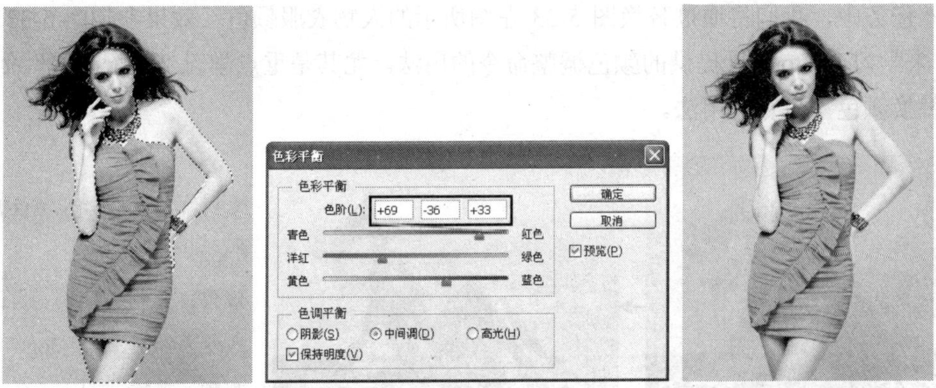

图5-31 为五官和皮肤创建选区并利用"色彩平衡"命令对其进行调整

**步骤8** 此时，可看到人物与背景的颜色不够融合，我们需要对图像的整体色彩进行调整。选择"图像">"调整">"通道混和器"菜单项，将打开"通道混和器"对话框，在"输出通道"下拉列表中选择要调整的通道，然后拖动源通道的颜色滑块来混合出该输出通道的颜色，如图5-32所示。到此，实例就完成了。

图5-32 利用"通道混和器"命令调整图像色彩

# 任务五 改变人物服饰颜色——颜色调整命令(下)

## 任务说明

本任务中,我们将通过替换图 5-33 左图所示的人物衣服颜色(效果参加图 5-33 右图),来学习 Photoshop 提供的颜色调整命令的用法。尤其是重点学习"匹配颜色"命令和"替换颜色"命令的用法。

素材:素材与实例\项目五\
6.jpg、7.jpg
效果:素材与实例\项目五\
改变人物服饰颜色.jpg
视频:视频\项目五\5-5.swf

图 5-33 替换人物衣服颜色前后效果对比

## 预备知识

### 一、匹配颜色

"匹配颜色"命令用于将一幅图像(源图像)的颜色与另一幅图像(目标图像)中的颜色进行匹配。当需要使不同照片中的颜色保持一致,或者使一幅图像中的某些颜色(如皮肤色调)与另一幅图像中的颜色匹配时,此命令非常有用。除了匹配两个图像之间的颜色以外,"匹配颜色"命令还可以匹配同一图像中不同图层之间的颜色。具体操作请参考任务实施。

### 二、替换颜色

利用"替换颜色"命令可以将图像中特定范围内的颜色替换为其他颜色,具体操作请参考后面的任务实施。

### 三、色调均化

利用"色调均化"命令可以重新分布像素的亮度值,将图像中最亮的像素转换为白色,最暗的像素转换为黑色,中间的值分布在整个灰度范围中,使它们更均匀地呈现所有范围的亮度级别（0～255）。该命令还可以增加那些颜色相近的像素间的对比度。

## 四、变化

该命令可直观地调整图像或选区的色彩平衡、对比度和饱和度，使用比较方便，但要注意该命令不能用于索引模式。打开要调整的图像，选择“图像”>“调整”>“变化”菜单项，打开“变化”对话框，利用该对话框调整图像色彩和色调的操作，如图5-34所示。

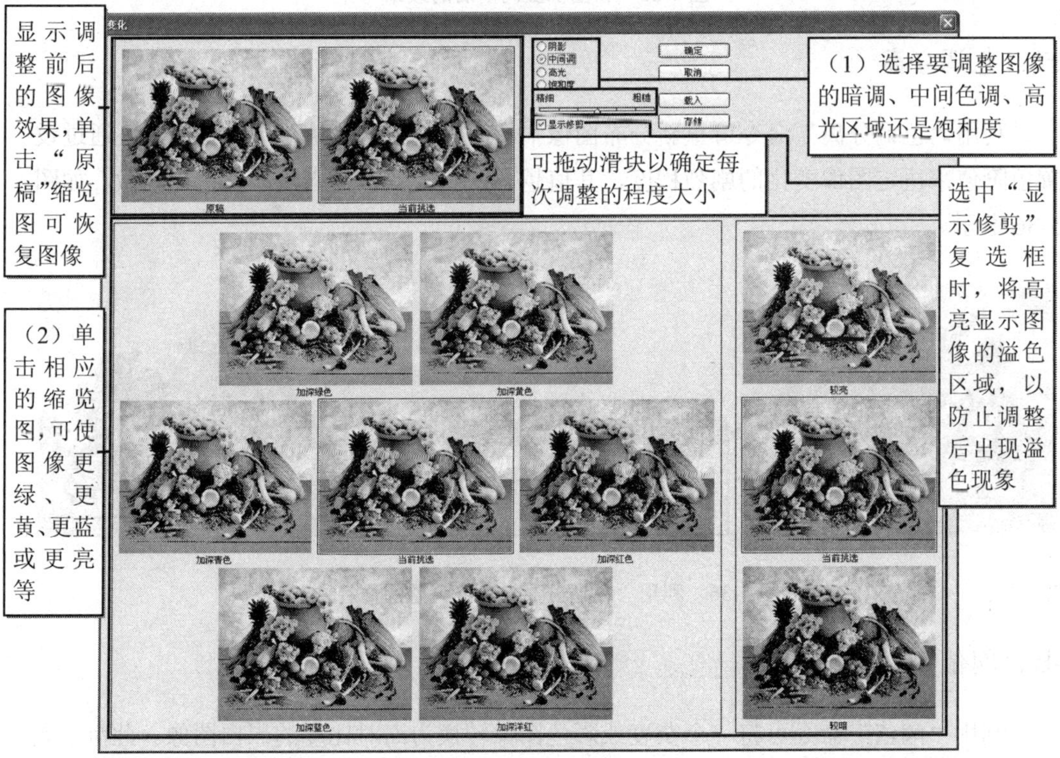
显示调整前后的图像效果，单击“原稿”缩览图可恢复图像
（2）单击相应的缩览图，可使图像更绿、更黄、更蓝或更亮等
（1）选择要调整图像的暗调、中间色调、高光区域还是饱和度
可拖动滑块以确定每次调整的程度大小
选中“显示修剪”复选框时，将高亮显示图像的溢色区域，以防止调整后出现溢色现象
变化
原稿
当前挑选
确定
取消
载入
存储
精细
粗糙
显示修剪
加深绿色
加深黄色
较亮
加深青色
当前挑选
加深红色
当前挑选
加深蓝色
加深洋红
较暗

图5-34 “变化”对话框

## 五、反相

利用“反相”命令可将图像的颜色进行反相，以原图像的补色显示，常用于制作胶片效果。例如，亮度值为255的原图像中的像素会被转换为0，亮度值为5的像素会被转换为250。图5-35所示是对一副图像执行反相前后的效果。在Photoshop中，“反相”命令是唯一一个不丢失颜色信息的色彩调整命令，再次执行该命令可恢复原图像。

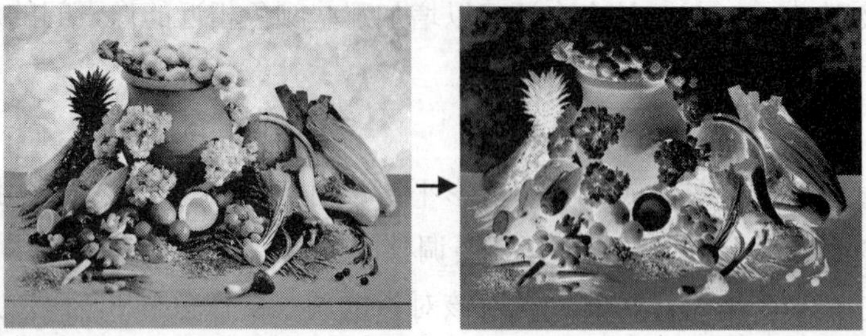

图 5-35 将图像反向前后的效果

## 六、色调分离

利用"色调分离"命令可重新分布图像中像素的亮度值。执行该命令时，可通过设置色阶值来决定图像变化的剧烈程度，其值越小，图像变化越剧烈；反之越轻微，如图 5-36 所示。

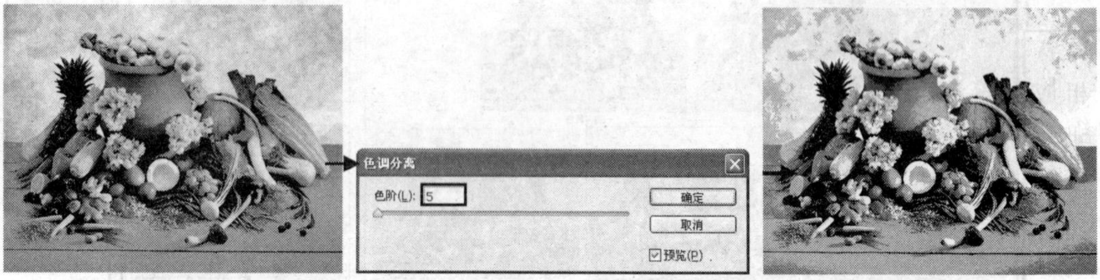

图 5-36 利用"色调分离"命令调整图像色彩

## 七、阈值

利用"阈值"命令可将一个灰度或彩色图像转换为高对比度的黑白图像。此命令允许用户将某个色阶指定为阈值，所有比该阈值亮的像素会被转换为白色，所有比该阈值暗的像素会被转换为黑色，如图 5-37 所示。

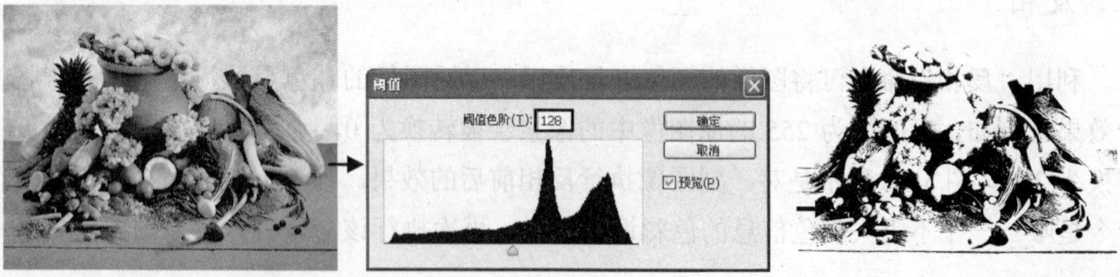

图 5-37 利用"阈值"命令调整图像

## 八、渐变映射

"渐变映射"命令会首先把图像转换为灰度，然后用设置的渐变色来映射图像中的各级灰度，从而制作出特殊图像效果。

例如，打开一幅图像，执行"渐变映射"命令，打开"渐变映射"对话框，利用该对话框选择或设置需要的渐变色，单击"确定"按钮，如图 5-38 所示。

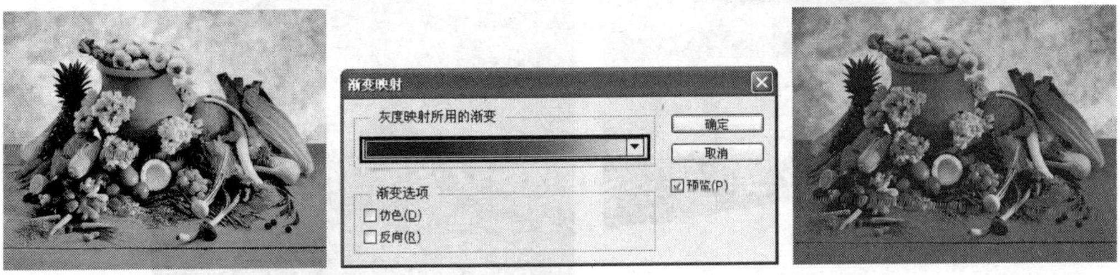

图 5-38 利用"渐变映射"命令调整图像色彩

## 九、可选颜色

"可选颜色"命令用于校正色彩不平衡问题和调整颜色。利用它可以有选择地修改任何主要颜色（红、黄、绿、青、蓝等）中的印刷色数量，而不会影响其他主要颜色。

打开要调整的图像，选择"图像">"调整">"可选颜色"菜单项，打开"可选颜色"对话框，在"颜色"下拉列表中选择要调整的颜色，然后拖动相应滑块即可调整该颜色，如图 5-39 所示。

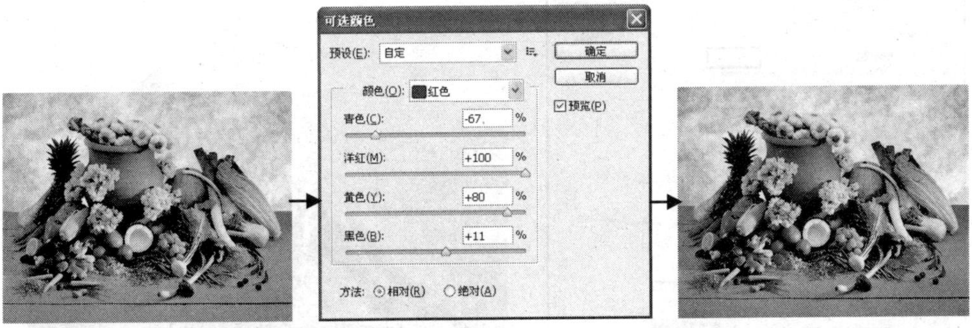

图 5-39 利用"可选颜色"命令调整图像色彩

## 任务实施——改变人物服饰颜色

### 制作思路

打开素材图片，首先利用"匹配颜色"命令调整目标图像的主色调，然后利用"替换颜色"命令改变人物服饰的颜色，最后保存图像，完成制作。

**制作步骤**

**步骤 1** 打开本书配套素材"6.jpg"、"7.jpg"图像文件，如图 5-40 所示。下面将"6.jpg"图像文件作为源文件，将其颜色匹配给目标文件"7.jpg"图像文件。

图 5-40 打开参与匹配的源图像和目标图像

**步骤 2** 将"7.jpg"图像窗口设为当前窗口，然后选择"图像" > "调整" > "匹配颜色"菜单项，打开"匹配颜色"对话框，在"源"下拉列表框中选择"7.jpg"，然后在"图像选项"设置区设置目标图像的明亮度、颜色强度和渐隐参数，并勾选"中和"复选框，如图 5-41 左图所示。单击"确定"按钮关闭对话框，效果如图 5-41 右图所示。"匹配颜色"对话框中部分选项的意义如下。

图 5-41 设置匹配参数及匹配效果

➤ **渐隐**：用来控制源图像匹配给目标图像的颜色量，默认为最大。该数值越高，调整的强度越弱。

➤ **中和**：勾选该复选框可以自动消除图像中出现的偏色现象。

**步骤 3** 利用前面所学知识制作人物服饰的大致选区（不一定精确选取），确定要调整的大致范围，如图 5-42 左图所示。

**步骤 4** 选择"图像">"调整">"替换颜色"菜单项，打开"替换颜色"对话框，如图 5-42 中图所示。在对话框中选择"吸管工具" ，在人物的服饰上单击确定取样点。取样后，在对话框的预览框中看到与取样点相似的颜色变为白色，表示这些颜色已被选中。

**步骤 5** 若人物的服饰没有全被选中，则在对话框预览框中的服饰会有未变白区域，此时可选择"添加到取样"按钮 ，在服饰上单击未选取的颜色，或拖动滑块将"颜色容差"调整得大一些，直到预览框中的服饰区域全变为白色，如图 5-42 中图所示。

**步骤 6** 在"替换"设置区中将"色相"设为+110，"饱和度"设为+20，"明度"设为-15，如图 5-42 中图所示。单击"确定"按钮，人物的服饰由蓝色变为了紫红色，且保持纹理不变，如图 5-42 右图所示。

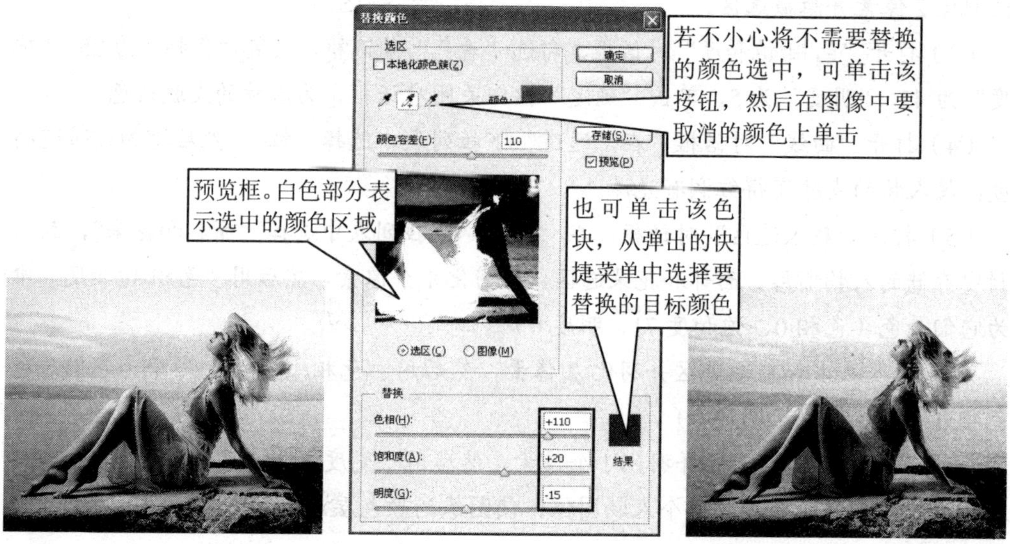

图 5-42　利用"替换颜色"命令调整图像色彩

# 项目实训

## 一、为黑白相片中的人物化妆

打开本书配套素材"项目五"文件夹中的"8.psd"图像文件，综合利用本项目所学的颜色调整命令为该黑白相片着色，为人物化妆，调整前后的对比效果如图 5-43 所示。

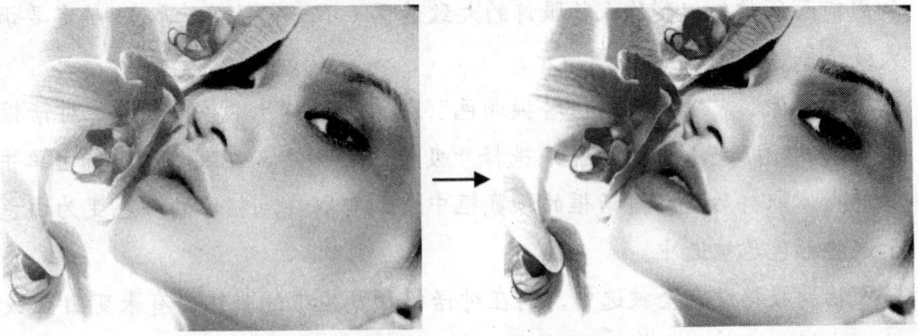

**图5-43　为黑白相片着色的前后效果**

**提示：**

（1）打开素材照片，将照片转换成 RGB 颜色模式。

（2）选择"选择" > "载入选区"菜单项，打开"载入选区"对话框，在"通道"下拉列表中选择"皮肤"，单击"确定"按钮，载入素材中保存的人物皮肤选区，然后将选区羽化2像素并隐藏选区。

（3）打开"色相/饱和度"对话框，勾选"着色"复选框，设置"色相"为25，"饱和度"为45，"明度"为5，单击"确定"按钮关闭对话框，为人物的皮肤着色。

（4）打开"曲线"对话框，在"通道"下拉列表中选择"红"，然后增加该通道的亮度，使人物的皮肤变得红润有光泽。

（5）打开"载入选区"对话框，在"通道"下拉列表中选择"嘴唇和花朵"，载入素材中存储的人物嘴唇、面部和花朵选区，并羽化1个像素，然后用"色相/饱和度"命令为它们着色（色相0、饱和度71、明度0）。

（6）载入头发和眉毛选区并羽化2像素，然后用"色相/饱和度"命令为它们着色（色相0、饱和度15、明度0）。

（7）载入"牙齿"选区并羽化1个像素，然后用"亮度/对比度"命令使牙齿变白。最后利用"色阶"命令调整整个人物图像，使图像的颜色层次更加丰富。

## 二、制作古典效果相片

打开本书配套素材"项目五"文件夹中的"9.jpg"图像文件，综合利用本项目所学的颜色调整命令将该人物图像调整为古典暗红的质感色，调整前后的对比效果如图5-44所示。

图 5-44　为人物图像调色的前后效果

提示:

（1）打开素材照片，用"曲线"命令分别调整照片的不同通道，使原本暗红，发灰的照片变得亮丽、通透，然后用修补工具修饰皮肤。

（2）把画面中的花选取出来，复制多份到人物四周，让人物脸部溶入在花丛中。注意: 花瓣的方向和大小要有层次变化，这样画面看起才有空间感。

（3）选择"图层" > "合并可见图层"菜单项合并所有图层，然后用"曲线"命令分别调整不同的通道: 首先选择红色通道进行压暗处理，使照片变暗，变青，从而有效减去照片中的红色;然后选择蓝色通道并压暗;最后为了使画面效果更为真实，选择 RGB 通道，将画面稍稍压暗，使照片颜色更为凝重。

（4）调整人物肤色。使用"色相/饱和度"命令，首先调整全图的色相和饱和度（色相 4、饱和度-45、明度 0），使人物原本偏红的肤色稍稍偏黄，然后选择红色并进行调整（色相 12、饱和度 2、明度 0），让花瓣色调变得暗红，最后选择青色并进行调整（色相-41、饱和度-17、明度 0），使画面整体色调更为和谐。

（5）利用"可选颜色"和"色阶"命令调整人物图像，让画面明暗突出。其中，使用"可选颜色"命令时，需要调整红色的 CMYK 值（-100，-7，-3，+32）。

（6）选择"画笔工具" ，为人物添加淡黄色眼影和唇彩。

（7）合并图层，然后用"套索工具"选取眼睛并为眼睛做色彩调整，将眼睛调成亮绿色，像是带了美瞳一样。

（8）最后再次调整画面的明暗度，让画面的整体色调偏艳。

## 项目总结

本项目主要学习了 Photoshop CS6 的色调和色彩调整命令的用法。读者在学完本项目内容后，应注意以下几点。

➢ 对图像进行色调、色彩等调整时，如果图像中有选区，将针对选区内的区域进行调整，否则是针对当前图层进行调整。

➢ 在对选区内图像进行调整时，还可以对选区进行羽化，然后再进行相应的调整，这样可以使选区边缘的图像区域变得自然柔和。

➢ "曲线"、"色阶"、"色相/饱和度"和"色彩平衡"命令是在实际工作中最常用的几个色调和色彩调整命令，用户应重点掌握。

## 项目考核

### 一、选择题

1. 按住（   ）键，"色阶"对话框中的"取消"按钮变成"复位"按钮，单击"复位"按钮，可使各项参数恢复到初始状态（该方法适用于所有的色彩调整对话框）。

    A.【Shift】      B.【Ctrl】      C.【Alt】      D. 空格

2. 按（   ）组合键，可打开"色相/饱和度"对话框。

    A.【Ctrl+U】    B.【Ctrl+B】    C.【Ctrl+L】    D.【Ctrl+M】

3. 利用（   ）命令可以将彩色图像转换为灰色图像，并可对单个颜色成分做细致的调整。

    A. "黑白"      B. "去色"      C. "阈值"      D. "替换颜色"

4. （   ）命令是唯一一个不丢失颜色信息的颜色调整命令，再次执行该命令可恢复原图像。

    A. "变化"      B. "反相"      C. "色调分离"   D. "转换颜色模式"

5. （   ）命令是用来改善图像质量的首选工具，它不但可调整图像整体或单独通道的亮度，还可调节图像任意局部的亮度。

    A. "色阶"      B. "曲线"      C. "色彩平衡"   D. "色调均化"

### 二、判断题

1. 利用"色阶"命令可以通过调整图像的暗调、中间调和高光的强度级别来校正图像。                （　　）

2. 选中"色相/饱和度"对话框中的"着色"复选框，可使灰色或彩色图像变为单一颜色的图像。              （　　）

3. 利用"色调分离"命令，可将一个灰度或彩色图像转换为高对比度的黑白图像。              （　　）

4. 利用"可选颜色"命令可以有选择地修改图像中任何主要颜色中的印刷色数量，而不会影响其他主要颜色。            （　　）

# 项目六　Photoshop 的灵魂——图层

## 项目导读

在前面的学习中，我们已经对图层有了简单的了解。图层是 Photoshop 中最为重要和常用的功能之一，Photoshop 强大而灵活的图像处理功能，在很大程度上都源自它的图层功能。本项目我们就来系统地学习图层的相关知识，如图层的类型及创建方法，图层的基本操作，图层样式和图层蒙版等。

## 学习目标

- 了解图层的分类，掌握图层的创建和基本操作方法，如创建普通图层、调整图层和填充图层，选择、调整图层顺序，以及隐藏/显示和合并图层等。
- 掌握设置图层混合模式和不透明度的方法，以制作出各种图像融合效果。
- 掌握添加图层样式的方法，以制作各种特殊的图像效果。
- 掌握创建与编辑图层蒙版的方法，以制作各种特殊的图像效果或抠取图像等。
- 能够在实践中应用 Photoshop 图层的各项功能制作出需要的图像。

# 任务一　制作邮票——图层常用操作

## 任务说明

下面，我们通过修饰图 6-1 所示的邮票效果，来学习图层的相关概念和基本操作。

## 预备知识

### 一、了解"图层"调板

在 Photoshop 中，对图层的操作和管理主要通过"图层"调板和"图层"菜单来完成。其中，利用"图层"调板可以显示和编辑当前图像窗口中的所有图层，如创建、显示、删除、重命名图层，调整图层顺序，应用图层样式，创建图层组、图层蒙版等。

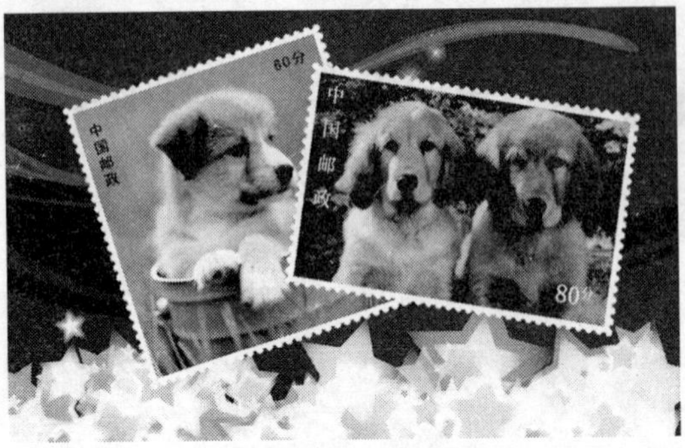

素材：素材与实例\项目六\4.jpg、5.psd

效果：素材与实例\项目六\邮票.psd

视频：视频\项目六\6-1.swf

图 6-1　相册内页效果

打开本书配套素材“项目六”文件夹中的“1.psd”图像文件，选择“窗口”>“图层”菜单项，或者按【F7】键打开“图层”调板，可看到该图像是由多个图层组成的，如图 6-2 所示。

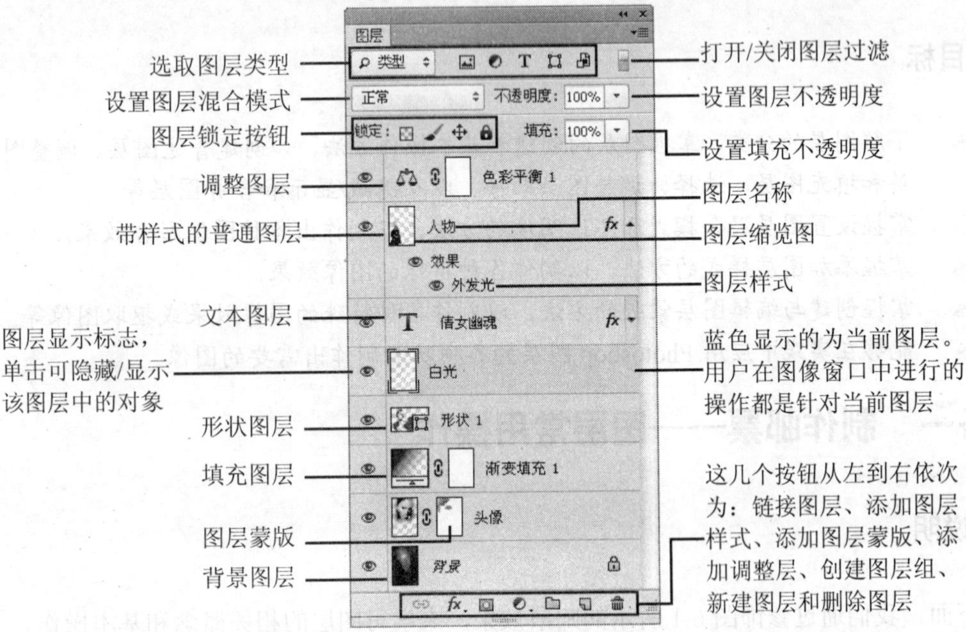
选取图层类型
设置图层混合模式
图层锁定按钮
调整图层
带样式的普通图层
文本图层
图层显示标志，单击可隐藏/显示该图层中的对象
形状图层
填充图层
图层蒙版
背景图层
打开/关闭图层过滤
设置图层不透明度
设置填充不透明度
图层名称
图层缩览图
图层样式
蓝色显示的为当前图层。用户在图像窗口中进行的操作都是针对当前图层
这几个按钮从左到右依次为：链接图层、添加图层样式、添加图层蒙版、添加调整层、创建图层组、新建图层和删除图层
图层
类型
正常
不透明度：100%
锁定：
填充：100%
色彩平衡 1
人物
效果
外发光
倩女幽魂
白光
形状 1
渐变填充 1
头像
背景

图 6-2　“图层”调板

## 二、图层的分类

Photoshop 中的图层有多种类型，如普通图层、背景图层、调整图层、填充图层、形状图层和文本图层等，如图 6-2 所示。各图层类型的作用如下。

> ➤ **普通图层**：普通图层是 Photoshop 中最基本、最常用的图层。为方便编辑图像，常常需要创建普通图层，并将图像的不同部分放置在不同的图层中。
>
> ➤ **背景图层**：新建的图像通常只有一个图层，那就是背景图层。背景图层具有永远都在最下层、无法移动其内的图像（选区内的图像除外）、不能包含透明区域（透明区域是图层中没有像素的区域，这些区域将显示该图层下方图层中的内容）、无法应用图层样式和蒙版，以及可以在其上进行填充或绘画等特点。
>
> ➤ **文字图层**：使用文字工具创建文本时自动创建的图层，只能用来存放文本。
>
> ➤ **形状图层**：利用形状工具绘制形状时自动创建的图层，只能用来存放形状。
>
> ➤ **调整图层和填充图层**：用来无损调整该图层下方图层中图像的色调、色彩和填充。

## 三、图层的创建、重命名和转换

### 1. 创建和重命名图层

要创建普通图层，可执行如下操作之一。

> ➤ 单击"图层"调板底部的"创建新图层"按钮，此时将在当前所选图层上方创建一个完全透明的图层，如图 6-3 所示。
>
> ➤ 选择"图层"＞"新建"＞"图层"菜单项或按【Shift+Ctrl+N】组合键，打开"新建图层"对话框，输入图层名称，单击"确定"按钮，如图 6-4 所示。

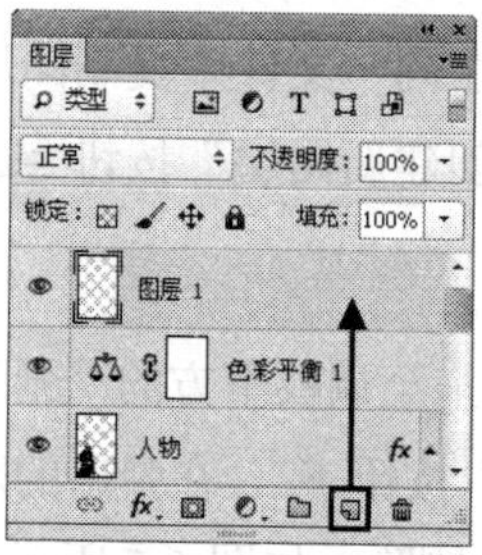

其他选项均可保持默认设置

**图 6-3　新建图层** 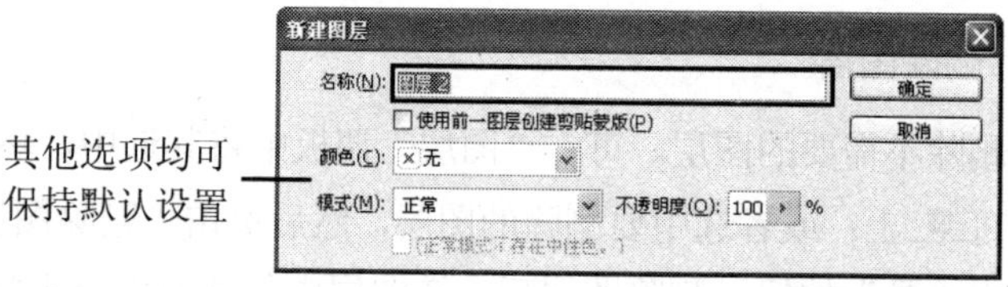　　　　　**图 6-4　"新建图层"对话框**

> ➤ 复制图像时（复制选区图像除外），系统将自动创建（复制）一个普通图层，并将复制的图像放置在该图层中。

要重命名图层，只需双击图层名层，然后输入新名称即可。

### 2. 背景层和普通层之间的转换

用户不能直接创建背景图层，但可将普通图层转换为背景图层，方法是在"图层"调板中选中要转换的普通图层，然后选择"图层"＞"新建"＞"图层背景"菜单项，此时该图层将被转换为背景图层。

要将背景图层转换为普通图层，可双击背景图层，打开"新建图层"对话框进行操作；若按住【Alt】键双击背景图层，则可直接将其转换为普通图层。

## 四、图层基本操作

在处理图像时，经常需要对图层进行各种操作，如选择图层、复制图层、删除图层、调整图层顺序、隐藏与显示图层、锁定与解锁图层等。

### 1．选择图层

要对某个图层中的图像进行编辑操作，首先要选中该图层。用户还可以同时选中多个图层，以方便对它们进行统一移动、变换、编组等操作。选择图层的方法如下。

➢ 在"图层"调板中单击某个图层可选中该图层，将其置为当前图层。

➢ 要选择多个连续的图层，可在按住【Shift】键的同时单击首尾两个图层。

➢ 要选择多个不连续的图层，可在按住【Ctrl】键的同时依次单击要选择的图层。

注意：按住【Ctrl】键单击时不要单击图层缩览图，否则将载入该图层的选区。

➢ 要选择所有图层（背景图层除外），可选择"选择"＞"所有图层"菜单项。

➢ 要选择所有与当前图层类似的图层。例如，要选择当前图像中的所有文字图层，可先选中一个文字图层，然后选择"选择"＞"相似图层"菜单项。

### 2．复制图层

使用项目三中讲解的复制图像操作时将同时复制图层。要在同一文件中复制图层，也可以将要复制的图层选中，然后拖至"图层"调板底部的"创建新图层"按钮 🔲 上。

### 3．删除图层

要删除不需要的图层，可在"图层"调板中将其选中，然后拖至调板下方的"删除图层"按钮 🗑 上；或者选中要删除的图层，然后单击"删除图层"按钮 🗑 ，在弹出的对话框中单击"是"按钮。删除图层后，该图层中包含的内容也将被删除，如图 6-5 所示。

读者可打开本书配套素材"项目六"文件夹中的"2.psd"图像文件进行操作

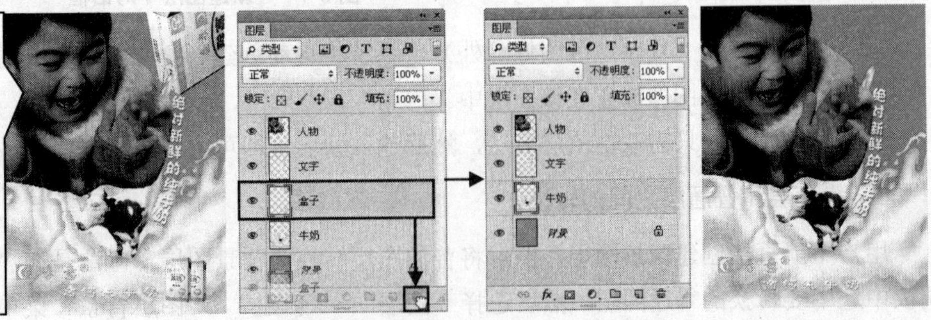

图 6-5　删除图层

**4．调整图层顺序**

在图层调板中图层是自上而下叠放的,位于上层中的图像将覆盖在下层的图像上方。要调整图层顺序,只需在"图层"调板中选中要调整位置的图层,然后按住鼠标左键不放,将其拖动到指定位置并释放鼠标左键即可,如图 6-6 所示。

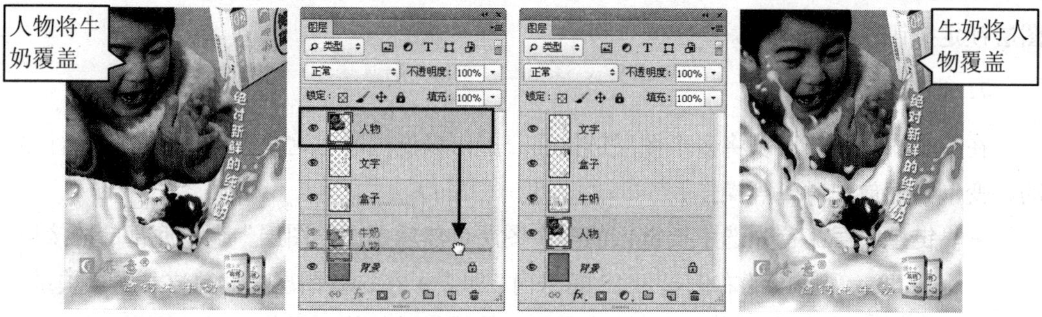

图 6-6　调整图层顺序

**5．隐藏与显示图层**

➢　**隐藏图层:** 单击要隐藏的图层左边的眼睛图标◉可隐藏该图层,如图 6-7 所示,此时该图层中的内容不可见。若在按住【Alt】键的同时在"图层"调板中单击某图层名称前面的◉图标,可以隐藏该图层之外的所有图层。

➢　**显示图层:** 将图层隐藏后,再次单击该图层左边的▭可重新显示被隐藏的图层。

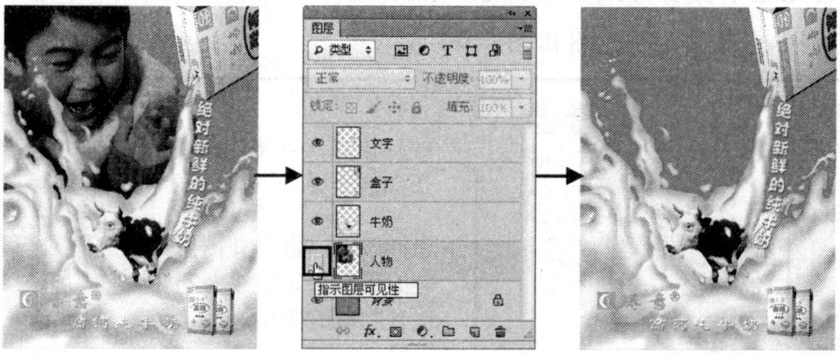

图 6-7　隐藏图层

**6．锁定与解锁图层**

在编辑图像时,为避免某些图层上的图像受到影响,可选中这些图层,然后单击"图层"调板中的四种锁定方式按钮将其锁定。

➢　**锁定透明像素▢:** 表示禁止在锁定层的透明区绘画。

> **锁定图像像素**☑：表示禁止编辑锁定层，如禁止使用画笔工具在该图层绘画，但可以移动该图层中的图像。
> **锁定位置**✛：表示禁止移动该图层中的图像，但可以编辑图层内容。
> **锁定全部**🔒：表示禁止对锁定层进行任何操作。

如果要取消对某一图层的锁定，可选中该层后，在"图层"调板中单击释放相应的图层锁定按钮☒ ✒ ✛ 🔒即可。

### 7. 链接图层

在编辑图像时，可以将多个图层链接在一起，以便同时对这些图层中的图像进行移动、变形、缩放和对齐等操作。

> **链接图层**：首先选中要链接的多个图层，然后单击"图层"调板底部的链接按钮 🔗，当图层的右侧显示 🔗 符号时，即表示在这些图层之间建立了链接关系，如图 6-8 所示。用户可对链接图层中的图像进行统一操作。但要注意，如果某个图层与背景图层链接的话，将无法移动任何一个链接图层中的图像。
> **取消链接**：要取消链接，可选中链接的图层，然后单击调板底部的"链接图层"按钮 🔗。

## 五、合并与盖印图层

利用图层的合并功能可以将多个图层合并为一个图层，以便对其进行统一处理。要合并图层，可首先选中要合并的多个图层，然后选择"图层"主菜单或"图层"调板菜单中的适当菜单项，如图 6-8 左图和图 6-9 所示。

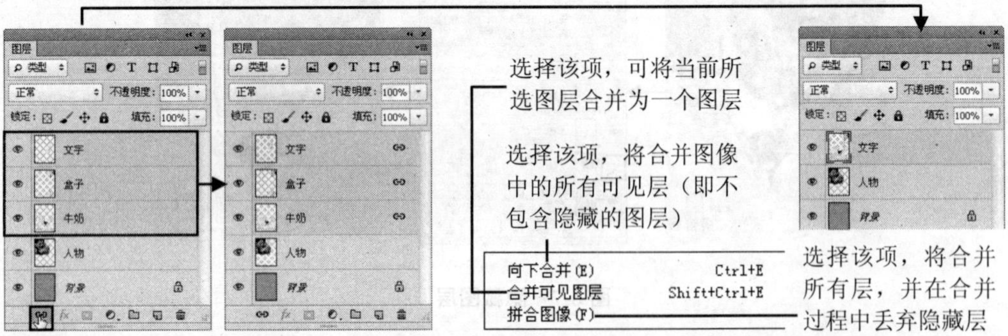

选择该项，可将当前所选图层合并为一个图层

选择该项，将合并图像中的所有可见图层（即不包含隐藏的图层）

向下合并 (E)　　　　Ctrl+E
合并可见图层　　　　Shift+Ctrl+E
拼合图像 (F)

选择该项，将合并所有层，并在合并过程中丢弃隐藏层

图 6-8　链接图层　　　　　　　　　　图 6-9　合并图层菜单

通过盖印图层可以将多个图层的内容合并为一个图层，同时保持其他图层完好。要盖印图层，只需按【Shift+Ctrl+Alt+E】组合键即可。

## 六、对齐与分布图层

利用"对齐"与"分布"功能可以将位于不同图层中（需同时选中要对齐的图层或在这些图层之间建立链接）的图像在水平或垂直方向上对齐或均匀分布。

**步骤 1** 打开本书配套素材"项目六"文件夹中的"3.psd"图像文件，在"图层"调板中同时选中"图层 1"至"图层 6"图层（图像窗口中上方的 6 朵花分别位于这几个图层中），如图 6-10 所示。

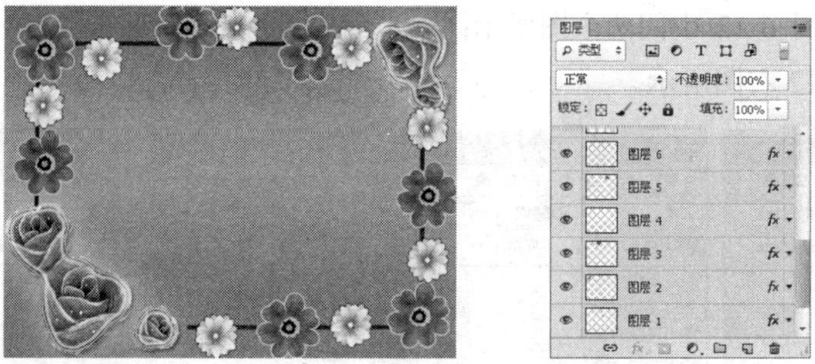

图 6-10　选择要对齐和分布的图层

**步骤 2** 分别选择"图层" > "对齐" > "垂直居中"菜单和"图层" > "分布" > "水平居中"菜单，如图 6-11 左图所示。此时，图像对齐与分布效果如图 6-11 右图所示。

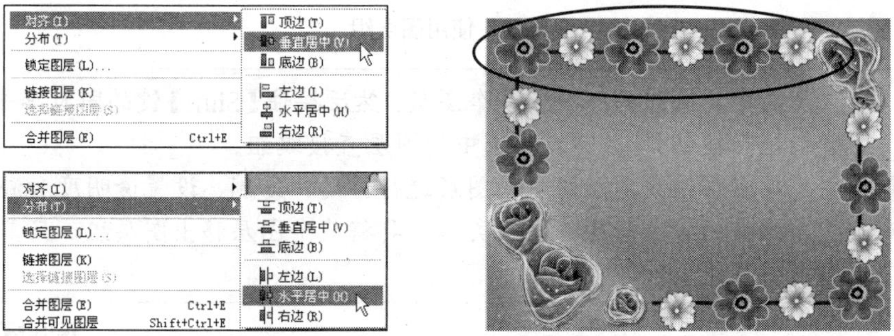

图 6-11　对齐和分布命令及设置效果

> **提示**
>
> 在"对齐"子菜单中选择"顶边"菜单项，可将所选图层中的图像以最上面的一个图像为基准对齐；选择"底边"菜单项，可将图像以最下面的一个为基准对齐；选择"垂直居中"菜单项，可将图像在垂直方向上居中对齐。其他几个菜单项的作用分别是将图像左对齐、水平居中对齐和右对齐。
>
> 选中图层后，选择"移动工具" ，然后在其工具属性栏中单击相应的对齐按钮 和分布按钮 ，也可对图层执行对齐与分布操作。

## 七、使用图层组

当图像中包含多个图层时，可利用图层组对图层进行分类管理，以使"图层"调板显得简洁。还可对组中的图层统一进行某些设置，如设置不透明度和颜色混合模式等。

单击"图层"调板底部的"创建新组"按钮 ，可在当前图层之上创建一个名为"组1"的图层组；双击"组1"图层组名，可对其进行重命名，如图6-12左图所示。

要将相关图层放在图层组中，可选中要放置的图层，然后将其拖到图层组上方并释放鼠标即可，如图6-12中间两个图所示；单击图层组左侧的▼和按钮▶，可收缩和展开图层组，如图6-12右图所示。

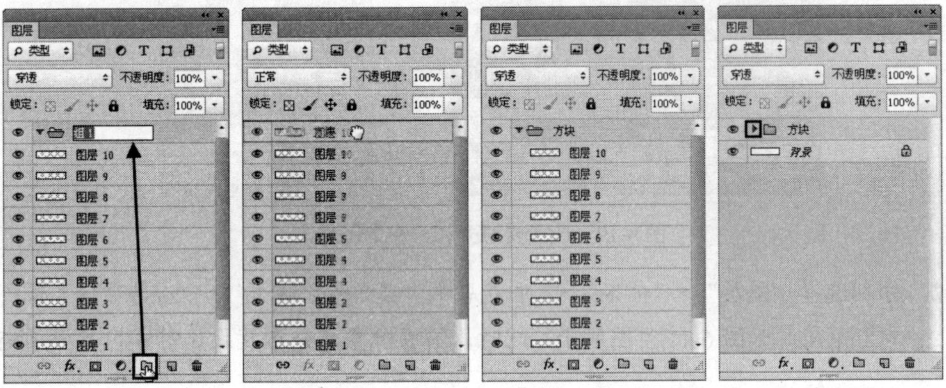

图 6-12 使用图层组

> 选中要编组的一个或多个图层，然后按住【Shift】键的同时单击"创建新组"按钮 ，可以将选中的图层直接编组。
> 对图层组或图层组中的图层进行移动、复制、设置透明度和混合模式等操作的方法与操作图层类似。要将某个图层移出图层组，只需将其拖出图层组之外即可。

## 任务实施——制作邮票

### 制作思路

打开素材图片，新建图层并在该图层上绘制邮票边框，然后选取小狗图像并将其复制到邮票边框内；利用"文字工具"**T**创建文字图层，为邮票添加文字效果，然后将"背景"图层以外的图层合并为一个图层；将合并的图层（邮票效果）复制到另一个素材图片中，并重命名图层和调整图层顺序，完成实例制作。

**制作步骤**

**步骤 1**　打开本书配套素材 "4.jpg" 图像文件，如图 6-13 所示。设置 "前景色" 为白色，选择工具箱中的 "画笔工具" ，在其工具属性栏中设置画笔 "大小"（主直径）为 19px，硬度为 100%，再打开 "画笔" 调板，选择 "画笔笔尖形状" 分类，设置 "间距" 为 150%。

**步骤 2**　单击图层调板底部的 "创建新图层" 按钮，在图层调板中新建 "图层 1"，如图 6-14 左图所示，然后在图像窗口中按住【Shift】键并拖动鼠标，绘制 4 条图 6-14 右图所示的点状直线。

　　图 6-13　打开素材图片 　　　　　　图 6-14　新建图层并在新图层中绘制点状边框

**步骤 3**　选择工具箱中的 "矩形选框工具" ，在图像窗口中创建矩形选区，注意选区的边框正好在点状边框的中间位置，如图 6-15 左图所示。按【Alt+Delete】组合键将选区填充为白色，再按【Ctrl+D】组合键取消选区，如图 6-15 右图所示。

　　　　　　　　　图 6-15　绘制矩形选区并填充

**步骤 4**　再次利用 "矩形选框工具" 在图像窗口中创建选区，注意选区的边框应在图像中白色区域的内部，如图 6-16 左图所示。在 "图层" 调板中选择 "背景" 图层，按【Ctrl+J】组合键将选区内的图像复制为 "图层 2"，如图 6-16 中图和右图所示。

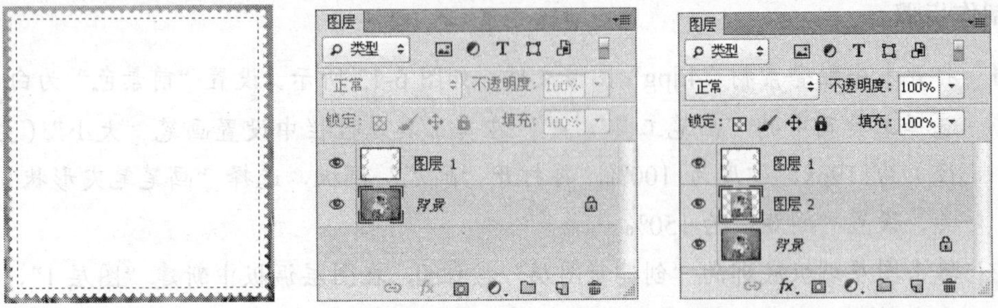

图 6-16　将选区内的图像复制为"图层 2"

**步骤 5**　按住鼠标左键不放，将"图层 2"拖动到"图层 1"的上方并释放鼠标左键，如图 6-17 左图和中图所示。此时的图像效果如图 6-17 右图所示。

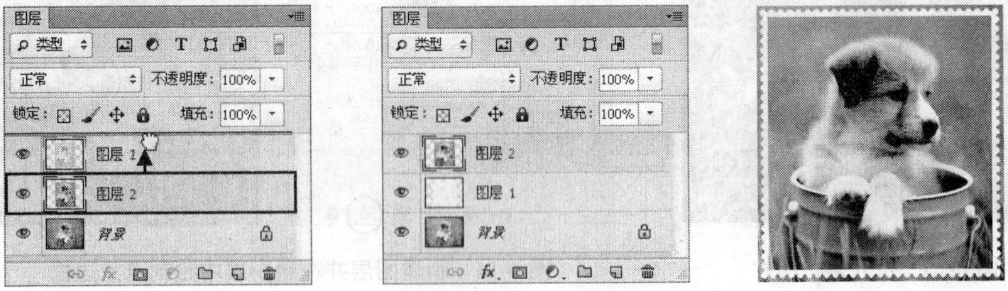

图 6-17　调整图层顺序

**步骤 6**　选择工具箱中的"文字工具" T，在其工具属性栏中设置"字体"为黑体，"字号"为 18，"字体颜色"为黑色，如图 6-18 所示。

图 6-18　设置文字样式

**步骤 7**　将光标移至图 6-19 左图所示位置单击，待出现闪烁光标后输入"中国邮政"，然后按【Ctrl+Enter】组合键确认输入，如图 6-19 中图所示。此时系统会自动在"图层"调板中新建一个名为"中国邮政"的文字图层，如图 6-19 右图所示。

图 6-19　创建文字图层

**步骤8** 单击"文字工具"T属性栏中的"切换文本取向"按钮，将图像窗口中的"中国邮政"四字转换为直排文字，如图 6-20 左图所示。参照步骤 7 中的方法在图像窗口中（图 6-20 中图所示位置）输入"60 分"，此时系统会自动在"图层"调板中新建一个名为"60 分"的文字图层，如图 6-20 右图所示。

图 6-20 创建文字图层

**步骤9** 按住【Shift】键单击"图层 1"，同时选中"60 分"～"图层 1"之间的所有图层，然后选择"图层" > "合并图层"菜单项，或按【Ctrl+E】组合键，将当前所选图层合并为一个名为"60 分"的图层，如图 6-21 所示。

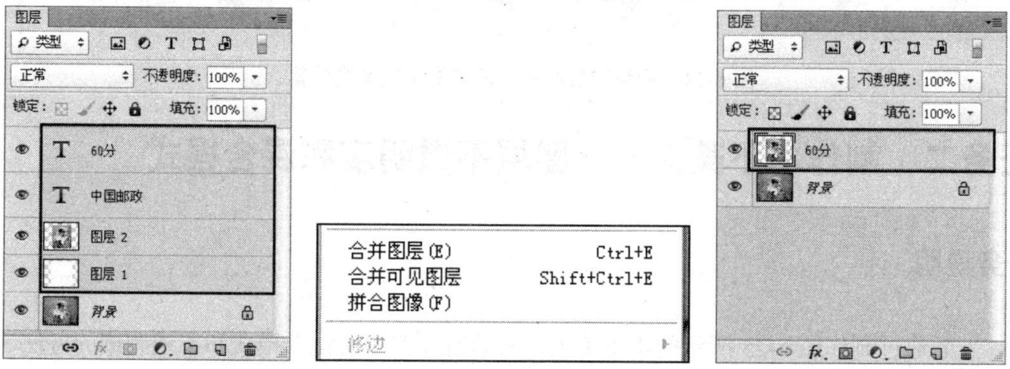

图 6-21 合并图层

**步骤10** 按【Ctrl+A】组合键全选"60 分"图层中的图像，然后按【Ctrl+C】组合键复制"60 分"图层中的图像。打开本书配套素材"5.psd"图像文件，按【Ctrl+V】组合键将图像粘贴到窗口中，如图 6-22 所示。

**步骤11** 此时，"图层"调板中会自动新建"图层 1"，双击该图层名称，当其变为可编辑状态时，输入"60 分邮票"并按【Enter】键，如图 6-23 所示。为了方便识别图层中的内容，用户最好为图层取一个与其内容相符的名称。

图 6-22　复制图像

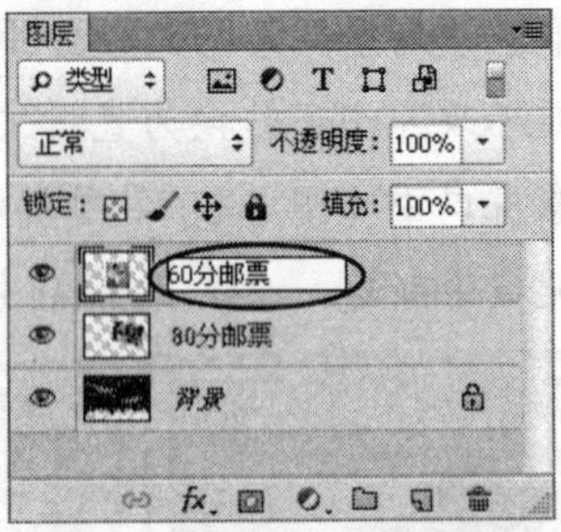

图 6-23　重命名图层

**步骤 12** 将 "60 分" 图层调整至 "80 分" 图层的下方，如图 6-24 左图所示。保持 "60 分" 图层的选中状态，按【Ctrl+T】组合键显示自由变换框，当光标呈 ↰ 形状时拖动鼠标，将图像略微旋转并移动到合适位置，如图 6-24 中图和右图所示。到此，实例便完成了，最后将文件另存。

图 6-24　调整图层顺序并调整图像至满意位置

# 任务二　制作水下美人——图层不透明度和混合模式

## 任务说明

下面通过制作图 6-25 所示的水下美人，来学习设置图层混合模式和不透明度的方法。

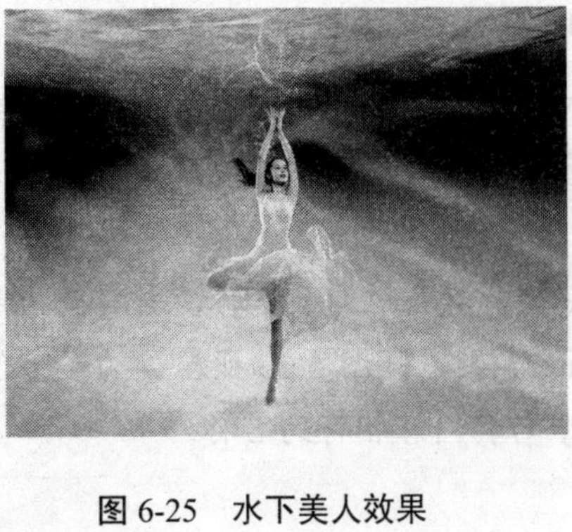

素材：素材与实例\项目六\9.jpg、10.psd 和 11.psd

效果：素材与实例\项目六\水下美人.psd

视频：视频\项目六\6-2.swf

图 6-25　水下美人效果

## 预备知识

### 一、设置图层不透明度

通过修改图层的不透明度也可改变图像的显示效果。在 Photoshop 中，用户可改变图层的两种不透明度设置：一是图层整体的不透明度，设置方法和效果如图 6-26 所示；二是图层内容的不透明度即填充不透明度（只图层内容受影响，图层样式不受影响），设置方法和效果如图 6-27 所示。读者可打开本书配套素材"项目六"文件夹中的"6.psd"图像文件进行操作。

图 6-26　设置图层整体不透明度 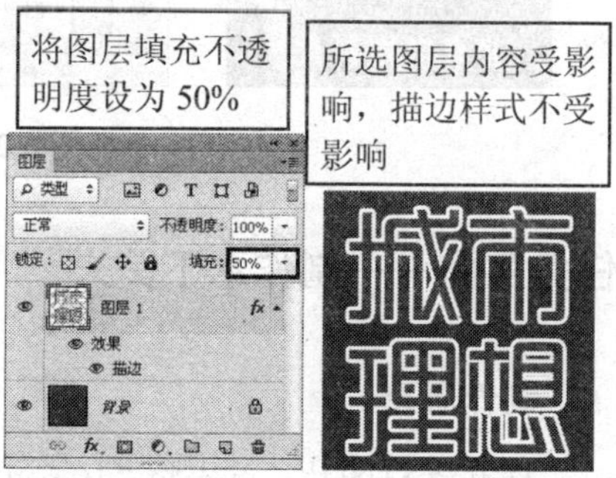　　　　图 6-27　设置图层填充小透明度

### 二、设置图层混合模式

图层混合模式用来设置当前图层如何与下方图层进行颜色混合，以制作出一些特殊的图像融合效果。

打开本书配套素材"项目六"文件夹中的"7.psd"图像文件，选中要设置混合模式的图层，然后单击"图层"调板中的"混合模式"下拉按钮，在打开的下拉列表中列出了系统提供的 27 种图层混合模式，从中选择所需的模式即可，如图 6-28 所示。

> 为了更好地理解和应用图层颜色混合模式，读者需要掌握 3 个术语：基色、混合色和结果色。"基色"是当前图层下方图层的颜色；"混合色"是当前图层的颜色；"结果色"是混合后得到的颜色。
>
> 设置图层混合模式时，若想快速在各图层混合模式间切换，可先选中要混合的图层，然后按【Shift+ +】或【Shift+ -】组合键。注意该方式需要在事先没选中任何混合模式的前提下才有效。

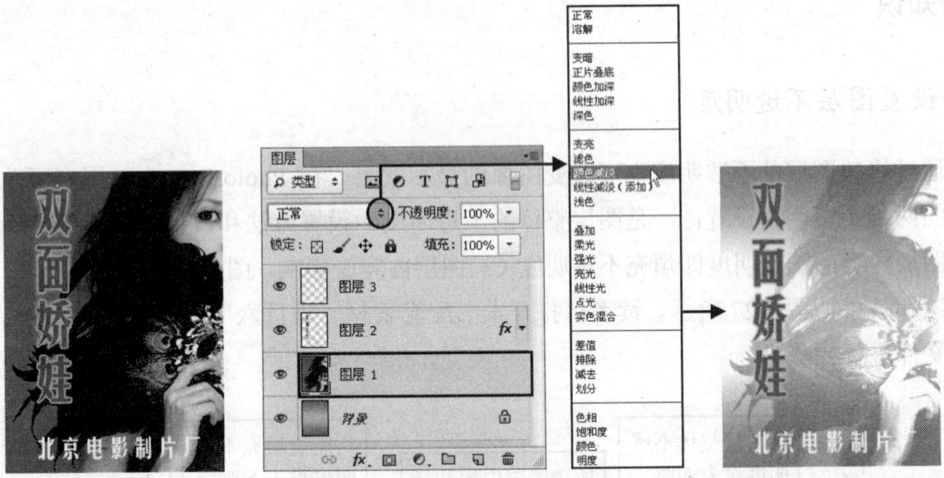

图 6-28　为图层设置混合模式

## 任务实施——制作水下美人

### 制作思路

　　打开素材图片，首先将"10.psd"图像文件中的 3 个图层（人物组成）移动至"9.jpg"图像窗口（背景）中，并分别设置图层的混合模式和不透明度，以使人物图像与背景融合更加自然，接着将"11.psd"图像文件中的 4 个图层（水花和气泡组成）移动至"10.jpg"图像窗口中，并分别设置图层的混合模式和不透明度，最后将图像另存。

### 制作步骤

**步骤 1**　打开本书配套素材 "9.jpg"、"10.psd" 和 "11.psd" 文件。将 "10.psd" 图像设为浮动式并置为当前窗口，选择"移动工具"　，在"图层"调板中同时选中"剪影"、"人物"和"头发"图层，将其拖拽至"9.jpg"图像中，如图 6-29 所示。

图 6-29　打开素材图片并移动图像

**步骤 2**　在"8.jpg"图像的"图层"调板中选择"剪影"图层，在"图层混合模式"下拉列表框中选择"颜色"，为该图层设置"颜色"混合模式，如图 6-30 所示。

**步骤 3**　选择"头发"图层，在"图层混合模式"下拉列表框中选择"正片叠底"，为该图层设置"正片叠底"混合模式，并调整图层不透明度为 90%，如图 6-31 所示。此时可看到人物与背景融合的更加自然了，如图 6-32 所示。

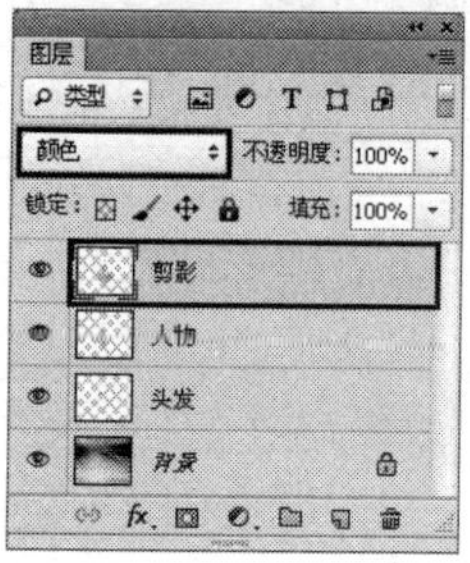

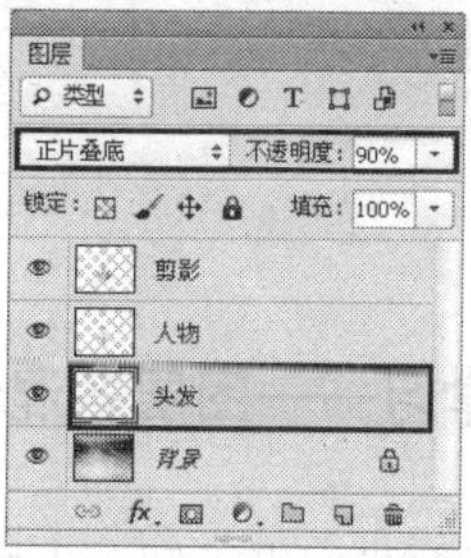

图 6-30　设置图层混合模式

图 6-31　设置图层混合模式和透明度

**步骤 4**　将"11.psd"图像置为当前窗口，选择"移动工具" ▶⊕后，在"图层"调板中同时选中"水花"、"图层 3"、"图层 2"和"图层 1"图层，然后将所选图层拖拽至"9.jpg"图像窗口中，如图 6-33 所示。

图 6-32　设置效果

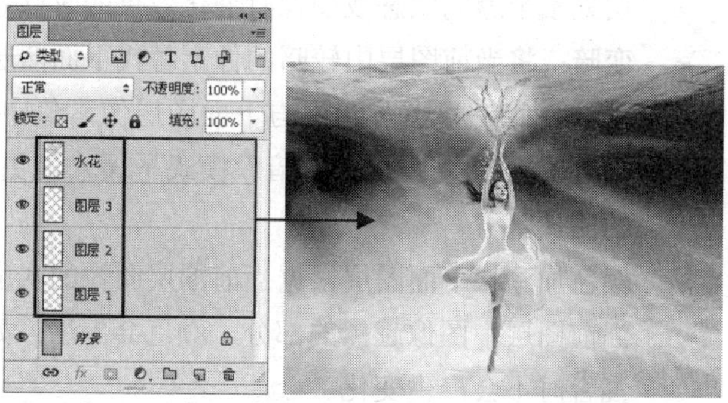

图 6-33　选择多个图层并移动图像

**步骤 5**　在"9.jpg"图像的"图层"调板中选择"图层 1"，并利用"移动工具"将该图层中的图像稍微向左下方移动，如图 6-34 左图所示。

**步骤 6**　选择"图层 3"并设置图层不透明度为 65%，再选择"水花"图层，在"图层混合模式"下拉列表框中选择"划分"，为该图层设置"划分"混合模式，并调整图层不透明度为"85%"，如图 6-34 中间两个图所示，效果如前面的图 6-25 所示。此时可看到水花和水中气泡的效果更加逼真，最后将图像另存即可。

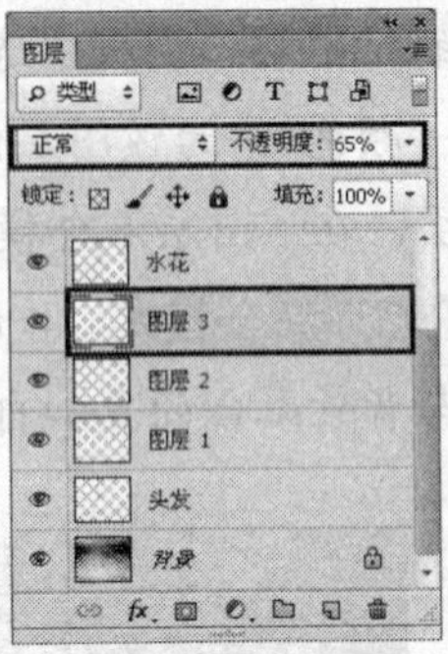

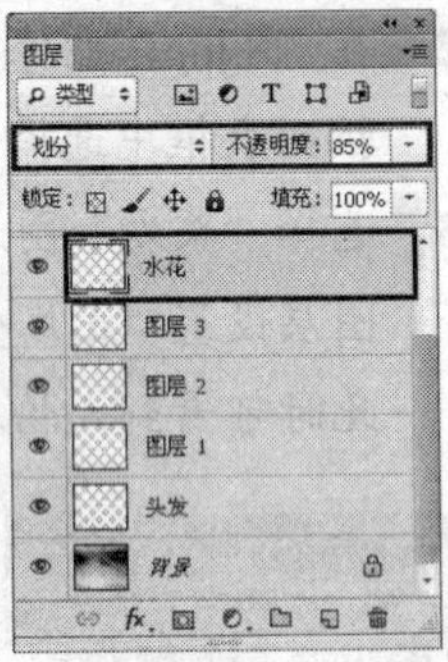

图 6-34　设置图层混合模式和不透明度

## 补充学习——图层各混合模式精讲

下面我们来了解一下图层的不同混合模式的特点。

➢ **正常**：这是 Photoshop 默认的色彩混合模式，此时上层图层中的图像完全覆盖下面的图层，如图 6-27 所示。可以通过修改图层不透明度来透视下层中的图像。

➢ **溶解**：根据当前图层中每个像素点所在位置的不透明度，随机地取代下面图层相应位置像素的颜色，产生溶解于下一层图像的效果。注意该模式需要当前图层处于半透明状态或图像有羽化效果的时候才能显示出来。

➢ **变暗**：将当前图层中较暗的像素替代下面图层中与之相对应的较亮的像素。

➢ **正片叠底**：将当前图层与下面图层像素值中较暗的像素进行合成，图像加暗部分的合成效果比"变暗"模式平缓，能更好地保持原来图像的轮廓和图像的阴影部分。

➢ **颜色加深**：下面图层根据当前图层图像的灰度变暗后再与当前图层图像融合，当前图层中图像越黑的部分，颜色会更深；如果当前图层中的图像是白色，则混合时不会产生变化。

➢ **线性加深**：使用线性运算方法来进行计算，其颜色效果比"颜色加深"模式的效果暗。

➢ **深色**：对当前图层与下面的图层之间的明暗色进行比较，用较暗一层的像素取代较亮一层的像素。

➢ **变亮**：与"变暗"模式相反，以当前图层的图像颜色为基准，如果下面图层的色彩比当前图层的亮就保留，比当前图层暗则被当前图层的色彩所代替。

➢ **滤色**：选择此模式时，系统将当前图层的颜色与下层图像的颜色相乘，再转为互补色。利用这种模式得到的结果颜色通常为亮色。

➢ **颜色减淡**：通过降低对比度来加亮下层图像的颜色，与黑色混合时色彩不变。

➤ **线性减淡（添加）**：与"颜色减淡"模式产生的效果类似，但是效果更加强烈。

➤ **浅色**：与"深色"模式相反，使用较亮一层的像素替代较暗一层的像素。

➤ **叠加**：图像效果主要由下面的图层决定，叠加后下面图层图像的高亮部分和阴影部分保持不变。

➤ **柔光**：可以使图像颜色变亮或变暗，如果上面图层的像素比 50%的灰色亮，图像就变亮，反之则变暗。

➤ **强光**：效果与"柔光"模式相似，但是其加亮或变暗的程度更强烈。

➤ **亮光**：以当前图层图像的颜色为依据来加深或减淡颜色，如果混合色比 50%的灰色亮，通过降低对比度来加亮图像；反之就通过提高对比度来变暗图像。

➤ **线性光**：以当前图层图像的颜色为依据来加深或减淡颜色，如果混合色比 50%的灰色亮，通过提高亮度来加亮图像；反之就通过降低亮度来变暗图像。

➤ **点光**：根据当前图层的颜色来替换颜色，如果混合色比 50%的灰色亮，就替换比混合色暗的像素，不改变比混合色亮的像素；反之就替换比混合色亮的像素，比混合色暗的像素不变。

➤ **实色混合**：图像混合后，图像的颜色被分离成红、黄、绿、蓝等 8 种极端颜色，其效果类似于应用"色调分离"命令。

➤ **差值**：用当前图层的像素颜色值减去下面图层相应位置的像素值来显示颜色，可以使图像产生反相的效果。

➤ **排除**：与"差值"的效果类似，也可以使图像产生反相的效果，但相对柔和。

➤ **减去**：可以从目标通道中相应的像素上减去源通道中的像素值。

➤ **划分**：查看每个通道中的颜色信息，从基色中划分混合色。

➤ **色相**：图像显示的效果是由下层图像像素的亮度与饱和度值以及当前图层像素对应位置的色相构成。

➤ **饱和度**：图像显示的效果是由下层图像像素的亮度与色相值以及当前图层像素对应位置的饱和度构成。

➤ **颜色**：图像显示的效果是由下层图像的亮度及上面图层的色相和饱和度决定。

➤ **明度**：图像显示的效果是由下层图像的色相和饱和度及上面图层的亮度决定。

# 任务三　制作放大镜效果——应用图层样式

## 任务说明

　　利用 Photoshop 的图层样式功能可方便快捷地制作出很多特殊图像效果。本任务中，我们将通过制作图 6-35 所示的放大镜效果，来学习应用图层样式的方法。

素材：素材与实例\项目六\13.psd

效果：素材与实例\项目六\放大镜效果.psd

视频：视频\项目六\6-3.swf

图 6-35　放大镜效果

## 预备知识

### 一、添加和设置图层样式

下面我们通过一个小实例说明为图层添加样式的方法。

**步骤1** 打开本书配套素材"项目六"文件夹中的"8.psd"图像文件，在"图层"调板中选择"宝石"图层，下面将为该图层中的宝石添加图层样式，如图 6-36 所示。

**步骤2** 单击"图层"调板中的"添加图层样式"按钮 *fx.*，从弹出的列表中选择要添加的图层样式，本例选择"斜面和浮雕"样式，如图 6-37 所示。

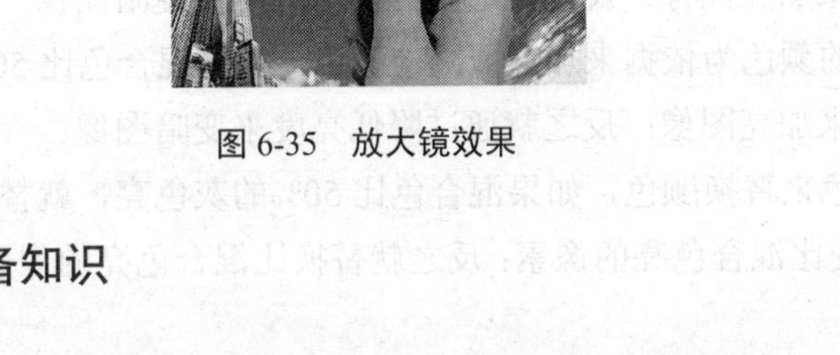

图 6-36　选择要添加样式的图层

图 6-37　选择要添加的图层样式

**步骤3** 在"图层样式"对话框左侧自动选中了"斜面和浮雕"样式，这里我们参照图 6-38 所示设置参数，单击"确定"按钮，得到图 6-39 左图所示的效果。

**步骤4** 添加样式的图层右侧将显示两个符号 *fx* 和 ▼。其中 *fx* 符号表明已对该图层添加了样式，用户以后要修改样式时，只需双击 *fx* 符号即可，而单击 ▼ 符号可打开或关闭该图层样式的下拉列表，如图 6-39 右图所示。

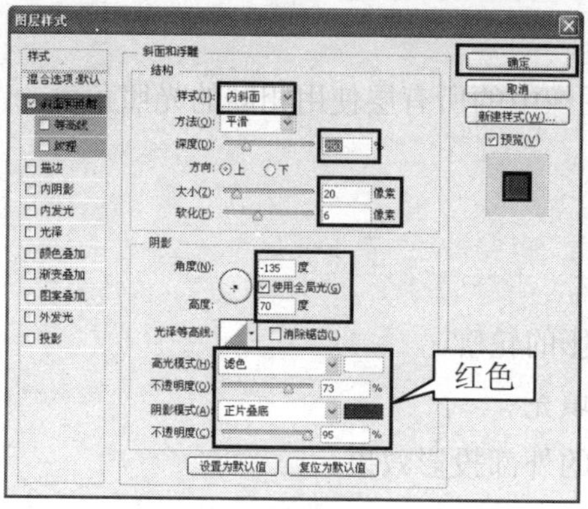

图 6-38　设置图层样式

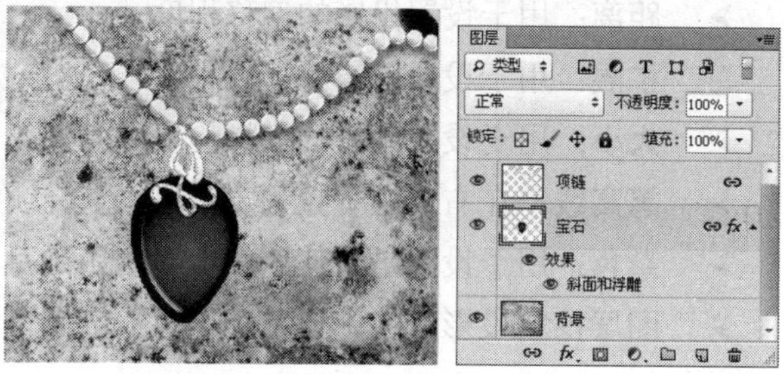

图 6-39　图层样式设置效果

> **提示** 　双击图层名称外的空白处也可打开"图层样式"对话框。但使用此方式时，需要在"图层样式"对话框左侧的列表中选择需要添加的图层样式。用户可以为同一图层添加多种图层样式。

## 二、常用图层样式简介

Photoshop 提供了投影和内阴影、外发光和内发光、斜面和浮雕、光泽、颜色叠加、描边等图层样式，下面分别说明。

### 1．投影和内阴影

投影样式可以模拟不同角度的光源，给图层内容添加一种阴影效果，使平面的图像从视觉上产生浮起来的立体感；内阴影样式可以在图像内部添加阴影效果，如图 6-40 所示。下面简单介绍一下投影样式各重要参数（参见图 6-40 中图）的作用。

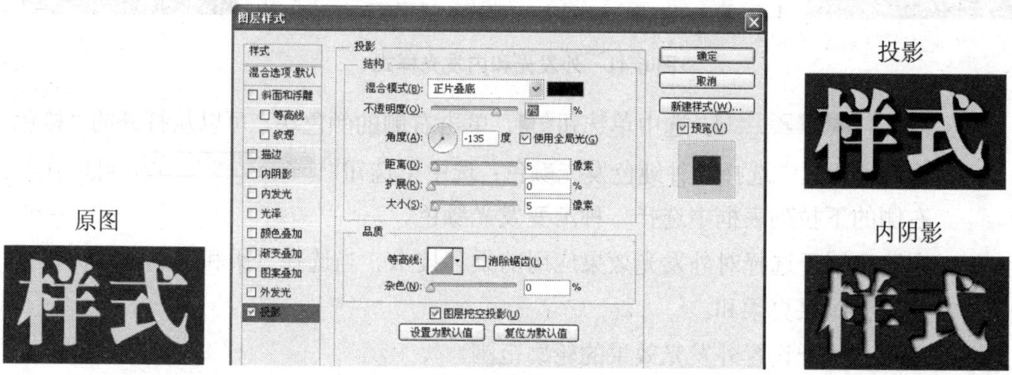

图 6-40　投影和内阴影样式

> ➢ **混合模式**：在其下拉列表中可以选择所加阴影与原图层图像合成的模式。若单击其右侧的色块，可在弹出的"拾色器"对话框中设置阴影的颜色。

> **不透明度**：用于设置投影的不透明度。
> **使用全局光**：选中该复选框，表示为同一图像中的所有层使用相同的光照角度。
> **距离**：用于设置投影的偏移程度。
> **扩展**：用于设置阴影的扩散程度。
> **大小**：用于设置阴影的模糊程度。
> **等高线**：在右侧的下拉列表中可以选择阴影的轮廓。
> **杂色**：用于设置是否使用杂点对阴影进行填充。
> **图层挖空投影**：选中该复选框可设置图层的外部投影效果。

## 2．外发光、内发光和光泽

利用外发光或内发光样式可在图像外侧或内侧边缘产生发光效果，如图 6-41 所示；利用光泽样式可在图像的内侧边缘添加柔和的内阴影效果。下面简单介绍一下外发光样式各重要参数（参见图 6-41 中图）的作用。

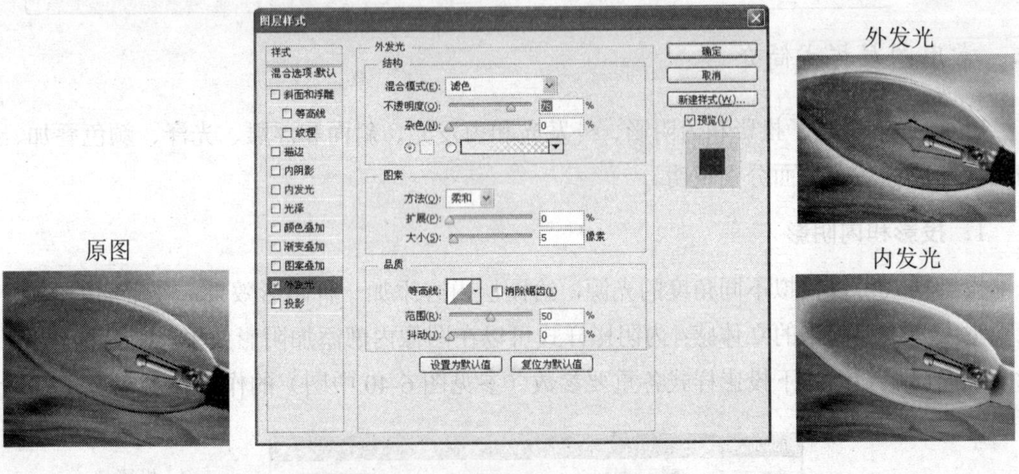

图 6-41　外发光和内发光样式

> ⊙■ ○▬▬▬▬▼：选中单选钮 ⊙■，单击右侧的颜色块，可以从打开的"拾色器"对话框中选择一种纯色发光颜色；选中单选钮 ⊙▬▬▬▼，可以在其右侧的下拉列表框中选择一种渐变发光颜色。
> **方法**：用于选择对外发光效果应用的柔和技术。当选择"柔和"选项时，将使外发光效果更柔和。
> **范围**：用于设置外发光效果的轮廓范围。
> **抖动**：用于设置在外发光中随机产生的杂点数。

## 3．斜面和浮雕

斜面和浮雕样式是 Photoshop 图层样式中最复杂的，其中包括内斜面、外斜面、浮雕效果、枕形浮雕和描边浮雕样式，虽然每一项中包含的设置选项都是一样的，但是制作出来的效果却大相径庭，如图 6-42 所示。各重要参数的意义如下。

> **样式**：在其下拉列表中可选择斜面和浮雕的样式。
> **方法**：在其下拉列表中可选择浮雕的平滑特性。
> **深度**：用于设置斜面和浮雕效果的深浅程度。
> **方向**：用于切换斜面和浮雕亮部和暗部的方向。
> **软化**：用于设置斜面和浮雕效果的柔和度。
> **光泽等高线**：用于选择光线的轮廓。
> **高光模式和阴影模式**：分别用于设置高光区域和暗部区域的模式。

此外，选中"斜面和浮雕"分类下的"等高线"复选框，可设置等高线效果；选中"纹理"复选框，可设置纹理效果。

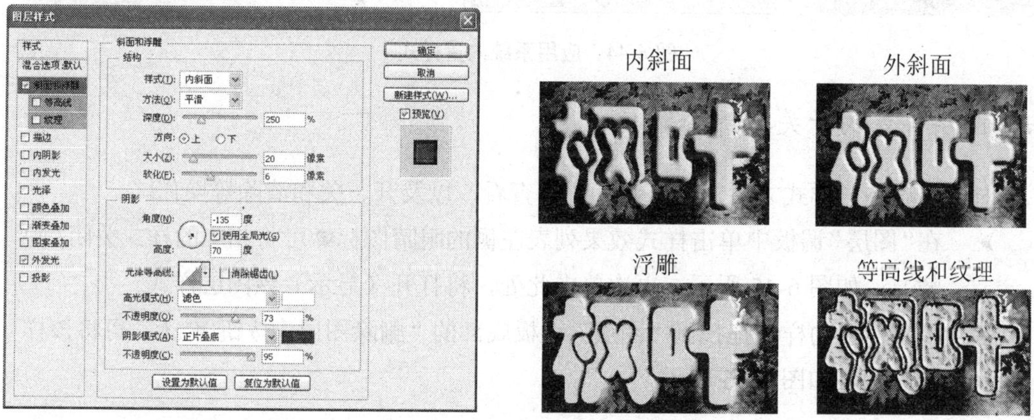

图 6-42　斜面和浮雕样式

### 4．叠加样式和描边样式

所谓叠加和描边样式，实际上就是向图层内容填充颜色、渐变色或图案等，或为图层内容增加一个边缘。图 6-43 所示是为图像分别应用各种叠加与描边样式后的效果。

图 6-43　为图像添加叠加与描边样式

### 三、添加内置样式

Photoshop CS6 的"样式"调板列出了一组内置样式，利用该调板，用户可以快速为图层设置各种特殊效果。

例如，打开本书配套素材"项目六"文件夹中的"8.psd"图像文件，选择要添加样式的图层，如"花边"图层，选择"窗口" > "样式"菜单，打开"样式"调板，在其中单击要应用的样式，即可将其添加到所选图层上，如图 6-44 所示。

图 6-44　应用系统内置样式

### 四、图层样式的开关与清除

对图层添加了样式之后，还可对其进行查看，以及开、关和清除等操作。

➢ 在"图层"调板中单击样式效果列表左侧的眼睛图标 👁 可将相应的样式关闭（隐藏），如图 6-45 所示；再次单击此处，将打开（显示）该图层样式。

➢ 将不需要的样式拖拽到"图层"调板底部的"删除图层"按钮 🗑 上，可将该样式删除，如图 6-46 所示。

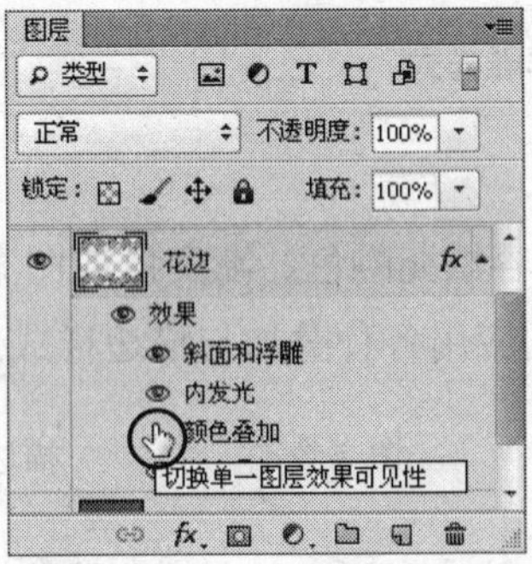

图 6-45　隐藏图层样式 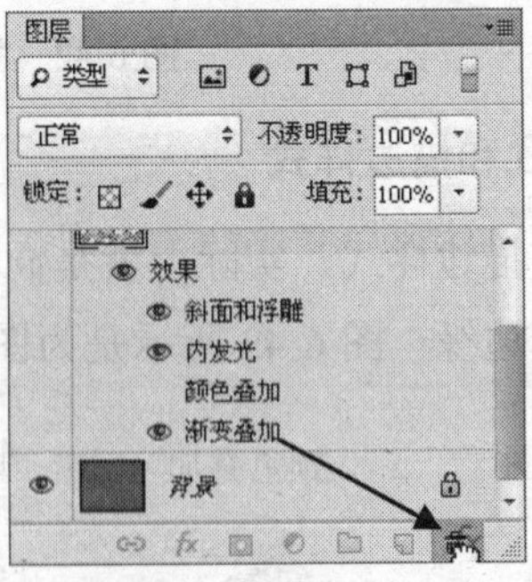　　　　图 6-46　清除图层样式

### 五、图层样式的保存与复制

要保存和复制图层样式，可执行如下操作。

**步骤 1**　打开本书配套素材"项目六"文件夹中的"12.psd"图像文件，如图 6-47 左图所示。该图像中的一个耳坠（位于"耳坠 1"图层）已添加图层样式，一个没

有添加（位于"耳坠 2"图层）。

**步骤 2**　在"图层"调板中将光标移至"耳坠 1"图层右侧的 *fx* 符号上，按住【Alt】键，当光标呈 ▶ 形状时，向"耳坠 2"图层拖动，释放鼠标后，即可将样式复制到"耳坠 2"图层，如图 6-47 中间两图所示，此时画面效果如图 6-47 右图所示。

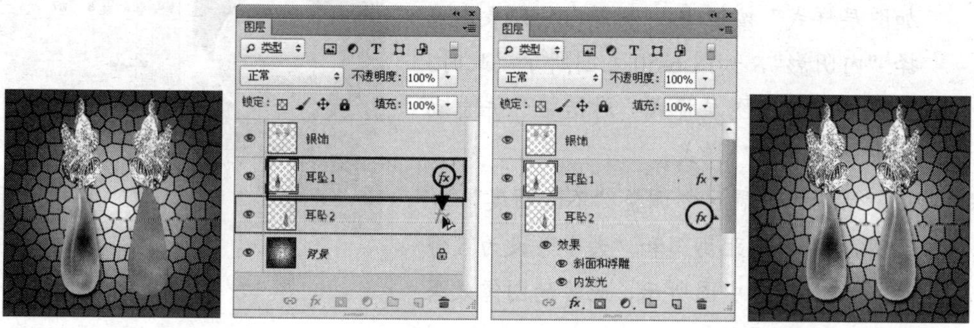

图 6-47　复制图层样式

**步骤 3**　要将自定义的样式保存在"样式"调板中，可选中添加样式的图层，然后将光标移至"样式"调板的空白处，当光标呈油漆桶 ⬡ 形状时单击，在打开的"新建样式"对话框中输入样式名称，单击"确定"按钮，如图 6-48 所示。

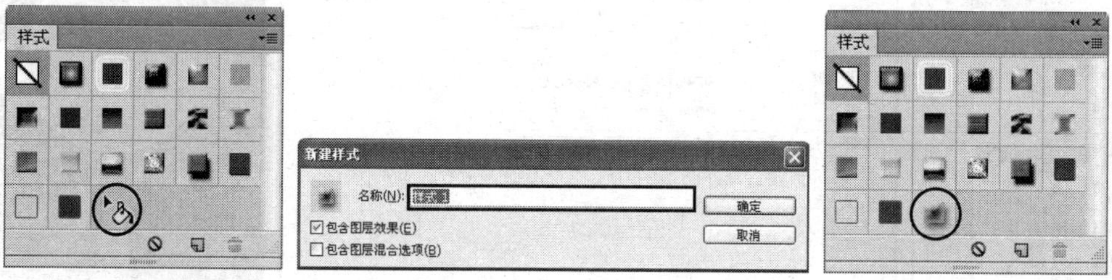

图 6-48　保存图层样式

## 任务实施——制作放大镜效果

### 制作思路

打开素材图片，为放大镜所在的"图层 1"添加"内阴影"和"内发光"样式，然后新建图层，创建一个正圆选区并将其填充为白色，接着利用"橡皮擦工具" ✏ 擦除部分图像，再为"图层 2"添加系统内置的"铬黄"样式，最后显示"楼房"图层，调整该图层的混合模式并将图像另存即可。

制作步骤

**步骤 1** 打开本书配套素材 "13.psd" 图像文件，该图像由多个图层组成，如图 6-49 所示。

**步骤 2** 选择 "图层 1"，然后单击调板底部的 "添加图层样式" 按钮 *fx.*，从弹出的列表中选择 "内阴影"，如图 6-50 左图所示。此时，系统将打开 "图层样式" 对话框，并自动选中 "内阴影" 样式。

**步骤 3** 在 "结构" 设置区中调整 "不透明度" 为 100%，再将 "距离" 和 "大小" 设为 5 像素，如图 6-50 中图所示，此时的图像效果如图 6-50 右图所示。

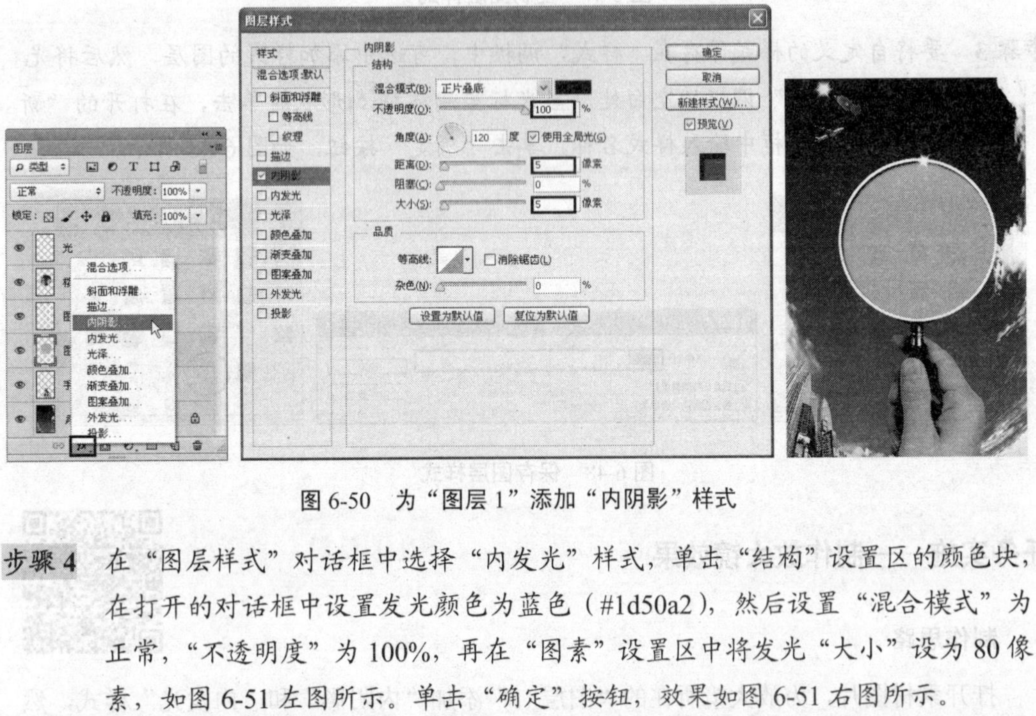

图 6-49　打开素材图片

图 6-50　为 "图层 1" 添加 "内阴影" 样式

**步骤 4** 在 "图层样式" 对话框中选择 "内发光" 样式，单击 "结构" 设置区的颜色块，在打开的对话框中设置发光颜色为蓝色（#1d50a2），然后设置 "混合模式" 为正常，"不透明度" 为 100%，再在 "图素" 设置区中将发光 "大小" 设为 80 像素，如图 6-51 左图所示。单击 "确定" 按钮，效果如图 6-51 右图所示。

**提示**　要应用某类图层样式，只需在 "图层样式" 对话框左侧的样式分类中勾选该样式，并设置相应的参数即可。

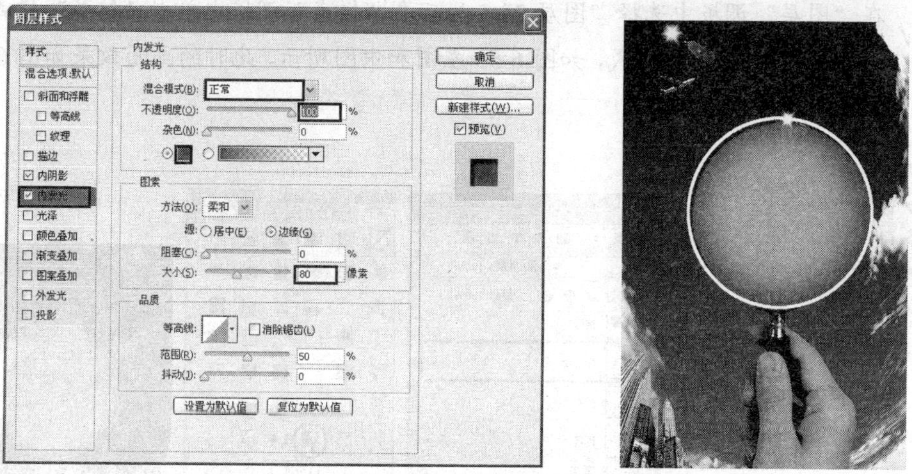

图 6-51　添加"内发光"样式

**步骤 5**　单击"图层"调板底部的"创建新图层"按钮 ，在"图层"调板中新建"图层 3"，如图 6-52 左图所示。选择"椭圆选框工具" ，在其工具属性栏中设置"羽化"为 50 像素，然后在图像窗口中按住【Shift】键并拖动鼠标，绘制一个略小于"图层 1"中图像的正圆选区，如图 6-52 中图所示。

**步骤 6**　按【Ctrl+Delete】组合键将选区填充为白色，再按【Ctrl+D】组合键取消选区，如图 6-52 右图所示。

**步骤 7**　选择"橡皮擦工具" ，在其工具属性栏设置大小为 150 像素的柔边笔刷，"不透明度"为 50%，在图像窗口中将"图层 3"中的白色填充擦除为图 6-53 所示效果。

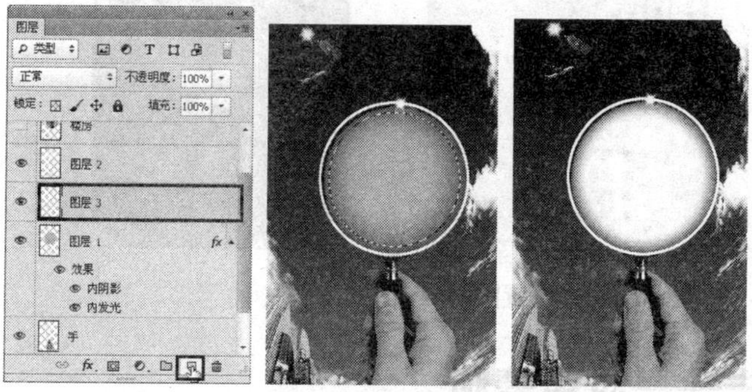

图 6-52　新建图层并填充选区

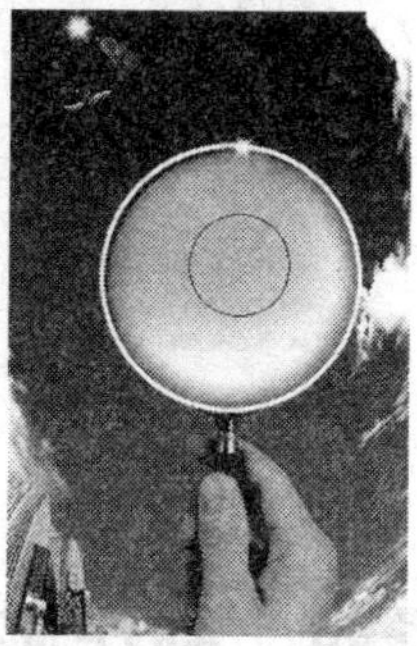

图 6-53　擦除图像

**步骤 8**　打开"样式"调板，单击调板右上方的下三角按钮，在出现的菜单中选择"Web样式"，如图 6-54 所示，在弹出的对话框中单击"追加"按钮，将该样式类型中的样式添加到调板中。

**步骤 9** 在"图层"调板中选择"图层2",然后在"样式"调板中单击"铬黄"样式,
为"图层2"应用该样式,如图 6-55 左图和中图所示,此时的画面效果如图 6-55
右图所示。

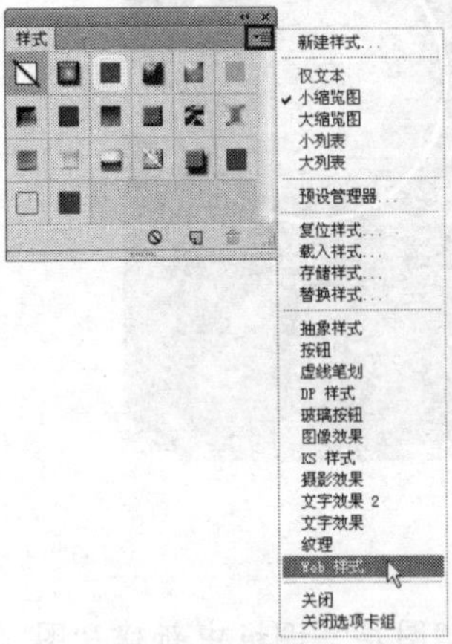

图 6-54　载入系统预设的样式 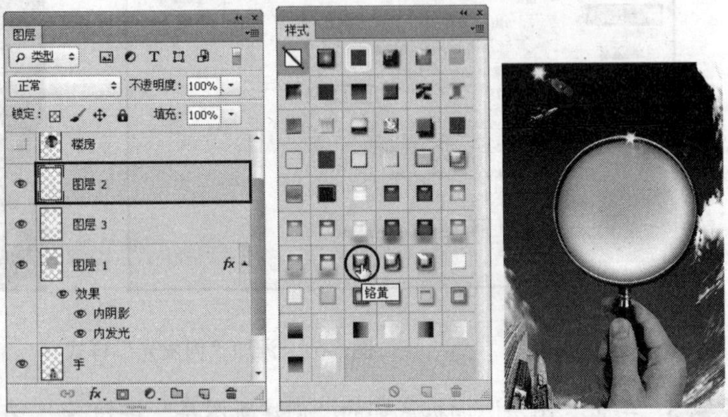　　　图 6-55　为"吊坠外侧"图层添加系统内置样式

**步骤 10** 单击"楼房"图层左边的　图标,将该图层重新显示,然后设置该图层的混合
模式为"颜色加深",如图 6-56 左图和中图所示,效果如图 6-56 右图所示。最
后将图像另存,即可完成实例制作。

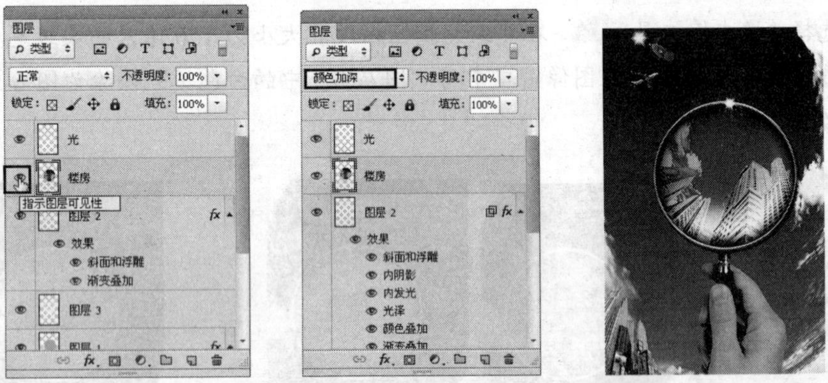

图 6-56　显示图层并设置图层混合模式

# 任务四　制作旅游广告——应用蒙版

## 任务说明

Photoshop 的蒙版包括普通蒙版、矢量蒙版、快速蒙版和剪贴蒙版,利用它们可以制

作图像融合效果及创建选区等。本任务中，我们将通过制作图 6-57 所示的旅游广告，学习应用普通蒙版、矢量蒙版和剪贴蒙版的方法。

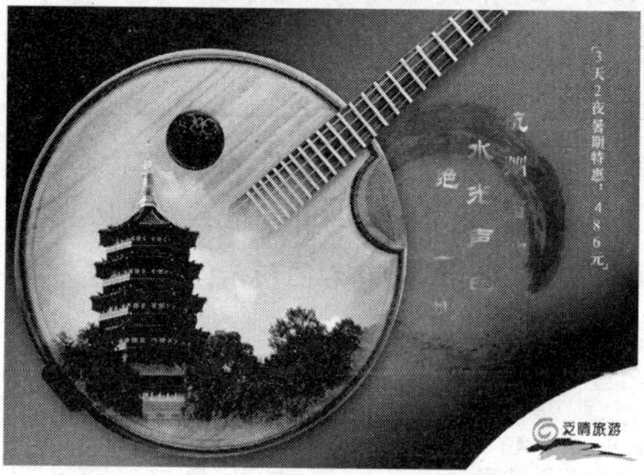

图 6-57 旅游广告效果图

素材：素材与实例\项目六 14.psd 和 15.jpg

效果：素材与实例\项目六\旅游广告.psd

视频：视频\项目六\6-4.swf

## 预备知识

### 一、创建普通蒙版

普通蒙版也称为图层蒙版或像素蒙版，它实际上是一幅 256 色的灰度图像，其白色区域为完全透明区，黑色区域为完全不透明区，其他灰色区域为半透明区。因此，为某图层添加普通蒙版后，可以使用它来遮挡该图层中的内容，或制作图像融合效果。

**步骤 1** 打开本书配套素材“项目六”文件夹中的“16.psd”图像文件，如图 6-58 所示。该文件包含 2 个图层。下面为“图层 1”添加图层蒙版，制作图像的融合效果。

**步骤 2** 在“图层”调板中将“图层 1”置为当前图层，然后单击调板底部的“添加图层蒙版”按钮，系统将为当前图层创建一个全白蒙版，如图 6-59 所示。

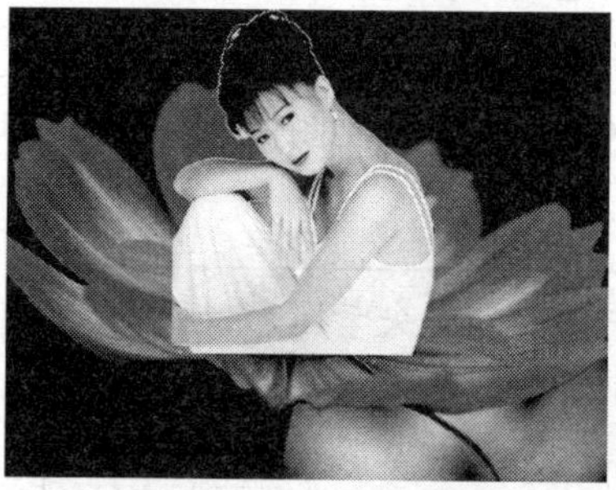

图 6-58 打开素材图片

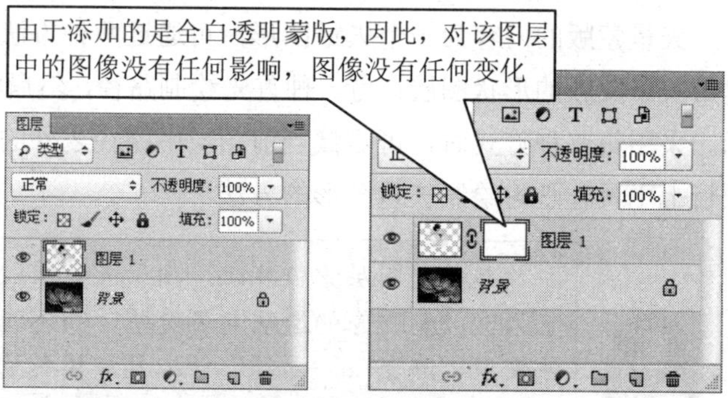
由于添加的是全白透明蒙版，因此，对该图层中的图像没有任何影响，图像没有任何变化
图层
正常
不透明度：100%
锁定：
填充：100%
图层 1
背景

图 6-59 创建图层蒙版

当用户为某个图层创建蒙版后，该图层实际上就生成了两幅图像，一幅是该图层的原图，另一幅就是蒙版图像。我们可以像编辑其他图像那样编辑图层蒙版。例如，使用"画笔工具"　在蒙版上涂抹或用"渐变工具"　添加渐变色，以达到图像的融合效果。处理后的效果可以在蒙版缩览图中显示出来。

**步骤3** 选择"渐变工具"　，设置黑色到白色的线性渐变，然后在人物图像下方向上拖动鼠标绘制线性渐变，如图 6-60 左图所示，此时人物与背景融合在一起，而在蒙版缩览图中可以看到对蒙版的编辑效果，如图 6-60 右图所示。

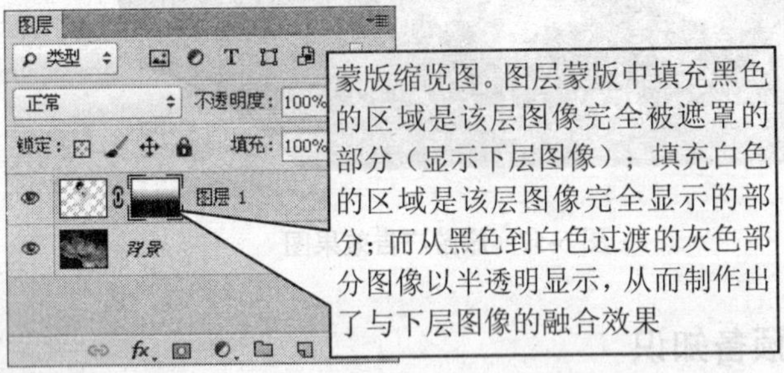

蒙版缩览图。图层蒙版中填充黑色的区域是该层图像完全被遮罩的部分（显示下层图像）；填充白色的区域是该层图像完全显示的部分；而从黑色到白色过渡的灰色部分图像以半透明显示，从而制作出了与下层图像的融合效果

图 6-60　编辑蒙版

创建图层蒙版后，其将自动被选中，此时在图像窗口中进行的大部分操作（如使用绘图和填充工具绘画）都是针对蒙版。在"图层"调板中单击图层缩览图，将返回正常的图像编辑状态；同理，单击蒙版缩览图可重新将其选中，进入蒙版编辑状态。

若希望将一幅图像复制到蒙版中，则必须在"图层"调板中按下【Alt】键的同时单击蒙版缩览图，此时图像窗口将单独显示蒙版图案；要重新回到正常图像显示状态，可按下【Alt】键的同时再次单击蒙版缩览图。

## 二、创建矢量蒙版

矢量蒙版的内容为一个矢量图形，可通过两种方法创建：一种是直接绘制形状，创建带矢量蒙版的形状图层；另一种首先绘制路径，然后将其转为矢量蒙版，如图 6-61 所示。采用第二种方式时，可隐藏当前图层中路径之外的区域，显示下层图像。我们将在项目七中具体学习绘制矢量图形的方法。

与普通图层蒙版相比，由于矢量蒙版中保存的是矢量图形，因此，它只能控制图像的透明与不透明，而不能制作半透明效果，并且用户无法使用"渐变"、"画笔"等工具编辑矢量蒙版。矢量蒙版的优点是用户可以利用"直接选择工具"、"钢笔工具"等路径编辑工具来调整矢量蒙版的形状。

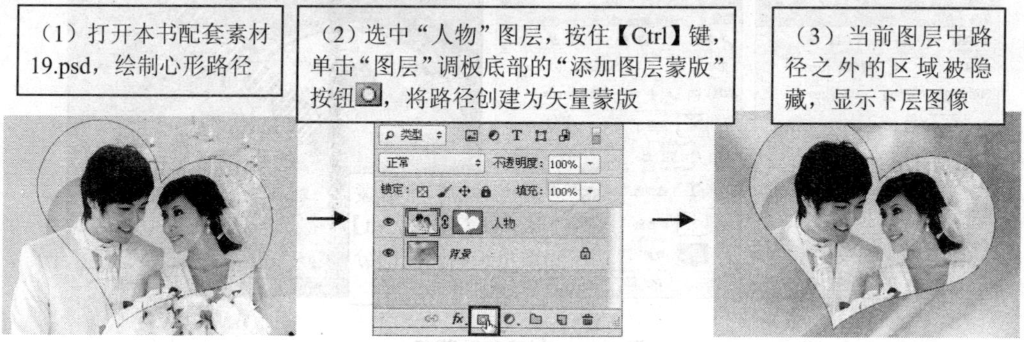

（1）打开本书配套素材 19.psd，绘制心形路径

（2）选中"人物"图层，按住【Ctrl】键，单击"图层"调板底部的"添加图层蒙版"按钮，将路径创建为矢量蒙版

（3）当前图层中路径之外的区域被隐藏，显示下层图像

图 6-61 创建矢量蒙版

## 三、创建剪贴蒙版

剪贴蒙版是使用下面图层（基底图层）中图像的形状来控制上层图像（内容图层）的显示区域，具体操作请参考后面的任务实施。

## 任务实施——制作旅游广告

### 制作思路

首先打开"14.psd"图像文件，然后在"光"与文字图层间创建剪贴蒙版，接着进行新建图层、填充渐变、创建选区等一系列操作后，创建一个显示选区内图像的蒙版；再将"15.jpg"图像文件复制到"14.psd"图像窗口中，并为其创建一个全白的图层蒙版，然后利用"画笔工具"在需要隐藏的地方涂抹；最后新建图层并填充渐变，然后复制图层蒙版并利用"画笔工具"对蒙版进行修改，完成实例制作。

### 制作步骤

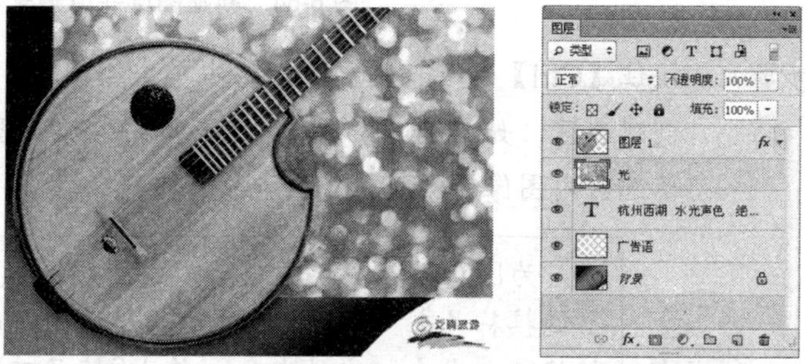

步骤 1 打开本书配套素材"14.psd"图片文件，如图 6-62 所示。

步骤 2 将"光"图层置为当前图层，然后将光标移至"光"与文字图层之间的分界线上，

图 6-62 素材图片与"图层"调板

按住【Alt】键，待光标呈形状时单击鼠标，即可在这两个图层之间建立剪贴蒙版，如图 6-63 左图和中图所示。此时，"光"图层（内容图层）中的图像只能透过文本图层（基底图层）中的文本显示出来，如图 6-63 右图所示。

**图 6-63　创建剪贴蒙版**

> 剪贴蒙版可以使用下面图层（基底图层）中包含像素的区域来限制上层图像（内容图层）的显示范围。它的独特之处是可以通过一个图层来控制其他图层的可见内容，而图层蒙版和矢量蒙版只能控制当前图层。

**步骤 3**　单击"图层"调板底部的"创建新图层"按钮 <kbd>▭</kbd>，在图层调板中新建"图层 2"，如图 6-64 左图所示。选择"渐变工具" <kbd>▬</kbd>，在图像窗口中填充浅黄色（#dccc9b）到浅褐色（#b7907e）渐变，如图 6-64 中图和右图所示。

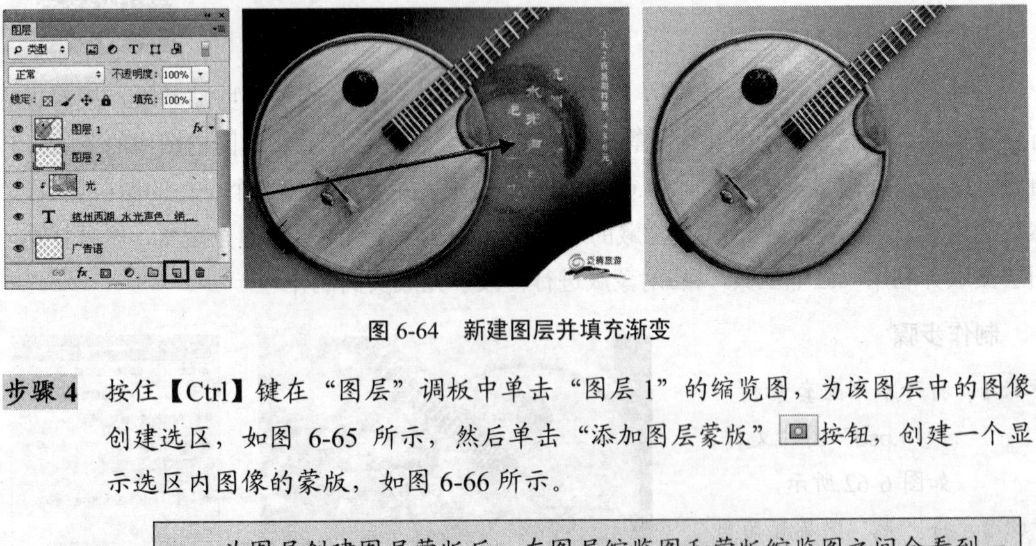

**图 6-64　新建图层并填充渐变**

**步骤 4**　按住【Ctrl】键在"图层"调板中单击"图层 1"的缩览图，为该图层中的图像创建选区，如图 6-65 所示，然后单击"添加图层蒙版" <kbd>▣</kbd> 按钮，创建一个显示选区内图像的蒙版，如图 6-66 所示。

> 为图层创建图层蒙版后，在图层缩览图和蒙版缩览图之间会看到一个链接符号 🔗，它表示用户在移动该图层的图像或对其进行变形时，蒙版将随之发生相应的变化。单击 🔗 符号可解除链接，这样对图层原图进行处理时，图层蒙版不受影响。若要重新链接，则再次在该位置单击。

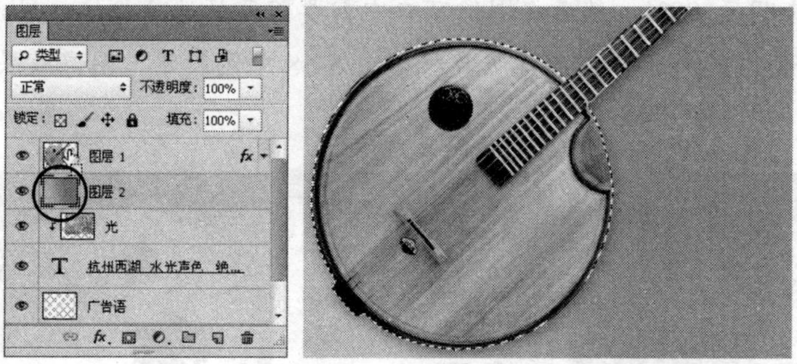

图 6-65　创建选区

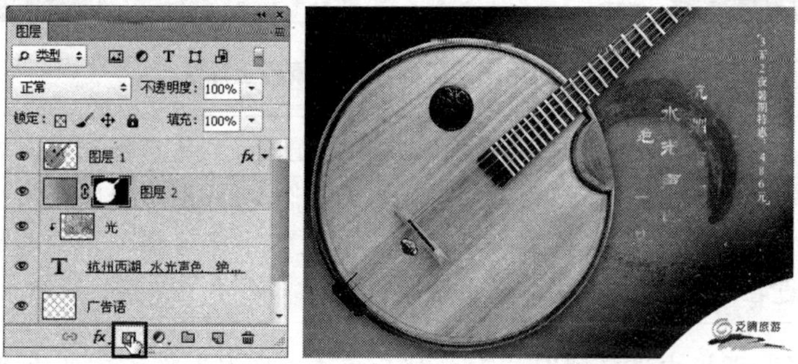

图 6-66　存在选区时创建的图层蒙版

**步骤 5**　在"图层"调板中单击"图层 1"，然后打开本书配套素材"15.jpg"图像文件，并将其复制到"14.psd"图像窗口中，系统将自动生成"图层 3"，设置"图层 3"的混合模式为"明度"，如图 6-67 左图和中图所示。

**步骤 6**　利用"移动工具" 将复制过来的图像移至图像窗口的左下方，再单击"图层"调板底部的"添加图层蒙版"按钮 ，系统将为当前图层创建一个全白的图层蒙版，如图 6-67 右图所示。

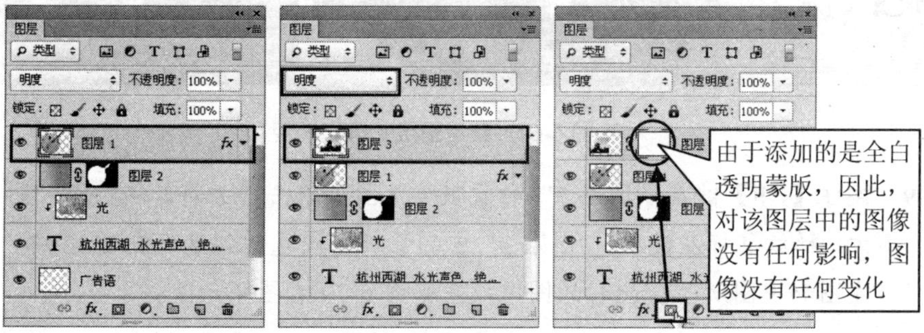

由于添加的是全白透明蒙版，因此，对该图层中的图像没有任何影响，图像没有任何变化

图 6-67　组合图像并创建图层蒙版

**步骤 7**　选择"画笔工具" ，并在其工具属性栏中设置画笔大小为 125 像素的柔边笔

刷，不透明度 90%，然后在图像窗口中需要隐藏的地方涂抹，显示下层图像，如图 6-68 左图所示。图层蒙版最终如图 6-68 中图所示，图像效果如图 6-68 右图所示。

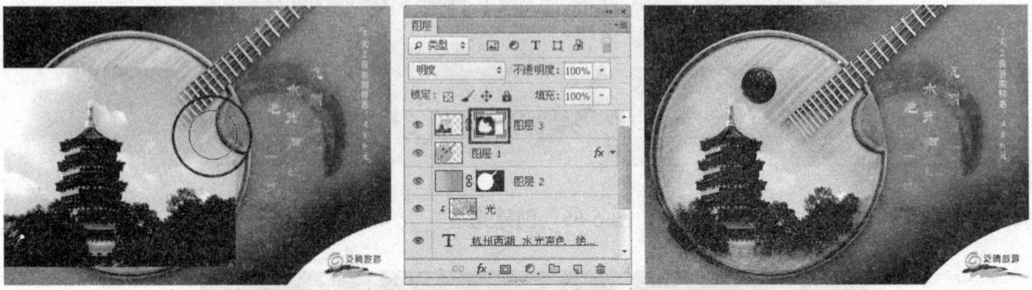

图 6-68　利用画笔工具在图层蒙版上涂抹

> **提示**
> 　　使用绘图工具编辑图层蒙版时，在绘图工具属性栏中，可通过调整"不透明度"来控制蒙版的透明程度，从而产生半透明效果。
> 　　此外，若在编辑蒙版过程中，如果不小心涂抹到不需要的区域，可通过在这些区域涂抹白色来恢复。

**步骤 8**　在"图层"调板中选择"图层 1"，然后单击"图层"调板底部的"创建新图层"按钮，在图层调板中新建"图层 4"，如图 6-69 左图所示。选择"渐变工具"，并在图像窗口中填充绿色（#5e6140）到黄色（#c2935c）渐变，如图 6-69 中图和右图所示。

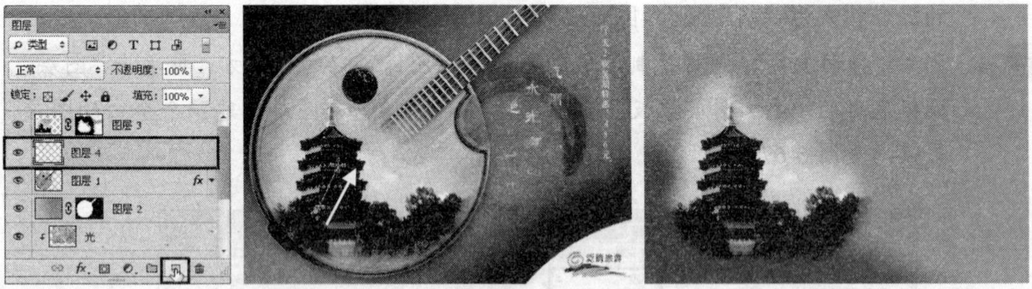

图 6-69　新建图层并填充渐变

**步骤 9**　按住【Alt】键在"图层 3"的蒙版缩览图上单击，并将其拖拽至"图层 4"上方，释放鼠标左键后，"图层 3"中的蒙版即被复制到了"图层 4"中，如图 6-70 左图和中图所示。此时的图像效果如图 6-70 右图所示。

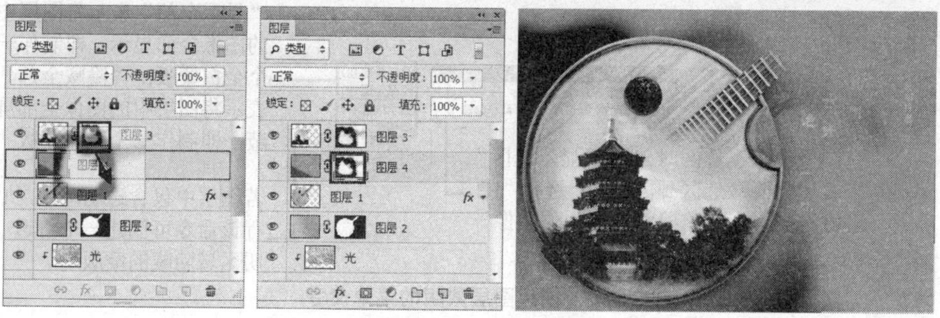

图 6-70　复制图层蒙版

**步骤 10**　参照步骤 7 中的方法，利用"画笔工具" 在图像窗口中需要隐藏以显示下层图像的区域涂抹，直至图像呈现图 6-71 左图所示的效果。此时的"图层"调板如图 6-71 右图所示，最后将图像另存即可。

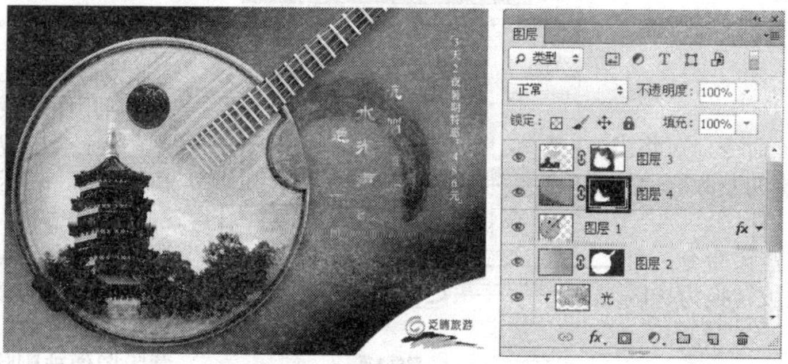

图 6-71　利用画笔工具在图层蒙版上涂抹

> 按住【Ctrl】键的同时单击蒙版缩览图，可将其转换成选区。

## 补充学习

### 一、创建图层蒙版的其他方法

除了利用实例中讲解的方法创建普通蒙版外，还可用以下 3 种方法创建普通蒙版。

➢ 在按住【Alt】键的同时，单击"添加图层蒙版"按钮 ，可创建一个全黑的蒙版。此时，当前图层中的图像全部被遮挡，并完全显示下层的图像。若图像中存在选区，则创建一个隐藏选区内图像的蒙版。

➢ 选择"图层" > "图层蒙版"菜单项中的子菜单也以可创建图层蒙版，如图 6-72 所示。

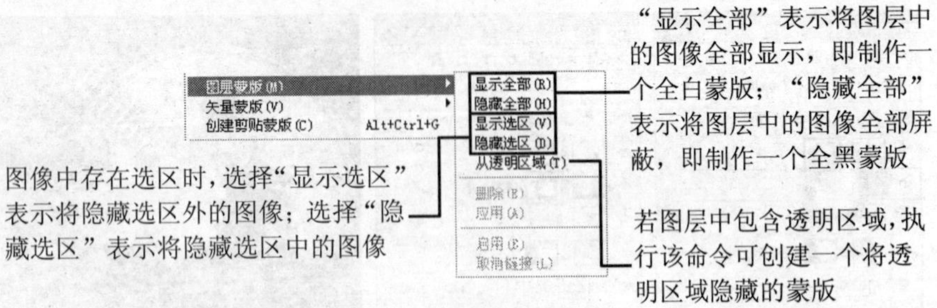
图层蒙版(M)
矢量蒙版(V)
创建剪贴蒙版(C) Alt+Ctrl+G
显示全部(R)
隐藏全部(H)
显示选区(V)
隐藏选区(D)
从透明区域(T)
删除(E)
应用(A)
启用(E)
取消链接(L)
“显示全部”表示将图层中的图像全部显示，即制作一个全白蒙版；“隐藏全部”表示将图层中的图像全部屏蔽，即制作一个全黑蒙版
图像中存在选区时，选择“显示选区”表示将隐藏选区外的图像；选择“隐藏选区”表示将隐藏选区中的图像
若图层中包含透明区域，执行该命令可创建一个将透明区域隐藏的蒙版

图 6-72 创建图层蒙版的菜单命令

## 二、编辑图层蒙版的其他方法

用户在对某一图层创建蒙版后，通过右击图层蒙版缩览图，在弹出的菜单中选择相应命令，可以删除、应用或停用蒙版，如图 6-73 所示。

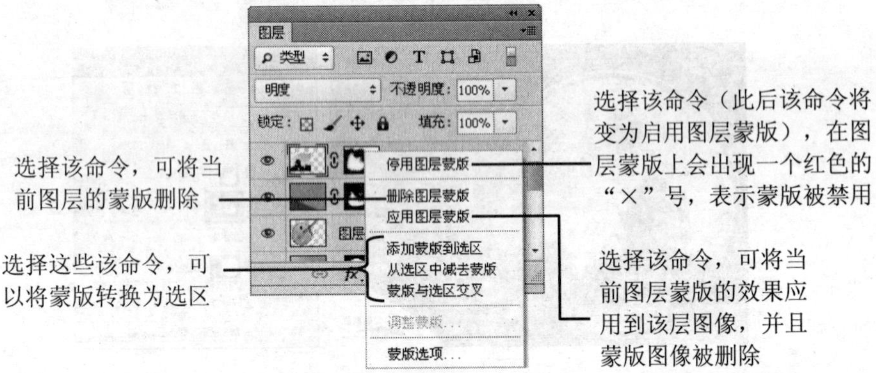
图层
类型
明度
不透明度：100%
锁定：
填充：100%
图层
停用图层蒙版
删除图层蒙版
应用图层蒙版
添加蒙版到选区
从选区中减去蒙版
蒙版与选区交叉
调整蒙版...
蒙版选项...
选择该命令（此后该命令将变为启用图层蒙版），在图层蒙版上会出现一个红色的“×”号，表示蒙版被禁用
选择该命令，可将当前图层的蒙版删除
选择这些该命令，可以将蒙版转换为选区
选择该命令，可将当前图层蒙版的效果应用到该层图像，并且蒙版图像被删除

图 6-73 图层蒙版快捷菜单

# 任务五 制作圣诞背景板——创建调整层和填充层

## 任务说明

调整图层和填充图层都属于带蒙版的图层，利用它们可以在不改变源图像的情况下，调整图像的色彩或填充图像。本任务中，我们将通过更改圣诞老人和背景框的颜色，以及为背景板填充图案（参见图 6-74），来学习应用填充层和调整层的方法。

素材：素材与实例\项目六\17.jpg、18.jpg

效果：素材与实例\项目六\圣诞背景板.psd

视频：视频\项目六\6-5.swf

图 6-74　圣诞背景板效果

## 预备知识

### 一、创建调整层

在 Photoshop 中，可以将使用"色阶"、"曲线"等命令（参考项目五内容）制作的效果单独放在一个图层中，这个图层就是调整图层。与普通色彩与色调调整命令不同的是，调整层对图像的调整是非破坏性的，不改变源图像。此外，我们可随时重新设置调整层的参数，以及开启、关闭调整层等。

### 二、创建填充层

调整图层和填充图层都属于带蒙版的图层，填充图层是在不改变源图像的情况下填充图像，其内容可为纯色、渐变色或图案。填充图层主要有如下特点：可随时更换其内容，可通过编辑蒙版制作融合效果。

## 任务实施——制作圣诞背景板

### 制作思路

打开素材图片，首先在"17.jpg"图像（圣诞老人和背景板）中创建"色相/饱和度"调整层，以调整圣诞老人的颜色，然后将"18.jpg"图像定义为图案，并在"17.jpg"图像窗口利用填充层将定义的图案填充到背景板中，完成实例制作。

### 制作步骤

**步骤1**　打开本书配套素材"17.jpg"和"18.jpg"图像文件，如图 6-75 所示。

图 6-75　打开素材图片

**步骤 2**　将"17.jpg"图像置为当前窗口，单击"图层"调板底部的"创建新的填充或调整图层"按钮 ，从弹出的列表中选择"色相/饱和度"命令，如图 6-76 左图所示。

**步骤 3**　在打开的"调整"调板的"色相/饱和度"设置界面中设置"色相"为-120，"饱和度"为+60。此时图像效果及创建的"色相/饱和度"调整层如图 6-76 右边两个图所示。"调整"调板下方几个常用按钮的作用如下。

图 6-76　创建"色相/饱和度"调整层

> 选择某个图层后，可直接在"调整"调板中选择需要的色彩调整命令，以在该图层上方创建调整层；若选择的是调整层，则可利用"调整"调板重新设置相应色彩调整命令的参数。

➢ **"创建剪贴蒙版"按钮** ：单击该按钮，可以将当前的调整图层与它下方的图层组合成一个剪贴蒙版组，使该调整图层仅影响其下方的一个图层；再次单击该按钮，调整层会影响其下方的所有图层。

➢ **"查看上一状态"按钮** ：当设置了调整层参数后，单击该按钮可查看设置前的图像状态，以便对比设置前、后的两种图像效果。

➢ **"复位到调整默认值"按钮** ：单击该按钮，可将调整参数恢复为默认值。

➢ **"切换图层可见性"按钮** ：单击该按钮，可以隐藏或重新显示该调整图层。

➢ **"删除此调整图层"按钮** ：单击该按钮，可以删除当前调整图层。

**步骤4** 将"18.jpg"图像置为当前窗口，选择"编辑">"定义图案"菜单项，打开"图案名称"对话框，输入"圣诞快乐"名称，单击"确定"按钮，如图 6-77 所示。

**步骤5** 将"17.jpg"图像置为当前图像窗口，然后利用"魔棒工具"在背景板的内部创建选区，如图 6-78 所示。

图 6-77　定义图案 　　　　　　　　　图 6-78　创建选区

**步骤6** 单击"图层"调板底部的"创建新的填充或调整图层"按钮，从弹出的列表中选择"图案"选项，如图 6-79 左图所示，打开"图案填充"对话框，选择前面定义的图案，参考图 6-79 右图所示对其参数进行设置，单击"确定"按钮。

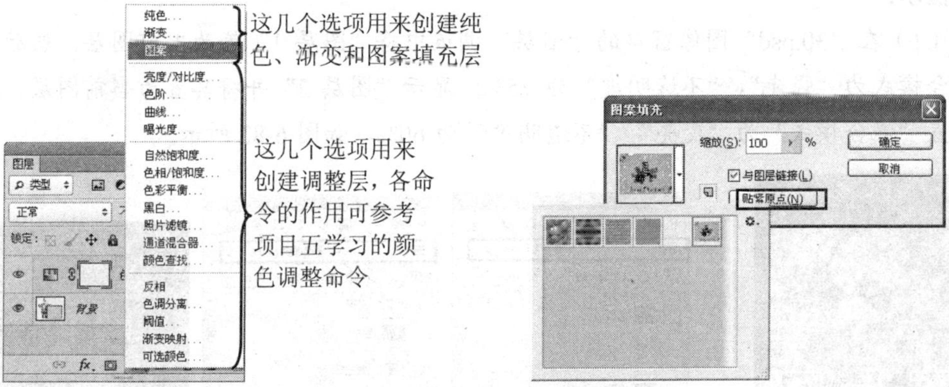

图 6-79　创建图案填充层

**步骤7** 此时，在当前图层之上自动创建了一个图案填充图层，如图 6-80 左图所示，图像的最终效果如图 6-80 右图所示。最后将图像另存即可。

> **提示**
>
> 如果不事先创建选区，那么创建的填充层或调整层将影响整个图层区域。但我们可以通过编辑填充层或调整层的蒙版来控制它们所影响的区域，或制作图像的融合效果等。
>
> 如果希望将填充图层转换为带蒙版的普通图层，可选择"图层">"栅格化">"填充内容"或"图层"菜单项。

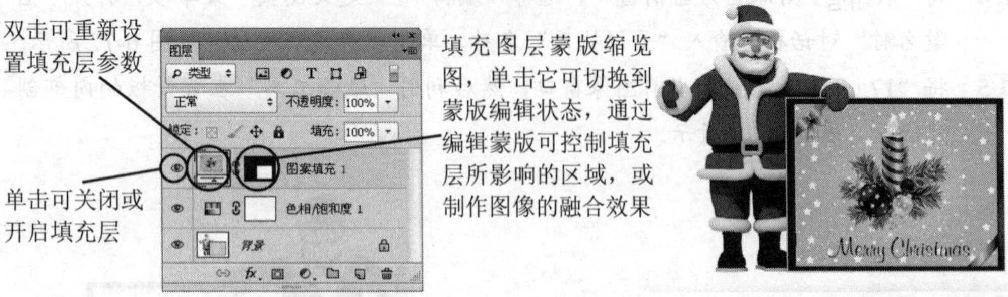

双击可重新设置填充层参数

单击可关闭或开启填充层

填充图层蒙版缩览图，单击它可切换到蒙版编辑状态，通过编辑蒙版可控制填充层所影响的区域，或制作图像的融合效果

图 6-80　添加图案填充图层的效果

# 项目实训

## 一、制作电影海报

打开本书配套素材"项目六"文件夹中"20.psd"、"21.jpg"图像文件，制作图 6-81 所示的电影海报。

**提示：**

（1）在"30.psd"图像窗口的"图层"调板中将"图层 1"置为当前图层，然后设置混合模式为"强光"，"不透明度"为 75%；显示"图层 2"并将其置为当前图层，然后设置"混合模式"为"变亮"，"不透明度"为 60%，如图 6-82 所示。

图 6-81　电影海报效果

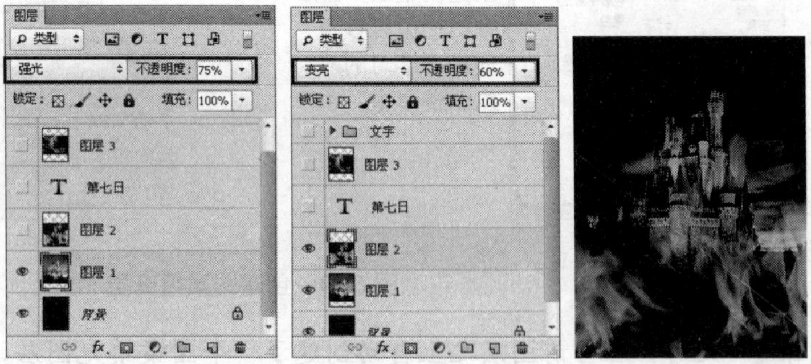

图 6-82　打开素材图片并设置图层混合模式和不透明度

（2）切换到"21.jpg"图像窗口，制作人物图像的选区并羽化 5 像素，然后将人物图像复制到"20.psd"图像窗口右上角，如图 6-83 所示。

（3）在"图层"调板中，双击人物图像所在"图层 4"的缩览图，在打开的"图层样式"对话框中为"图层 4"设置外发光参数，如图 6-84 所示。

图 6-83　选取人物图像并复制

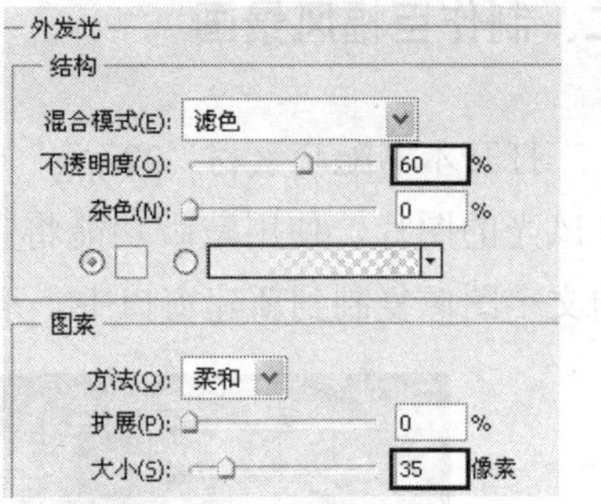

图 6-84　添加外发光样式

（4）为"图层 4"添加图层蒙版，然后使用"画笔工具" 在人物图像底边涂抹，擦除部分图像以使人物图像与背景自然融合，如图 6-85 所示。

（5）在"图层"调板中同时显示"第七日"和"图层 3"，然后在这两个图层之间创建剪贴蒙版，再移动"图层 3"中的图像以调整其在文字中的显示，如图 6-86 所示。

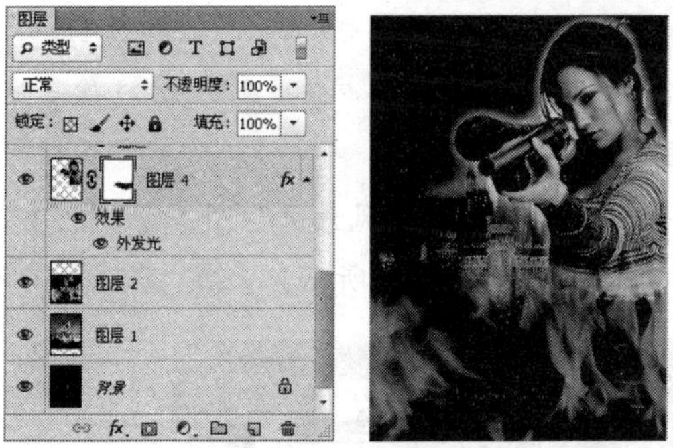

图 6-85　添加图层蒙版并编辑

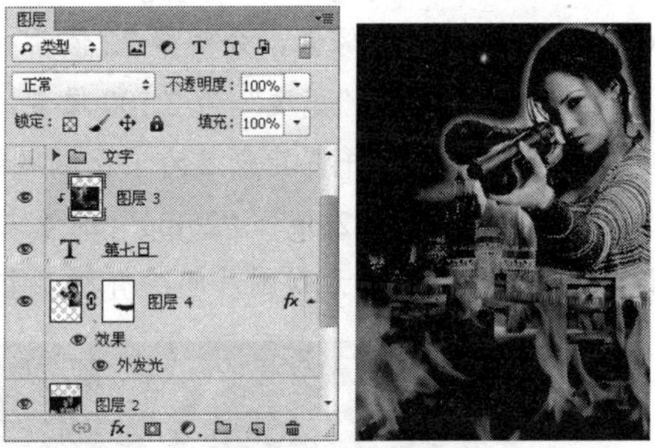

图 6-86　创建剪贴蒙版

（6）为"第七日"图层添加描边样式，参数设置如图 6-87 所示。

（7）在"图层"调板中选中并显示"文字"组，然后创建"色相/饱和度"调整图层，设置"全图"的色相为-4，饱和度为 38，明度为 0，如图 6-88 所示。

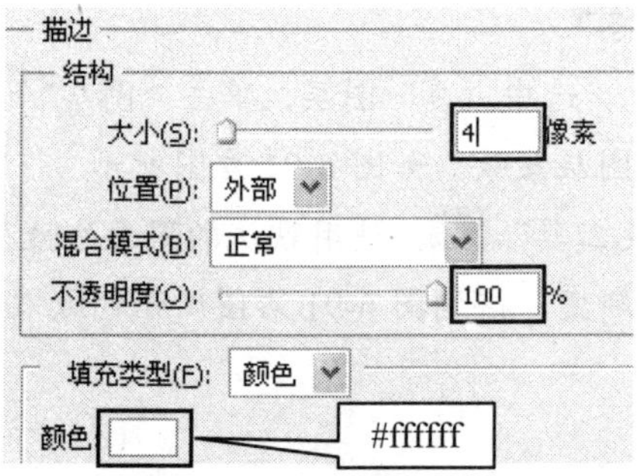

图 6-87　添加描边样式

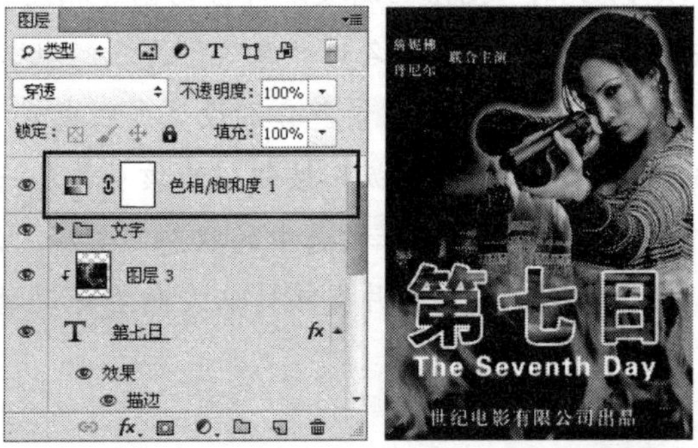

图 6-88　添加调整层

## 二、制作巨幅风景画

打开本书配套素材 "22.jpg" ～ "25.jpg" 图像文件，这是 4 张分别代表春、夏、秋、冬风光的图片，使用蒙版功能将它们融合在一张图片中，然后将 "26.jpg" 图像文件中的文字图像复制到新建窗口中，形成巨幅风景画效果，如图 6-89 所示。

图 6-89 巨幅风景画效果

提示：

（1）打开 "22jpg" ～ "25jpg" 图像文件，依次将 4 张图片的大小全部更改为宽度 800 像素，高度 600 像素，分辨率 72 像素/英寸。

（2）新建一个 "宽度" 为 2 500 像素，"高度" 为 600 像素，"分辨率" 为 72 像素/英寸的图像文件，并将其命名为 "巨幅风景画"。

（3）将素材 "22jpg" ～ "25jpg" 图像文件分别复制到 "巨幅风景画" 图像窗口中并排列好位置，注意各素材图片间要有相互重叠的部分，如图 6-90 所示。

图 6-90 复制并排列图片

（4）此时 "图层" 调板中将自动创建相应的图层，为了方便操作，我们根据不同图层中的内容将图层重命名为 "春"、"夏"、"秋"、"冬"。

（5）将前景色和背景色分别设置成白色和黑色，选中 "夏" 图层，单击 "图层" 调板底部的 "添加图层蒙版" 按钮，为该层添加一个图层蒙版，如图 6-91 左图所示。

（6）确保蒙版处于被选中的状态，选择 "渐变工具" ▢，使用默认的黑白线性渐变，在 "春"、"夏" 图片交接处从左向右拖动填充渐变，得到图 6-91 右图所示的效果。

图 6-91　为"夏"图层添加图层蒙版并编辑

（7）为"秋"和"冬"图层添加图层蒙版，并使用渐变工具为蒙版填充渐变，如图 6-92 所示，以使图像的重叠处互相融合。

图 6-92　为"秋"和"冬"图层添加图层蒙版并编辑

（8）按【Shift+Ctrl+Alt+E】组合键，将所有可见图层合并到一个新图层中，如图 6-93 左图所示。

（9）为了使风景画看起来更加美观，我们调整一下图片边缘的亮度。选择"矩形选框工具" ，在画面中创建一个选区并进行反选操作，得到一个回形选区，如图 6-93 右图所示。

图 6-93　合并图层并创建选区

（10）在"图层 1"上方创建一个"色阶"调整层，调整色阶使选区内的图像变暗。

（11）打开本书配套素材"26.jpg"图像文件，然后将图像中的文字图像复制到"巨幅风景画"图像窗口中，再设置该图像的图层样式，即可完成本实训。

# 项目总结

本项目主要介绍了 Photoshop CS6 的图层功能。读者在学完本项目内容后，应重点掌握以下知识。

➢ 了解"图层"调板的组成元素和掌握图层的基本操作方法。

➢ 从实用性来讲，设置图层混合模式是很常用的操作，但其原理较难理解，因此对于初学者来说，应多操作，并在操作中理解其原理。

➢ 利用 Photoshop 提供的投影、内阴影、斜面和浮雕、发光和光泽、叠加与描边等图层样式，可以制作许多特殊图像效果。各图层样式的创建方法基本相同。

➢ 图层蒙版是建立在当前图层上的一个遮罩，用于遮盖当前图层中不需要显示的图像，从而控制图像的显示范围或制作图像融合效果。对于普通图层蒙版而言，它实际上是一幅 256 色的灰度图像，其白色区域为完全不透明区，黑色区域为完全透明区，其他灰色区域为半透明区。

➢ 调整图层和填充图层都属于带蒙版的图层，利用它们可以在不改变源图像的情况下，调整图像的色彩或填充图像。

# 项目考核

一、选择题

1.（　　）是 Photoshop 中最基本、最常用的图层。

    A．普通图层                     B．背景图层

    C．形状图层                     D．调整图层和填充图层

2．选择"图层" > "新建" > "图层"菜单项或按（　　）组合键，可打开"新建图层"对话框。

    A．【Shift+Ctrl+N】           B．【Ctrl+Alt+N】

    C．【Ctrl+Alt+Z】            D．【Ctrl+J】

3．按（　　）组合键可把选区内的图像创建为新图层。

    A．【Ctrl+B】     B．【Ctrl+J】     C．【Alt+J】     D．【Alt+B】

4．要选择多个不连续的图层，可在按住（　　）键的同时依次单击要选择的图层。

    A．【Shift】     B．【空格键】     C．【Ctrl】     D．【Alt】

5．普通图层蒙版的（　　）为完全不透明区域。

    A．白色区域                     B．黑色区域

    C．灰色区域                     D．透明区域

6. 如果希望将填充图层转换为带蒙版的普通图层，可选择（　　）菜单项。

　　A. "图层" > "栅格化" > "形状"　　　　B. "图层" > "栅格化" > "填充内容"

　　C. "图层" > "栅格化" > "矢量蒙版"　　D. "图层" > "栅格化" > "图层"

7. 按住（　　）键单击图层蒙版缩览图，图像窗口将单独显示蒙版图像。

　　A.【Alt】　　　　B.【Ctrl】　　　　C.【Shift】　　　　D.【Ctrl+Shift】

二、判断题

1. 新建的图像通常只有一个图层，那就是普通图层。　　　　　　　　　　（　　）

2. 调整图层和填充图层可无损调整该图层下方图层中图像的色调、色彩和填充。

　　　　　　　　　　　　　　　　　　　　　　　　　　　　　　　　（　　）

3. 若将多个图层链接在一起，便可同时对这些图层中的图像进行移动、变形、缩放、对齐、重命名等操作。　　　　　　　　　　　　　　　　　　　　　　（　　）

4. 为图像添加了样式后，在"图层"调板中应用了样式的图层后面会显示图标，单击其后的下三角按钮，即可将该样式删除。　　　　　　　　　　　　　　（　　）

5. 如果图像中存在选区，则单击"添加图层蒙版"按钮后，将创建一个仅显示选区图像的蒙版。　　　　　　　　　　　　　　　　　　　　　　　　　　（　　）

6. 设置了图层的"填充"不透明度后，为图层添加的样式将受到影响。（　　）

# 项目七 创建路径、形状和文本

## 项目导读

虽然 Photoshop 是一款专业的图像处理软件，但它也具有绘制矢量图形的功能。此外，利用 Photoshop 的文字功能，用户还可以为图像增加具有艺术感的文字，从而增强图像的表现力。下面我们便来学习绘制图形，以及创建文本的方法。

## 学习目标

- ✑ 了解形状和路径的概念。
- ✑ 掌握利用 Photoshop 提供的形状工具和钢笔工具等绘制形状和路径的方法。
- ✑ 掌握描边和填充路径，以及将路径转换为选区的方法。
- ✑ 掌握在图像中创建和美化文本的方法。

# 任务一 绘制卡通钟表——使用形状工具组

## 任务说明

使用 Photoshop 形状工具组中提供的工具（参见图 7-1）可以绘制系统预设的各种形状或路径。下面，我们通过绘制图 7-2 所示的卡通表，来学习这些工具的特点和用法。

素材：素材与实例\项目七\1.jpg
效果：素材与实例\项目七\卡通钟表.psd
视频：视频\项目七\7-1.swf

图 7-1 形状工具组

图 7-2 卡通钟表效果

## 预备知识

### 一、认识形状和路径

在 Photoshop 中，形状与路径都用于辅助绘画。其共同点是：它们都使用相同的绘制工具（如钢笔、直线、矩形等工具），其编辑方法也完全一样。不同点是：绘制形状时，系统将自动创建以前景色为填充内容的形状图层,此时形状被保存在图层的矢量蒙版中；路径并不是真实的图形，无法用于打印输出，需要用户对其进行描边、填充才成为图形。此外，可以将路径转换为选区。

### 二、认识形状工具组

Photoshop 形状工具组中提供的各工具的作用如下。

> **"矩形工具"** ▣：可以绘制出矩形或正方形。
> **"圆角矩形工具"** ▣：可以绘制圆角矩形。
> **"椭圆工具"** ◯：可以绘制圆形和椭圆形。
> **"多边形工具"** ◯：可以绘制等边多边形，如等边三角形、五角星和星形等。
> **"直线工具"** ╱：可以绘制直线，还可通过设置工具属性来绘制带箭头的直线。
> **"自定形状工具"** ✿：可以绘制 Photoshop 预设的形状、自定义的形状或者是外部提供的形状，如箭头、月牙形和心形等形状。

## 任务实施——绘制卡通钟表

### 制作思路

打开素材图片，首先利用"椭圆工具"◯绘制钟表的底盘，然后利用"直线工具"╱绘制钟表的刻度和指针，最后利用"自定形状工具"✿绘制月亮和星星图像。

### 制作步骤

**步骤 1** 打开本书配套素材"1.jpg"图像文件，选择工具箱中的"椭圆工具"◯，然后在其工具属性栏中设置"绘图模式"为"形状"，"描边"无╱，"形状运算"为"新建图层"，如图 7-3 所示。形状工具属性栏中各选项的意义如下。

图 7-3 "椭圆工具"属性栏

> **绘图模式**：选择一个形状工具后，需要先在工具属性中选择相应的绘图模式，然后再进行绘图操作。在属性栏左侧的"绘图模式"下拉列表中包含 3 种绘图模式："形状"表示绘制图形时将创建形状层，此时所绘制的形状将被放置在形状层的蒙版中；"路径"表示绘制时将创建路径，不生成形状；"像素"表示绘制时生成位图。

> **设置填充和描边类型**：若设置的绘图模式为"形状"，可分别单击属性栏中的"填充"填充：■ 和"描边"描边：☑ 按钮，在弹出的下拉面板选择用纯色、渐变或图案对图形进行填充和描边，如图 7-4 所示。

> **设置描边粗细**：在 3点 编辑框中输入数值可设置描边粗细，单位为像素。

> **设置描边选项**：单击 —— 按钮将打开一个下拉面板，如图 7-5 所示，在该面板中可以设置描边的线型和端点形状等。

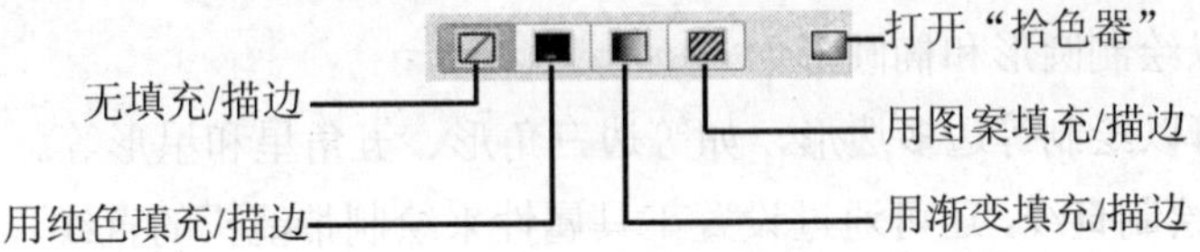

打开"拾色器"

无填充/描边

用纯色填充/描边

用图案填充/描边

用渐变填充/描边

图 7-4　填充和描边类型下拉列表 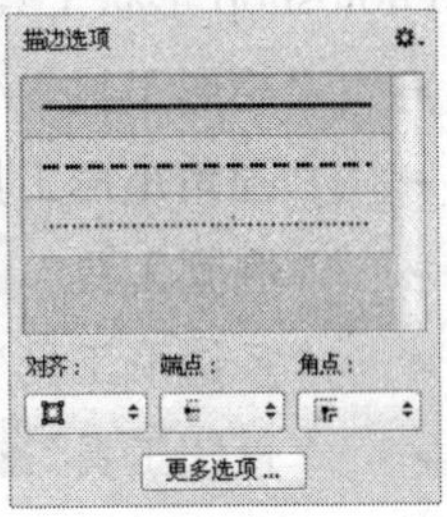　　　　图 7-5　"描边选项"下拉面板

> **形状运算**：当需要在一个形状图层中绘制多个形状时，单击"形状运算"按钮 □，可在弹出的下拉列表中选择形状的运算方式，如图 7-6 左图所示，各运算方式效果如图 7-6 右图所示。

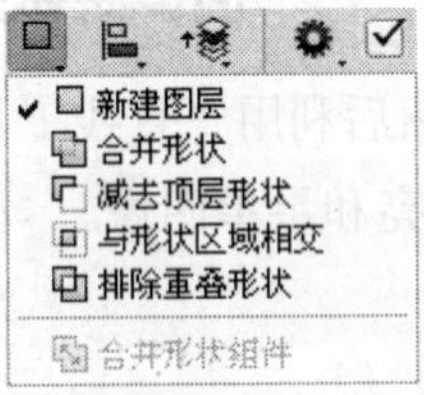

新建图层
合并形状
减去顶层形状
与形状区域相交
排除重叠形状
合并形状组件

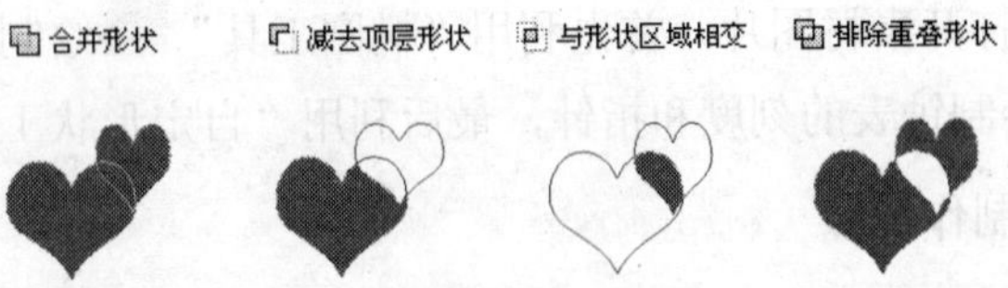

合并形状　　减去顶层形状　　与形状区域相交　　排除重叠形状

图 7-6　"形状运算"下拉列表及效果

> **设置形状选项**：单击工具属性栏中的 ✿ 按钮，可在弹出的对话框中设置相关工具的参数，如图 7-7 所示。

**步骤 2**　单击属性栏中的"填充"按钮，在弹出的下拉列表中单击"拾色器"按钮 □，打开"拾色器"对话框，在"拾色器"对话框中设置填充颜色为浅绿色（#58b04a），单击"确定"按钮后该颜色将出现在最近使用的颜色列表中，同时，"填充"按钮也会变为浅绿色，如图 7-8 所示。

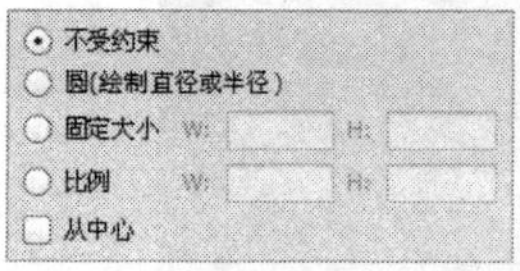

图 7-7　椭圆工具选项

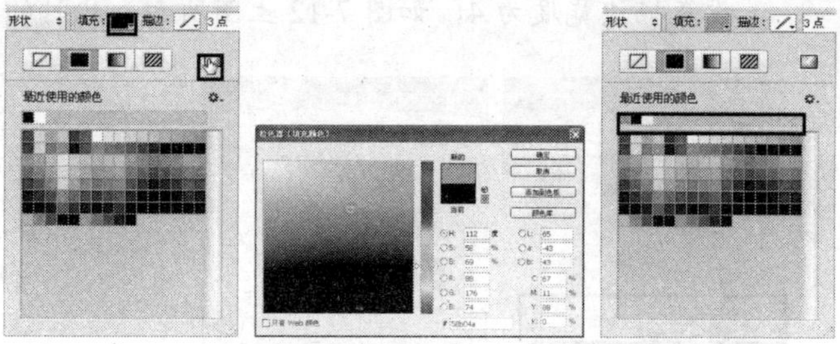

图 7-8　设置填充颜色

**步骤 3**　将鼠标光标移至图像中的适当位置，按住【Shift】键单击并拖动鼠标绘制一个正圆形，如图 7-9 左图所示。此时，在"图层"调板中自动生成一个"椭圆 1"的形状图层，如图 7-9 右图所示。

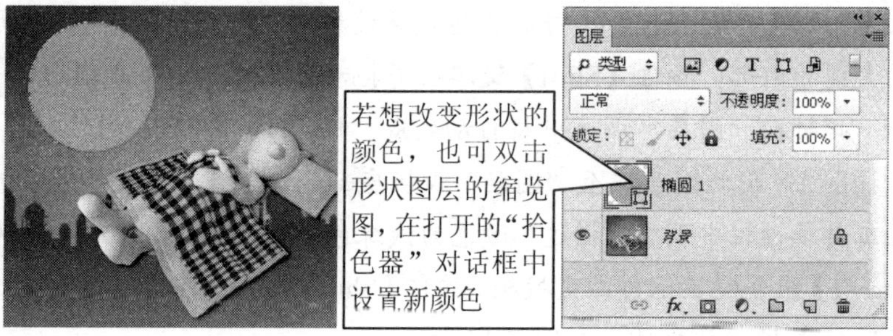

若想改变形状的颜色，也可双击形状图层的缩览图，在打开的"拾色器"对话框中设置新颜色

图 7-9　绘制圆形

**步骤 4**　继续在图像窗口中绘制一个椭圆形，然后按【Ctrl+T】组合键显示自由变换框，将图形适当旋转，接着选择"移动工具"，按住【Alt+Shift】键的同时拖动椭圆，将其水平复制到正圆的右侧，再对其进行"水平翻转"操作，如图 7-10 所示。

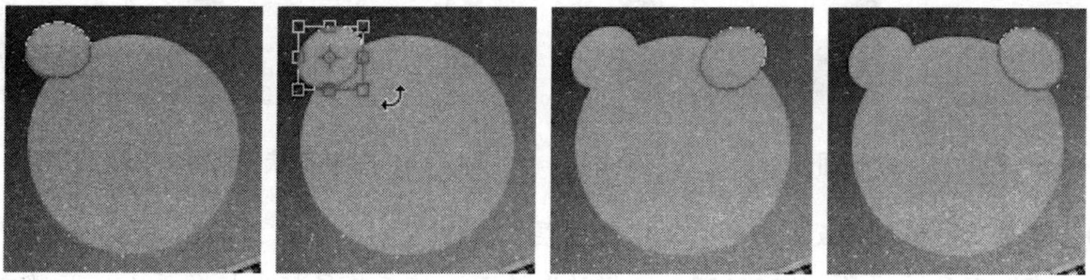

图 7-10　绘制圆形并对其进行旋转和复制操作

**步骤 5**　按住【Shift】键在"图层"调板中单击"椭圆 1"图层，然后按【Ctrl+E】组合键合并选中的图层，如图 7-11 所示。

**步骤 6**　单击工具属性栏中的"描边"按钮，在弹出的下拉列表中单击"拾色器"按钮▇，打开"拾色器"对话框，然后在对话框中设置描边颜色为绿色（#156129），再设置描边宽度为 4，如图 7-12 上图所示。此时的图像效果如图 7-12 下图所示。

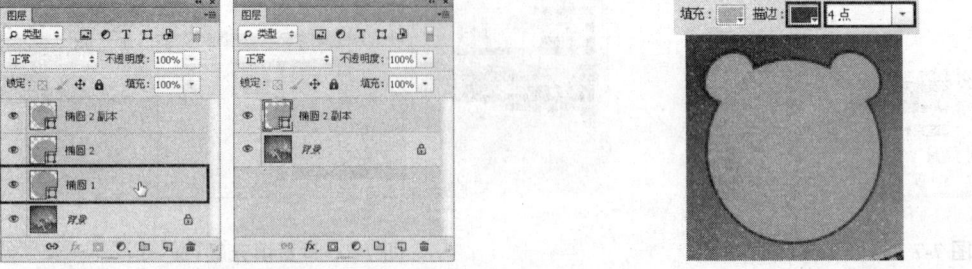

图 7-11　选择图层并将其合并　　　　　　　图 7-12　设置描边颜色和宽度

**步骤 7**　单击"图层"调板底部的"创建新图层"按钮，选择"椭圆工具"，然后将工具属性栏中的"填充"颜色设为白色，"描边"颜色设为最近使用的颜色列表中的绿色（#156129），并将描边宽度设为 2。将鼠标光标移至步骤 6 中绘制的大圆的内部，按住【Shift】键单击并拖动鼠标绘制一个正圆形，如图 7-13 所示。此时在"图层"调板中将自动生成"椭圆 1"形状图层。

**步骤 8**　将"椭圆 1"形状图层拖至"图层"调板底部的"创建新图层"按钮上，然后在工具属性栏中调整"描边"颜色为浅绿色（#58b04a），描边宽度为 1。再按【Ctrl+T】组合键显示自由变换框，按住【Shift】键将该图形成比例略微缩小后，按【Enter】键确认操作，如图 7-14 所示。

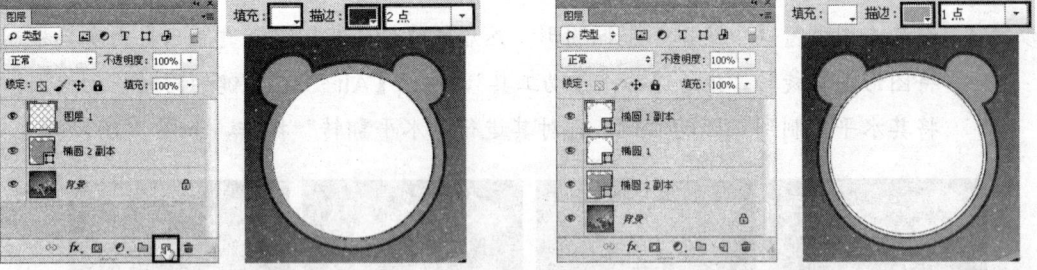

图 7-13　绘制圆形　　　　　　　图 7-14　复制形状图层并对其进行调整

**步骤 9**　单击"图层"调板底部的"创建新图层"按钮，然后在工具属性栏中设置"填充"颜色为绿色（#156129），"描边"为无。接着将鼠标光标移至上一步骤中图像的中部，按住【Shift】键单击并拖动鼠标绘制一个正圆形。

**步骤 10**　按住【Shift】键在"图层"调板中单击"椭圆 1"图层，然后分别选择"图层" > "对齐" > "垂直居中"菜单项和"图层" > "对齐" > "水平居中"菜单项，使 3 个椭圆形状层的圆心重叠，如图 7-15 所示。

**步骤 11**　按【Ctrl+R】组合键在图像窗口的左侧和顶部显示标尺，然后分别将鼠标光标移至水平和垂直标尺上，按住鼠标左键不放并向下和向右拖动，至圆心的位置后释放鼠标，从而在该处创建水平和垂直参考线，如图 7-16 所示。

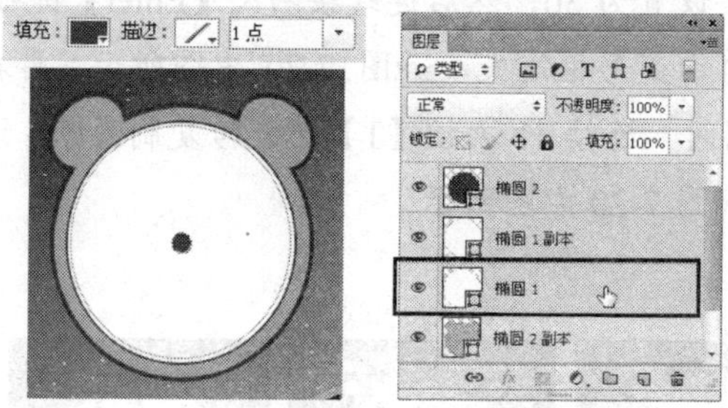

图 7-15 绘制圆形并对齐图层

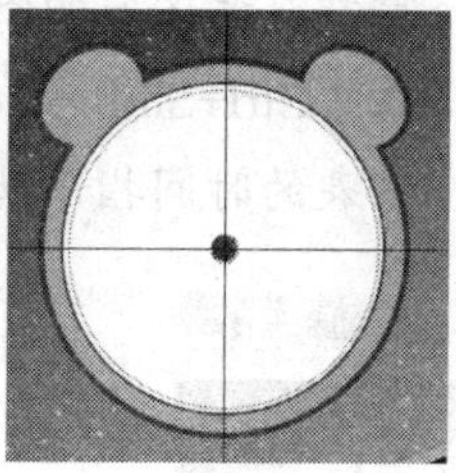

图 7-16 创建参考线

**步骤 12** 单击"图层"调板底部的"创建新图层"按钮 ，然后在工具属性栏中设置"填充"颜色为黑色。接着将鼠标光标移至图像窗口中，按住【Shift】键单击并拖动鼠标绘制一个图 7-17 左图所示的正圆形。此时，在"图层"调板中自动生成一个"椭圆 3"的形状图层。

**步骤 13** 单击"图层"调板底部的"创建新图层"按钮 ，然后在工具属性栏中设置"填充"颜色为白色。接着将鼠标光标移至图像窗口中，按住【Shift】键单击并拖动鼠标绘制一个图 7-17 右图所示的正圆形。此时，在"图层"调板中自动生成一个"椭圆 4"的形状图层。

**步骤 14** 按住【Ctrl】键单击"椭圆 3"形状图层，然后单击图层调板底部的"链接图层"按钮，将该图层与"椭圆 4"形状图层链接，接着将它们拖至"创建新图层"按钮上，再按住【Shift】键将复制的图形水平移动至图 7-18 中图所示位置，再将选择"编辑" > "变换" > "水平翻转"菜单项将图像水平翻转，效果如图 7-18 右图所示。

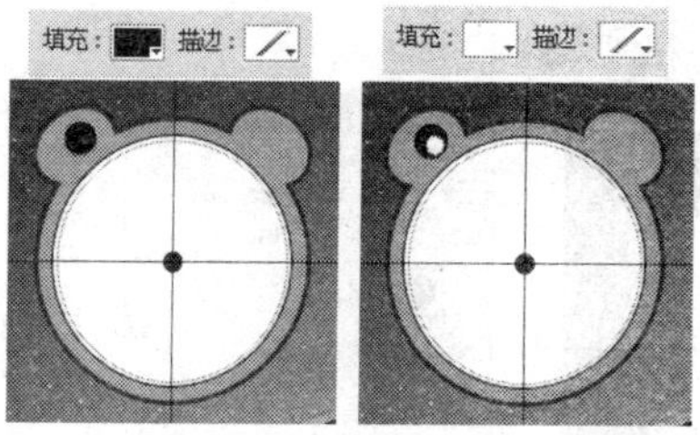

图 7-17 绘制圆形

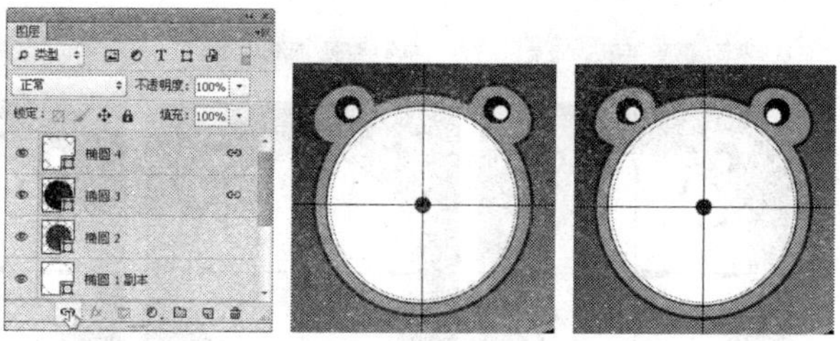

图 7-18 链接并复制图层

**步骤 15** 选择工具箱中的"直线工具" ，单击"图层"调板底部的"创建新图层"按钮 ，在其工具属性栏中设置"填充"颜色为黑色，粗细为 5 像素，然后在图 7-19 所示位置绘制一直线（直线的垂直中线与垂直参考线重合）。

**步骤 16** 按【Ctrl+T】组合键显示自由变换框，然后将变换框中间的旋转支点拖至水平参考线和垂直参考线的交叉点上，如图 7-20 左图所示。

**步骤 17** 在工具属性栏中将"旋转角度"设置为 30，然后连续按两次【Enter】键确认操作，选区内的图像被旋转，自由变形框消失，如图 7-20 中图所示。再在按住【Ctrl+Shift+Alt】组合键的同时，连续 11 次按【T】键旋转复制图像，这样钟表的时间指示就制作好了，如图 7-20 右图所示。

图 7-19　绘制直线 　　　　　　　图 7-20　旋转并复制图像

**步骤 18** 单击"图层"调板底部的"创建新图层"按钮，在其工具属性栏中设置"填充"颜色为绿色（#156129），"粗细"为 8 像素，然后在图 7-21 左图所示位置绘制一直线（直线的水平中线与水平参考线重合）。

**步骤 19** 单击"图层"调板底部的"创建新图层"按钮，在其工具属性栏中设置"粗细"为 5 像素，然后在图 7-21 中图所示位置绘制一直线（直线的垂直中线与垂直参考线重合）。

**步骤 20** 单击"图层"调板底部的"创建新图层"按钮，在其工具属性栏中设置"填充"颜色为红色，"粗细"为 2 像素，然后在图 7-21 右图所示位置绘制一直线（直线的垂直中线与垂直参考线重合）。在"图层"调板中将"椭圆 2"形状图层移至"形状 4"图层的上方，如图 7-22 所示。

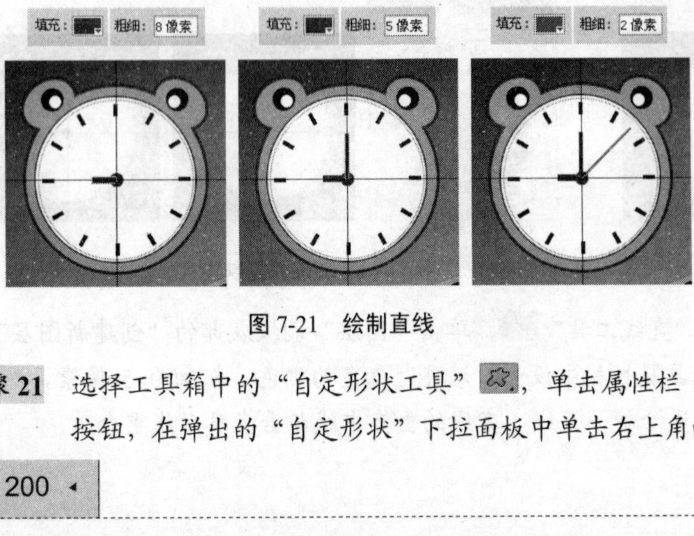

图 7-21　绘制直线 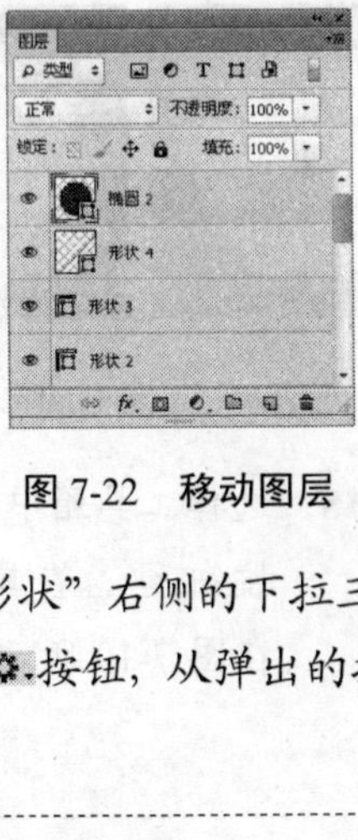　　　　　　　图 7-22　移动图层

**步骤 21** 选择工具箱中的"自定形状工具"，单击属性栏"形状"右侧的下拉三角按钮，在弹出的"自定形状"下拉面板中单击右上角的按钮，从弹出的控制

菜单中选择"形状"，如图 7-23 所示。

**步骤 22** 在打开的对话框中单击"追加"按钮，即可在"自定形状"下拉面板中添加形状，这里我们选择添加的"新月"形状，然后单击"图层"调板底部的"创建新图层"按钮 🔲，接着在工具属性栏中设置"填充"颜色为白色，并在小人的头顶绘制新月图形，如图 7-24 所示。

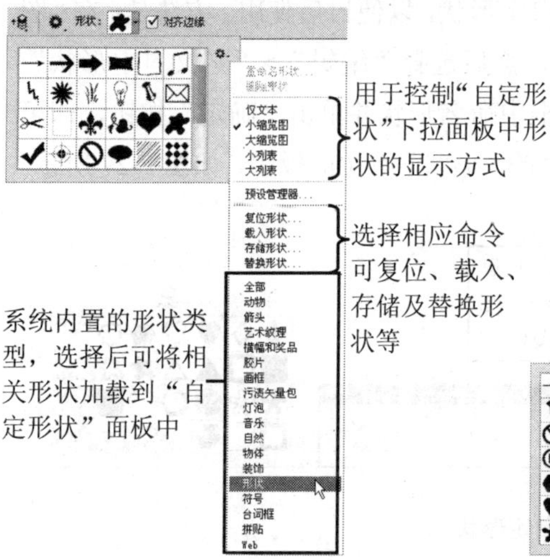

用于控制"自定形状"下拉面板中形状的显示方式

选择相应命令可复位、载入、存储及替换形状等

系统内置的形状类型，选择后可将相关形状加载到"自定形状"面板中

图 7-23　选择"形状"形状类型 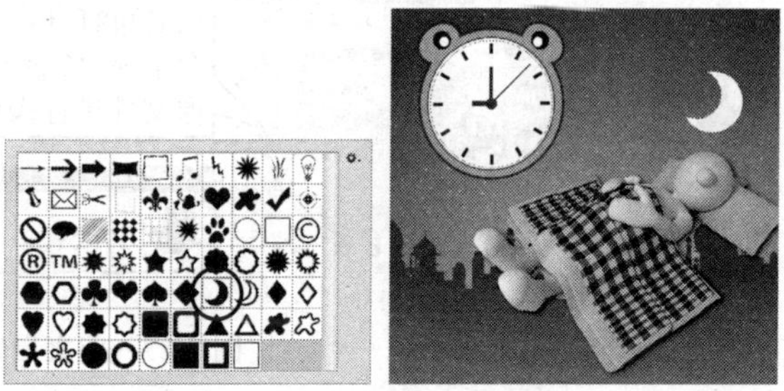　　　　　图 7-24　绘制"新月"图形

**步骤 23** 在"自定形状"下拉面板中选择"五角星"形状，然后创建一个新图层，再在小人的头顶绘制图 7-25 所示的 3 个五角星形状。

**步骤 24** 按住【Ctrl】键在"图层"调板中单击"形状 5"，选择"图层">"合并形状">"减去重叠处形状"菜单项，得到图 7-26 右图所示效果。最后将图像另存。本实例的最终效果如前面的图 7-1 所示。

图 7-25　绘制"五角星"形状 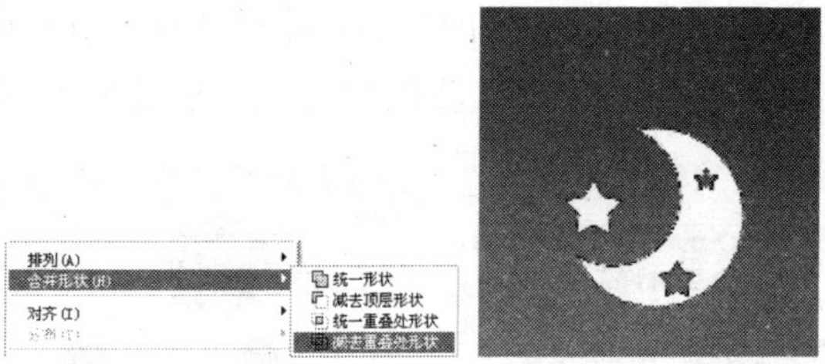　　　　　图 7-26　合并形状

## 补充学习——形状绘制技巧

下面补充学习绘制形状的一些注意事项和应用技巧。

> 形状图层不同于普通的图层，用户不能对它执行诸如绘画、调整色彩与色调、应用大多数滤镜等操作。如果希望将形状层转换为普通层，可选择"图层">"栅格化">"形状"或"图层"菜单项。

> 将形状转换为选区的方法是：在按住【Ctrl】键的同时，单击形状图层缩览图，或者在选中该图层后按【Ctrl+Enter】组合键。

> 可根据个人需要将现有的图形保存为自定形状，以便日后使用。方法是：在"图层"调板中选中该图形的蒙版缩览图，然后选择"编辑">"定义自定形状"菜单项，在弹出的"形状名称"对话框中命名形状并单击"确定"按钮，即可将图形保存到"自定形状工具"属性栏的"形状"下拉面板中，如图 7-27 所示。

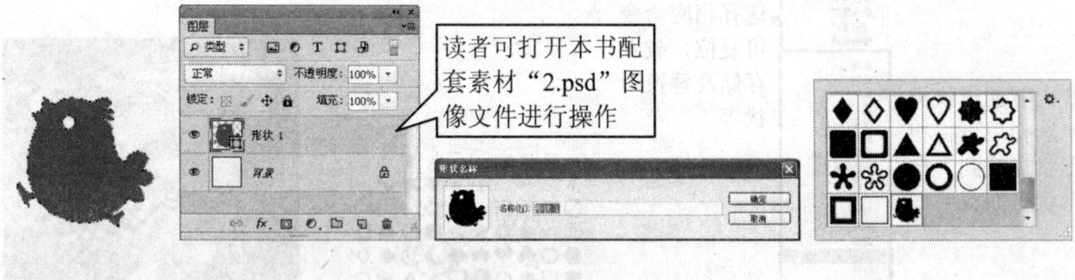

图 7-27　定义自定形状

> 选择形状工具后，若在绘制形状的过程中按住【Shift】键，将等比例绘制形状。例如，可以绘制正方形、正圆等。

# 任务二　绘制卡通猫——使用钢笔和路径选择工具组

## 任务说明

利用 Photoshop 的钢笔和路径选择工具组中的工具（参见图 7-28）可以绘制任意形状或路径。本任务中，我们将通过绘制图 7-29 所示的卡通猫来学习这些工具的使用方法。

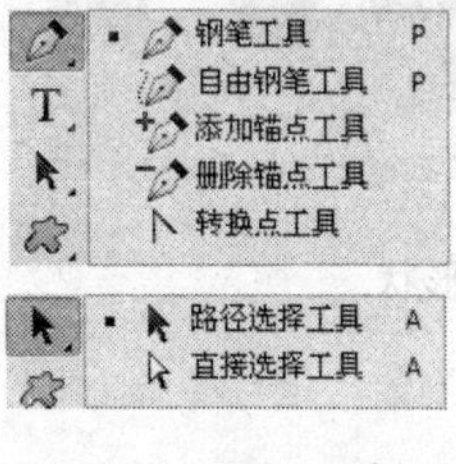

效果：素材与实例\项目七\卡通猫.psd
视频：视频\项目七\7-2.swf

图 7-28　钢笔工具组　　　　图 7-29　卡通猫效果

## 预备知识

> "钢笔工具" : 可以通过创建直线锚点和曲线锚点来绘制连续的直线或曲线。

> "自由钢笔工具" : 可以像使用铅笔在纸上绘图一样来绘制图形。

> 锚点: 用来控制图形的外观, 分为直线锚点和曲线锚点等。

> "直接选择工具" : 用来选择、移动锚点或锚点的方向控制杆, 从而改变图形的形状。

> "路径选择工具" : 用来选择、移动或复制形状或路径。

> "添加锚点工具" 、"删除锚点工具" 或"转换点工具" : 用来添加、删除锚点或转换锚点类型, 从而方便调整图形的形状。

## 任务实施——绘制卡通猫

### 制作思路

首先使用"钢笔工具" 并配合其他工具绘制卡通猫轮廓, 使用"自由钢笔工具" 绘制卡通猫尾巴, 然后"椭圆工具" 和"钢笔工具" 等绘制卡通猫的眼睛、腮红和嘴巴等, 完成实例制作。

### 制作步骤

**步骤 1** 设置背景色为湖蓝色 (#00ccf5), 然后新建一个宽度和高度分别为 500 像素和 300 像素, 颜色模式为 RGB, 背景内容为背景色的文件。

**步骤 2** 选择工具箱中的"钢笔工具" , 并在其工具属性栏中设置图 7-30 所示的参数。

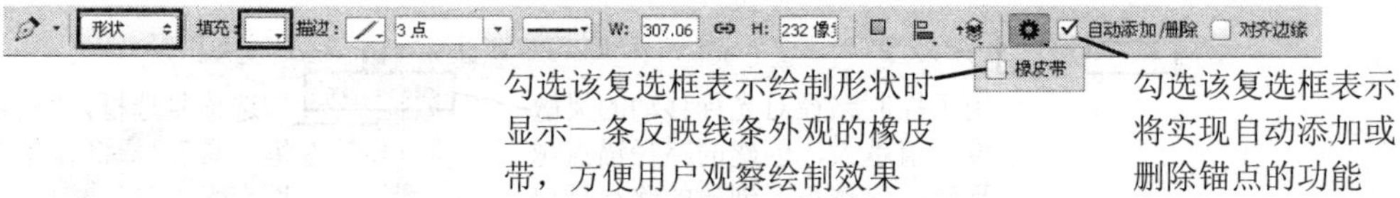

形状 ÷ 填充: 描边: / 3点 ▼ ─── W: 307.06 ∞ H: 232 像 自动添加/删除 对齐边缘

勾选该复选框表示绘制形状时
显示一条反映线条外观的橡皮
带, 方便用户观察绘制效果

勾选该复选框表示
将实现自动添加或
删除锚点的功能

图 7-30 "钢笔工具属性栏"

**步骤 3** 参数设置好后, 把鼠标光标移至图像窗口中, 依次单击创建 3 个锚点, 绘制猫的耳朵, 如图 7-31 左图所示。

**步骤 4** 在图 7-31 右图所示位置单击并按住鼠标左键不放向右拖动, 拖出两个方向控制杆, 这样小猫左半边脸的轮廓就绘制出来了。

> **小技巧**　　选择"钢笔工具" 后, 在图像窗口中单击会创建直线锚点, 直线锚点之间的连线为直线; 若单击鼠标并拖动, 则会创建曲线锚点。曲线锚点的两侧有方向控制杆, 拖动方向控制杆可调整曲线形状。

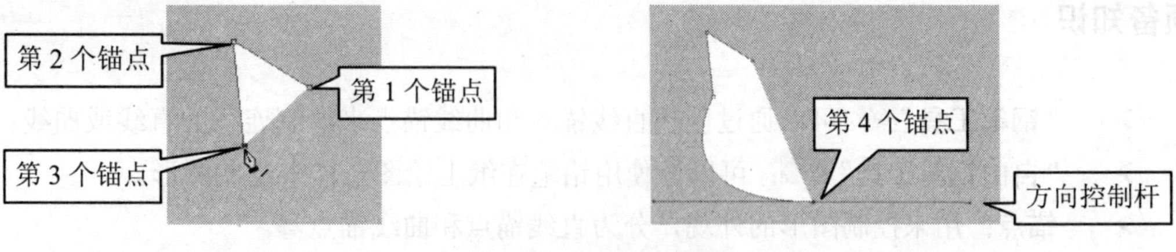
第 2 个锚点
第 1 个锚点
第 3 个锚点
第 4 个锚点
方向控制杆

图 7-31 绘制猫耳朵和脸

**步骤 5** 按【Ctrl+R】组合键在图像窗口中显示标尺，然后分别在第 1、2 和 3 个锚点处创建水平参考线，再将光标移至图 7-32 左图所示的位置单击，绘制第 5 个锚点。

**步骤 6** 依次将光标移至图 7-32 中图所示的位置并单击，绘制第 6 个和第 7 个锚点。

**步骤 7** 将光标移至起点，此时光标呈形状，单击鼠标即可封闭形状，如图 7-32 右图所示。这样小猫的脸就绘制好了，按【Ctrl+H】组合键隐藏参考线。

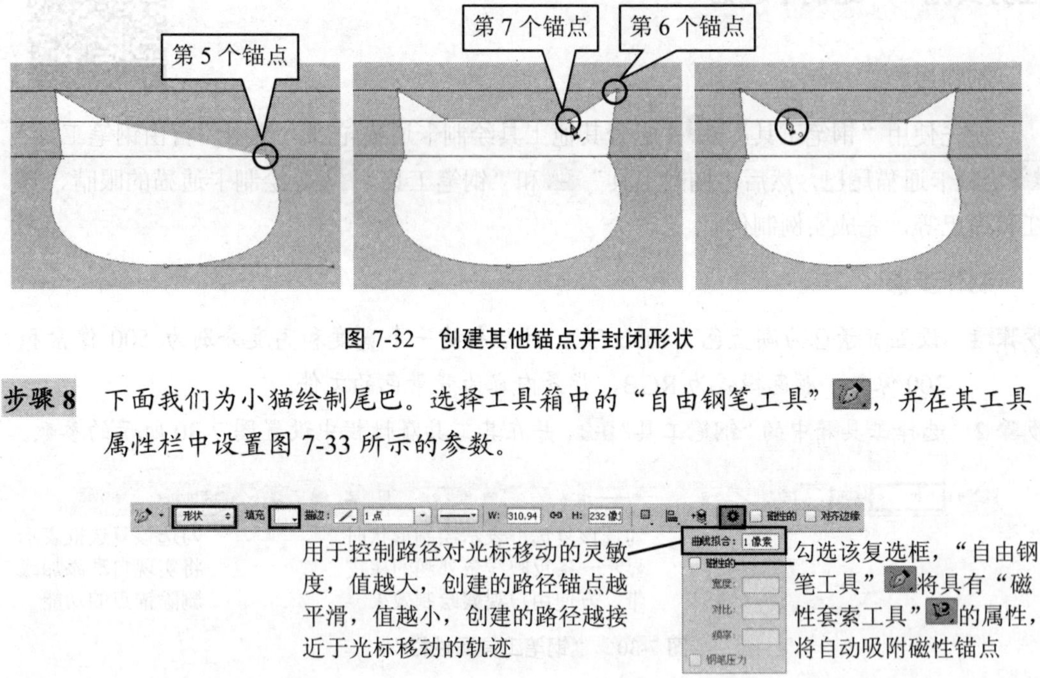
第 5 个锚点
第 7 个锚点
第 6 个锚点

图 7-32 创建其他锚点并封闭形状

**步骤 8** 下面我们为小猫绘制尾巴。选择工具箱中的“自由钢笔工具”，并在其工具属性栏中设置图 7-33 所示的参数。

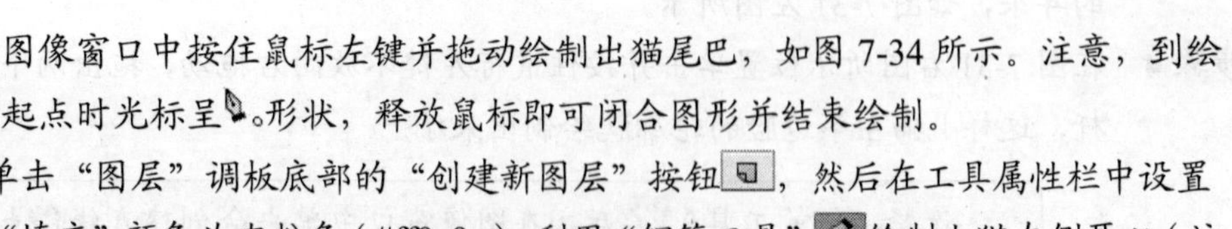
形状
填充
描边
1 点
W: 310.94
H: 232 像
磁性的
对齐边缘
曲线拟合: 1 像素
用于控制路径对光标移动的灵敏度，值越大，创建的路径锚点越平滑，值越小，创建的路径越接近于光标移动的轨迹
勾选该复选框，“自由钢笔工具”将具有“磁性套索工具”的属性，将自动吸附磁性锚点
宽度:
对比:
频率:
钢笔压力

图 7-33 自由钢笔工具属性栏

**步骤 9** 在图像窗口中按住鼠标左键并拖动绘制出猫尾巴，如图 7-34 所示。注意，到绘制起点时光标呈形状，释放鼠标即可闭合图形并结束绘制。

**步骤 10** 单击“图层”调板底部的“创建新图层”按钮，然后在工具属性栏中设置“填充”颜色为肉粉色（#ff9e9e），利用“钢笔工具”绘制小猫左侧耳心（注意封闭图形）的大致轮廓，如图 7-35 所示。

**提示**　　　绘制小猫耳心时应注意在相应的位置创建曲线锚点，并拖动控制柄调整曲线形状。在绘制前可将视图放大显示再进行绘制。

**步骤11**　选择"添加锚点工具" ，将鼠标指针移动至图 7-36 所示位置，当其变为 +形状时单击添加一个锚点。必须显示图形的轮廓并在轮廓上单击才能添加锚点。

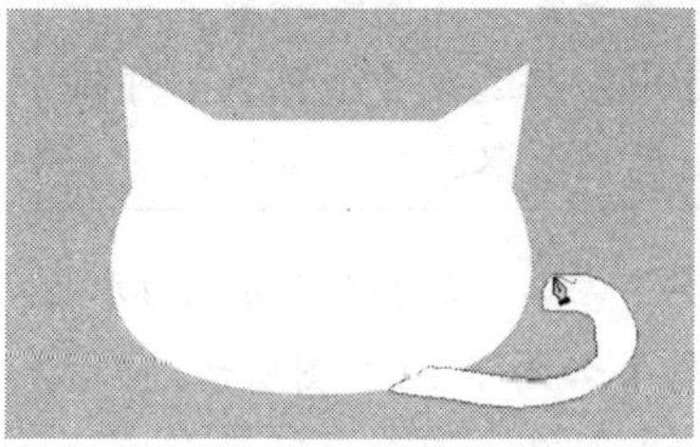

图 7-34　绘制猫尾巴 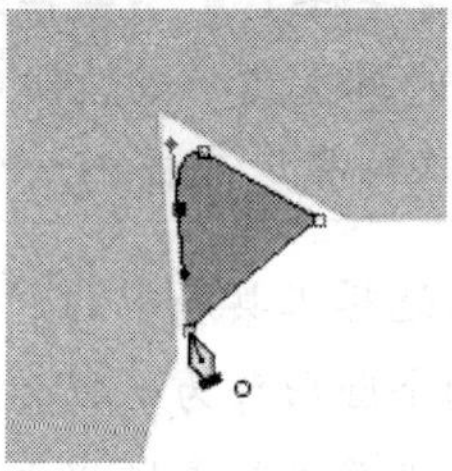　　　　图 7-35　绘制耳心大致轮廓 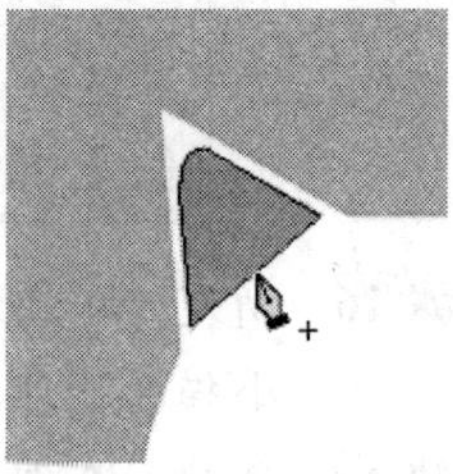　　　图 7-36　添加锚点

**步骤12**　将鼠标指针移至添加的锚点上方，当其变为 形状时适当向左上方拖动，效果如图 7-37 所示。由于默认情况下添加的是曲线锚点，因此直线变成了弧形曲线。

**步骤13**　选择"路径选择工具" ，单击耳心图形将其选中，然后按住【Alt】键拖动该图形，释放鼠标后即可将其复制一份，如图 7-38 左图所示。

**步骤14**　选择"编辑">"变换路径">"水平翻转"菜单，将复制的形状水平翻转，然后使用"路径选择工具" 移动到右耳位置，如图 7-38 中图所示。

**提示**　　　使用步骤 14 的方式复制图形时，复制的副本对象将位于当前形状层中。用户也可通过复制形状图层来复制图像。
　　　当一个形状图层中包含多个图形时，选择"路径选择工具" 并按住【Shift】键依次单击，或框选要选择的图形，可同时选中多个图形。要删除所选图形，可按【Delete】键。

**步骤15**　选择"直接选择工具" ，首先在蓝色背景区域单击，取消耳心选中状态，然后再单击该图形的轮廓将其选中，此时将显示空心锚点，将光标分别移动至右耳心下方的左右两个锚点上，单击并适当向内拖动，如图 7-38 右图所示。

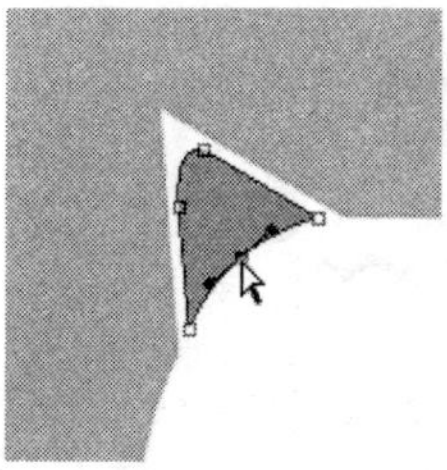

图 7-37　移动锚点位置 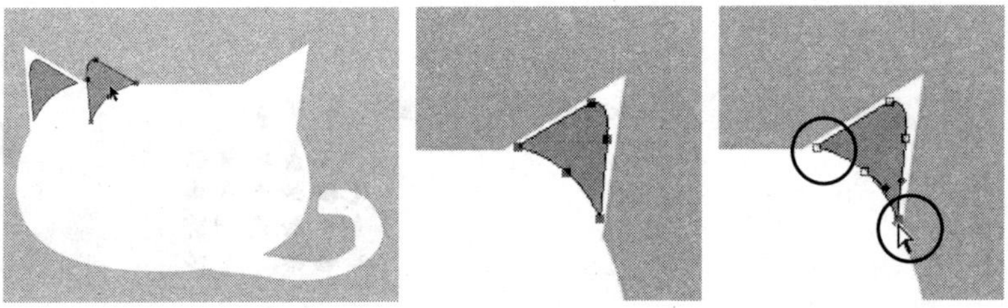　　　　图 7-38　复制耳心并调整其位置和形状

**提示**

使用“路径选择工具” 选择图形时，实质是选中了图形上的所有锚点，因此可以对图形进行整体移动或变形；而使用“直接选择工具” 可以选中图形上的单个或多个锚点（被选中的锚点为实心，未被选中的为空心），并可对所选锚点或锚点的方向控制杆进行拖动操作，从而自由调整图形。

要使用“直接选择工具” 选择锚点，首先需要在图形轮廓上单击以显示锚点，此时单击某个锚点即可将其选中；要选择多个锚点，可按住【Shift】键依次单击，或拖出一个选取框进行选取。

**步骤 16** 新建一个图层，然后选择工具箱中的“椭圆工具” ，接着将鼠标光标移至小猫的脸部，绘制两个圆形作为小猫的腮红，效果如图 7-39 左图所示。

**步骤 17** 新建一个图层，然后设置工具属性栏中的“填充”颜色为黑色，继续利用“椭圆工具” 绘制两个圆形作为小猫的眼睛，效果如图 7-39 中图所示。

**步骤 18** 新建一个图层，然后选择工具箱中的“钢笔工具” ，将鼠标光标移至眼睛和腮红之间的区域，绘制图 7-39 右图所示的小猫嘴巴。

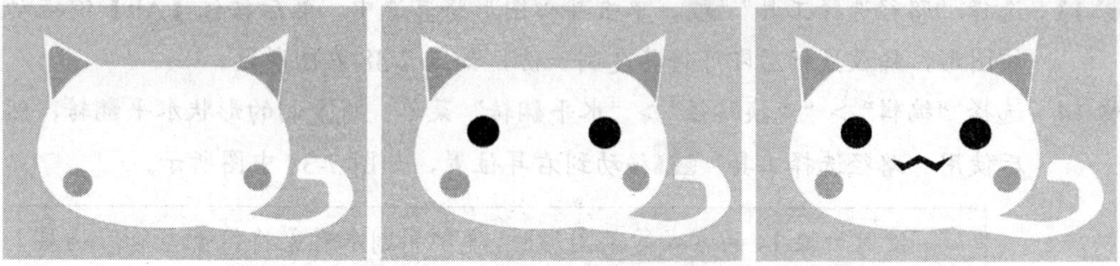

图 7-39　绘制小猫的眼睛和嘴巴

**步骤 19** 新建一个图层，然后选择工具箱中的“自定形状工具” ，在“自定形状”下拉面板中将“自然”形状类型加载到“自定形状”面板中，然后选择“花 4”形状，再“填充”颜色为紫红色（#d822a7）如图 7-40 左图所示。

**步骤 20** 属性设置好后，将鼠标光标移至图像窗口中小猫右耳的左侧，按住鼠标左键并拖动绘制小花图形，如图 7-40 右图所示。最后将图像保存。

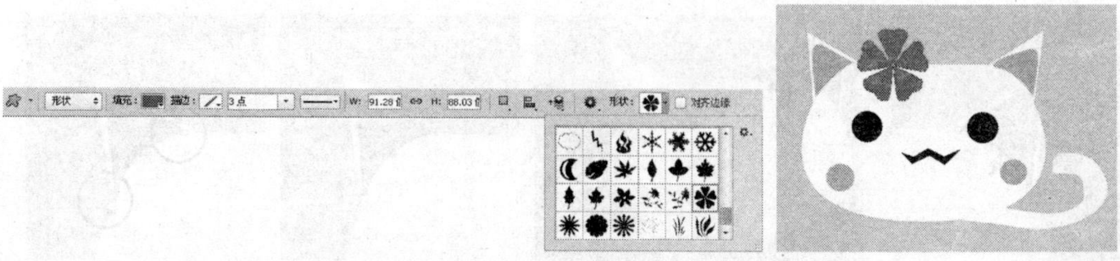

图 7-40　加载系统预设的“自然”形状并绘制小花

## 任务三　绘制常春藤——管理、描边与填充路径

### 任务说明

路径与形状的绘制与编辑方法相同，二者的区别在于，路径被保存在图像的"路径"调板中，并且路径本身不会出现在将来输出的图像中，只有对路径进行描边和填充后，它才会成为真正的图形。下面，我们通过绘制如图 7-41 所示的常春藤，来学习路径的创建、描边与填充，以及将路径转换为选区等的方法。

效果：素材与实例\项目七\绘制常春藤.psd

视频：视频\项目七\7-3.swf

图 7-41　常春藤效果

### 预备知识

#### 一、路径层、子路径与工作路径

与图层类似，可将路径分类存储在不同的路径层中，每个路径层中可包含多个子路径。"路径"调板是管理和对路径进行操作的主要场所，如图 7-42 所示。

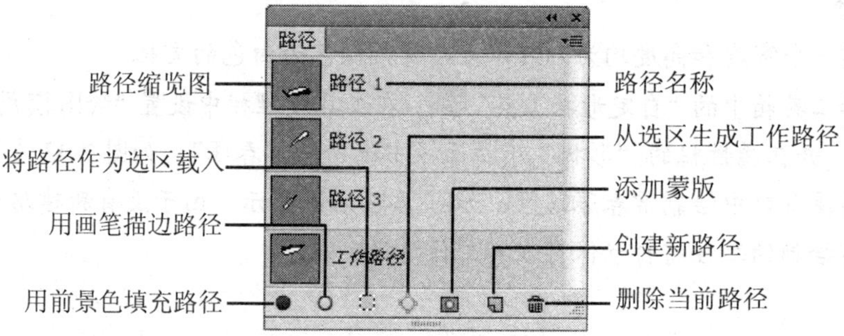

图 7-42　"路径"调板

单击调板底部的"创建新路径"按钮 ，可以创建一个路径层。要在某个路径层中绘制路径，可先单击将其设为当前路径层（有蓝色底纹），此时用户所做的操作都是针对

当前路径层的。在"路径"调板中选择、重命名、复制、删除路径层等操作与在"图层"调板中操作图层相似，此处不再赘述。

> **提示**　在制作某些复杂选区时，可以先利用"钢笔工具" 或其他路径工具，沿要制作选区的图像边缘绘制出封闭路径，然后将路径转化为选区，这就是通常说的使用"钢笔工具" 抠图。

绘制路径时，若未选中任何路径层，所绘的路径将被自动存储在"路径"调板的"工作路径"层中。若"工作路径"层中已经存放了路径，则其内容将被新绘路径所取代；若在绘制路径前先在"路径"调板中选中了"工作路径"层，则新绘路径将被增加到"工作路径"层中，不替换原路径。此外，还可双击"工作路径"层将其存储为普通路径层。

## 二、显示与隐藏路径

要在图像窗口中隐藏和显示路径，可执行如下操作。

➢ 单击"路径"调板的空白处可隐藏所有路径；单击某个路径层可显示该层中的所有路径。

➢ 按住【Shift】键单击某个路径层的缩览图可隐藏其中的所有路径；再次单击可重新显示路径。按【Ctrl+H】组合键也可隐藏/显示当前路径层中的所有路径。

## 任务实施——绘制常春藤

**制作思路**

新建文档，使用形状工具绘制常春藤路径，然后对路径进行描边和填充，完成实例。

**制作步骤**

**步骤 1** 新建一个宽度和高度均为 600 像素，背景颜色为白色的文档。

**步骤 2** 选择工具箱中的"自定形状工具" ，在工具属性栏中设置"绘图模式"为"路径"，并在属性栏的"形状"下拉面板中选择"常春藤"，如图 7-43 左图所示。

**步骤 3** 在图像窗口中绘制常春藤路径，如图 7-43 右图所示，由于没有新建路径层，因此新绘制的路径将自动保存在"工作路径"层中。

图 7-43　绘制路径

**步骤4** 描边路径。设置前景色为紫色，然后选中"画笔工具" ，设置笔刷大小为 5 像素的柔边比刷；在"路径"调板的控制菜单中选择"描边路径"项，打开"描边路径"对话框，在"工具"下拉列表中选择要应用的工具属性，本例选择"画笔"，单击"确定"按钮，如图 7-44 所示。

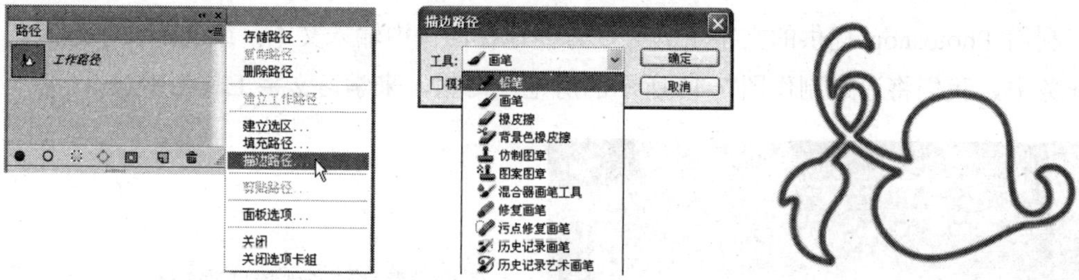

图 7-44　描边路径

**步骤5** 填充路径。在"路径"调板控制菜单中选择"填充路径"项，打开"填充路径"对话框，设置好要填充的内容，本例设置使用绿色填充，单击"确定"按钮即可填充路径，如图 7-45 所示。

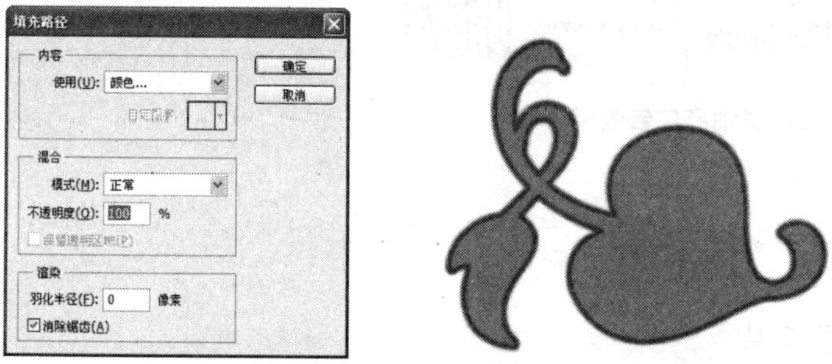

图 7-45　填充路径

　　当在"路径"调板有多个路径层时，描边和填充路径前需要先选中相应的路径层。此外，还可使用"路径选择工具" 在图像窗口中选中当前路径层中的子路径，从而仅对选定的子路径进行描边和填充。

　　单击"路径"调板底部的"用前景色填充路径"按钮 ，可用前景色快速填充当前路径；单击"用画笔描边路径"按钮 ，可用"画笔工具" 的属性快速描边当前路径。若按住【Alt】键单击这两个按钮，则可打开"填充路径"和"描边路径"对话框。

　　另外要注意的是，填充和描边路径的像素实质上被放置在"图层"调板中，因此，对于复杂的图形，在填充和描边路径前，用户可先新建图层，将路径的不同部分分别填充在不同的图层中，以方便管理。

## 任务四　制作房地产广告——创建文本并设置格式

### 任务说明

利用 Photoshop 提供的文字工具可以方便地在图像中输入文本，或创建文字选区。本任务中，我们将通过制作图 7-46 所示的房地产海报，来学习文字工具的用法。

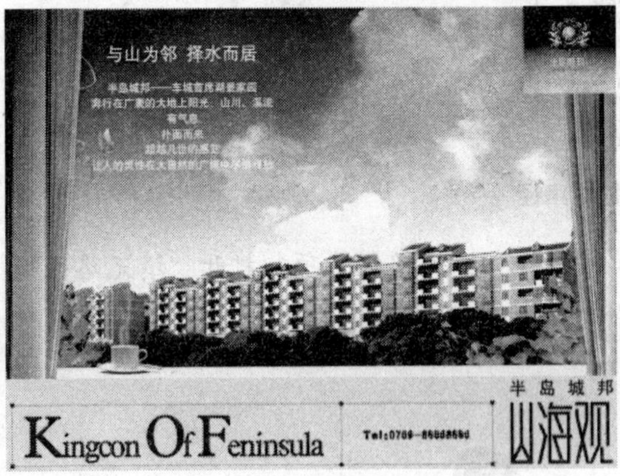

素材：素材与实例\项目七\3.jpg

效果：素材与实例\项目七\房地产广告.psd

视频：视频\项目七\7-4.swf

图 7-46　房地产广告效果

### 预备知识

#### 一、认识文字工具

在 Photoshop 中，系统提供了 4 种文字工具："横排文字工具" T 、"直排文字工具" IT 、"横排文字蒙版工具" 和 "直排文字蒙版工具" ，如图 7-47 所示。

用这两个工具可以输入横排或直排的普通文字和段落文字，并生成文字图层

| T | 横排文字工具 | T |
| IT | 直排文字工具 | T |
| 横排文字蒙版工具 | T |
| 直排文字蒙版工具 | T |

用这两个工具只可以创建文字形状的选区，不生成文字图层

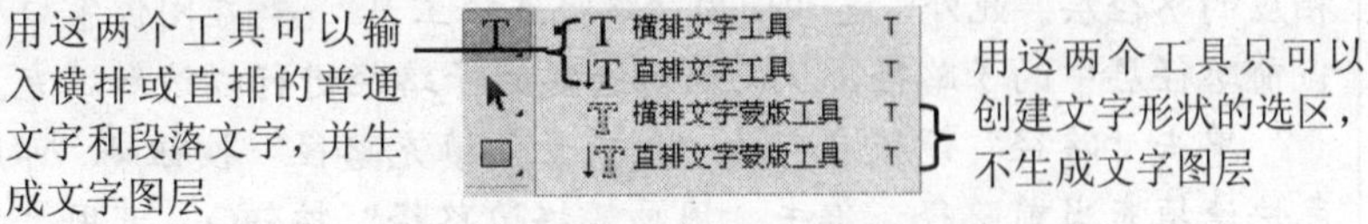

图 7-47　文字工具

#### 二、Photoshop 中的文本类型

➢ **点文本**：点文本是一个水平或垂直的文本行，即选择文字工具后在图像窗口中直接单击，然后输入的文本。如果需要输入的文字较少，可以采用此种方式，以便对文字进行艺术化处理。

➢ **段落文本：**段落文本是在文本框内输入的文字，它具有自动换行、可调整文字区域大小等优势。当进行画册、样本等设计时，经常需要输入较多的文字，这时可以把大段的文字输入在文本框中，以便对文字进行更多的控制。

## 任务实施——制作房地产广告

### 制作思路

打开素材图片，首先选择"横排文字工具" T，通过输入点文本的方式来输入房地产广告的标题文字，然后通过输入段落文本的方式来输入广告的段落文字，接着对段落文字进行调整，再利用"横排文字蒙版工具" T 创建文字形状的选区，并为其填充前景色，最后将图像另存即可。

### 制作步骤

**步骤 1** 打开本书配套素材"3.jpg"图像文件，如图 7-48 所示。下面我们先用"横排文字工具" T 为广告输入标题文字。

**步骤 2** 选择"横排文字工具" T，然后在工具属性栏中单击"设置字体系列"下拉按钮 ▾，在弹出的下拉列表中选择"汉仪中等线简"，再在"设置字体大小"下拉列表中选择字体大小为 30 点

图 7-48 打开素材图片

（或直接输入 30），再单击"设置文本颜色"按钮，在弹出的"选择文本颜色"对话框中设置文字颜色为白色"#ffffff"，其他属性保持默认，如图 7-49 所示。

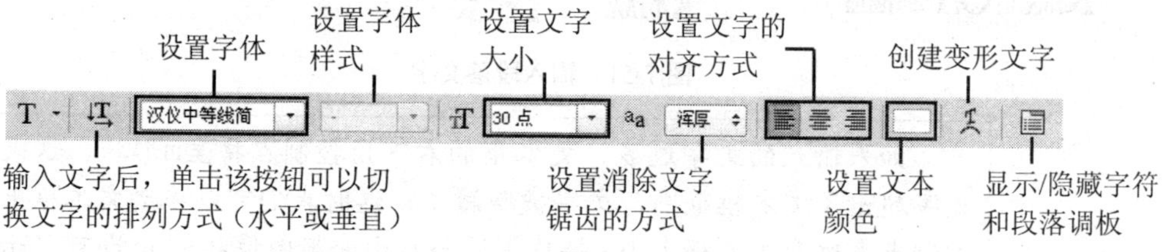

图 7-49 "横排文字工具"属性栏

**步骤 3** 属性设置好后，将光标移至图 7-50 左图所示位置单击，待出现闪烁光标后输入"与山为邻 择水而居"，输入完毕后，单击属性栏中的"提交所有当前编辑"按钮 ✓，或者按【Ctrl+Enter】组合键确认操作，如图 7-50 中图所示。此时系统会自动新建一个文字图层，如图 7-50 右图所示。

**图 7-50　输入文字**

> **小技巧**
>
> 　　输入文字时，如果希望改变文字位置，可按住【Ctrl】键单击并拖动文字。要撤销当前的输入，可在结束输入前按【Esc】键或单击工具属性栏中的"取消所有当前编辑"按钮 ⊘。

**步骤 4**　选择"横排文字工具" **T**，然后在其工具属性栏中设置文字的字体为"汉仪细等线简"，字号为"18点"，再将鼠标光标移至图像窗口中，此时光标呈 I 形状，按住鼠标左键不放拖动至所需位置后释放鼠标，绘制一个文本框，待文本框左上角出现闪烁的光标时，即可输入文字，如图 7-51 所示。

**图 7-51　输入段落文字**

> **提示**
>
> 　　如果输入的文字过多，文本框的右下角控制点将呈田形状，这表明文字超出了文本框范围，文字被隐藏了，这时我们可以拖动文本框上的控制点来改变文本框大小（操作方法与自由变换图像相似），即可显示被隐藏的文字。
>
> 　　选中文字图层（但不要进入文本编辑状态），选择"图层">"文字">"转换为段落文本"或"转换为点文本"菜单项，可将点文本和段落文本相互转换。

**步骤 5**　将光标放置在文本框的右下角，当光标呈 ↖ 形状时，单击并拖动鼠标将文本框放大，如图 7-52 左图所示。然后利用拖动方式选中全部段落文字，单击文字工具属性栏中的"居中对齐文本"按钮▤，如图 7-52 中图所示。

**步骤 6** 将光标放置在文本框内部，按住【Ctrl】键，当光标呈▶形状时，将文本框移至满意位置后，再按【Ctrl+Enter】组合键确认输入，如图 7-52 右图所示。

图 7-52 调整段落文字

**步骤 7** 设置前景色为黑色，然后单击"图层"调板中的"创建新图层"按钮▣，如图 7-53 左图所示。选择"横排文字蒙版工具"▥，并在其工具属性栏中设置文字的字体为"汉仪超粗黑简"，字号为"20 点"，然后在图 7-53 右图所示位置输入"Tel: 0769-86868686"。

图 7-53 创建文字形状选区

**步骤 8** 输入完毕后，单击属性栏中的"提交所有当前编辑"按钮☑，或者按【Ctrl+Enter】组合键确认操作，此时，图像窗口中将出现文字形状的选区，如图 7-54 左图所示。按【Alt+Delete】组合键使用前景色填充选区，然后按【Ctrl+D】组合键取消选区，再利用"移动工具"➕将文字图像移动到合适的位置，如图 7-54 右图所示。最后将图像另存，即可完成实例制作。

图 7-54　调整文字形状选区

## 补充学习

输入文字后，用户还可以对文字进行编辑，例如修改全部或部分文字内容、字体、大小或颜色等。此外，根据版面要求，还可利用"字符"或"段落"调板设置文字格式，如设置字符间距、行距、缩进、对齐、加粗、斜体和基线偏移等。

## 一、选择文本

要对输入的文字进行编辑或设置格式等操作，首先要选取文字，其操作方法如下。

> 选择"横排文字工具" T 或"直排文字工具" IT，然后将光标移至文字区单击，系统会自动将文字图层设置为当前图层，并进入文字编辑状态，此时即可按住鼠标左键不放拖动选中单个或多个文字，如图 7-55 所示。

> 双击文本图层的缩览图可以选中图层中的所有文字，如图 7-56 所示。

图 7-55　选中部分文字并修改大小 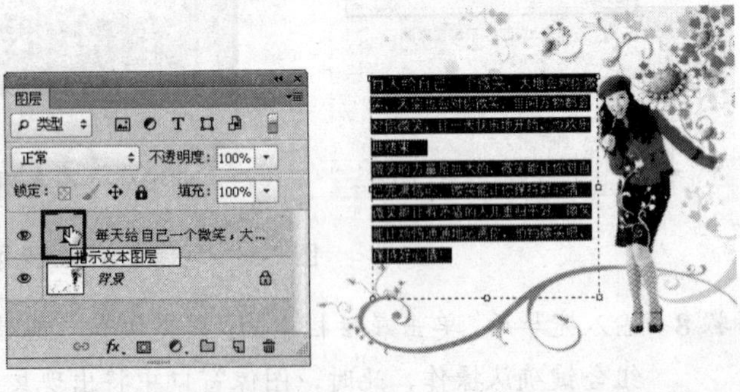　　图 7-56　双击文字图层缩览图选中图层中所有文字

## 二、使用"字符"调板

选中要设置字符格式的文本，然后单击工具属性栏中的"切换字符和段落面板"按钮，或选择"窗口" > "字符"菜单项，打开"字符"调板，在其中可更改文字的字

体、大小、颜色、行距、间距等属性，如图 7-57 左图所示，图 7-57 右图所示为部分参数设置效果。

读者可打开本书配套素材“项目七”文件夹中的“5.psd”图像文件进行操作

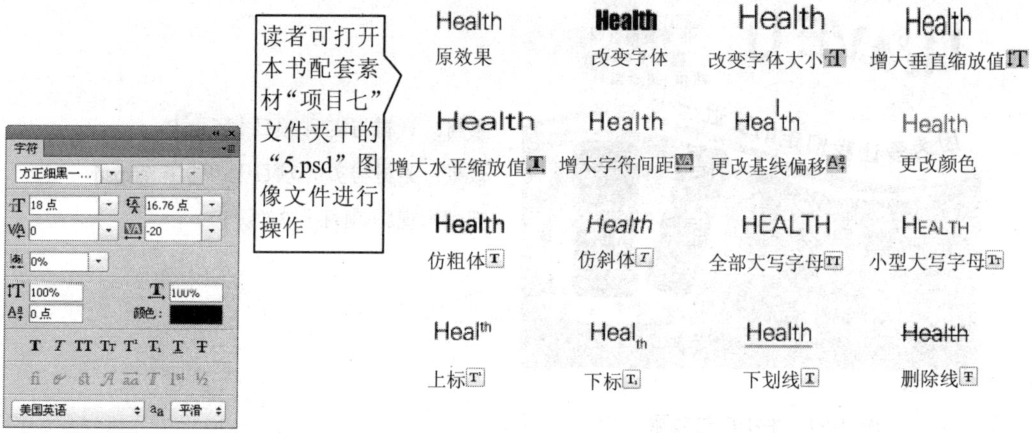


图 7-57 设置字符格式

三、设置段落格式

用户可利用“段落”调板设置所选段落或光标所在段落的格式。例如，将光标置入图 7-58 左图所示的第 1 段文本中，然后选择“窗口”>“段落”菜单项，打开“段落”调板，设置段落首行缩进为“20 点”，段后间距为“10 点”，如图 7-58 中图和右图所示。

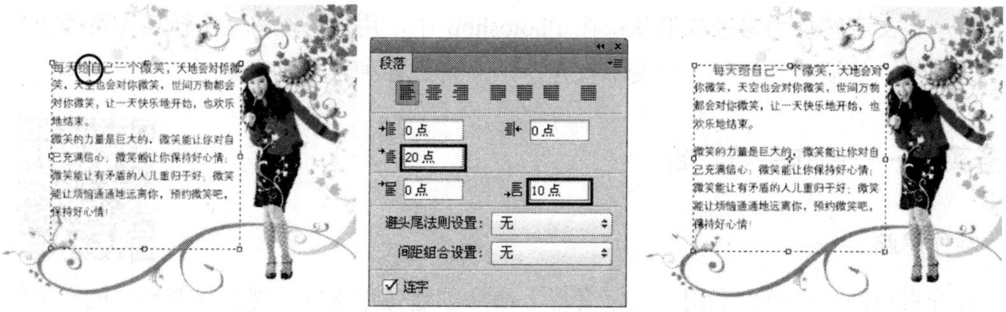


图 7-58 利用“段落”调板设置段落格式

# 任务五 制作手机广告——特殊效果文字

## 任务说明

在 Photoshop 中，除了可设置文字的基本属性外，还可以创建变形文字，沿路径或路径内部放置文字，将文字转换为路径或形状等，从而制作出各种特殊效果的文字。本任务中，我们将通过制作图 7-59 所示的手机广告，学习制作特殊效果文字的方法。

素材：素材与实例\项目七\5.psd

效果：素材与实例\项目七\手机广告.psd

视频：视频\项目七\7-5.swf

图 7-59　手机广告效果

## 预备知识

> **创建变形文字**：利用 Photoshop CS6 提供的"文字变形"命令，可以使文本呈现弧形、波浪形和鱼形等特殊效果，使其具有艺术美感。

> **沿路径或图形内部放置文字**：在 Photoshop 中，我们可以沿绘制的路径或在图形内部放置文字。

> **将文字转换为路径或形状**：在 Photoshop 中，用户可以将文字转换为路径或形状，然后对其进行各种变形操作，从而得到各种异型文字。

## 任务实施——制作手机广告

### 制作思路

打开素材图片，首先利用"文字变形"命令创建变形文字，然后将变形后的文字转换成形状，接着利用"路径选择工具" 和 "自定形状工具" 制作出特殊效果的文字，再利用"横排文字工具" 沿素材中存储的路径输入文字，最后在"渐变填充 2"图层的矢量蒙版轮廓内输入文字并将图像另存，即可完成实例制作。

### 制作步骤

**步骤 1** 打开本书配套素材 "5.psd" 图像文件，选中文字图层，选择"图层" > "文字" > "文字变形"菜单项，或者单击文字工具属性栏中的"创建文字变形"按钮 ，打开图 7-60 中图所示"变形文字"对话框，然后在"样式"下拉列表框中选择

"旗帜"样式，并设置"弯曲"为+25%，单击"确定"按钮，即可创建变形文字，效果如图 7-60 右图所示。

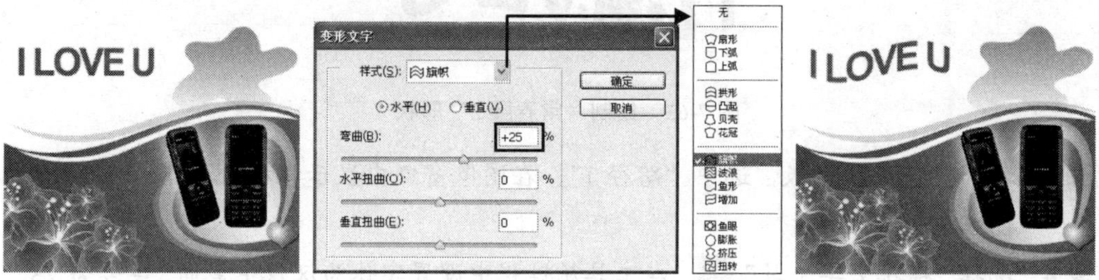

图 7-60 创建变形文字

> 如果对文字的变形效果不满意，可选中文字图层并打开"变形文字"对话框，重新选择样式或设置参数。如果要取消变形设置，可在"样式"下拉列表中选择"无"选项。

**步骤 2** 选择"文字">"转换为形状"菜单项，即可将文字转换为形状，文字图层转换为形状图层，如图 7-61 所示。

**步骤 3** 在工具箱中选择"路径选择工具" ，然后在图 7-62 所示的字母"O"形状上单击，接着按【Delete】键删除该形状。

图 7-61 将文字图层转换为形状图层          图 7-62 选择"O"形路径

> 在 Photoshop 中，用户还可将文字转换为路径。选中文字图层，然后选择"文字">"创建工作路径"菜单项，即可在"路径"调板中生成文字的工作路径。
>
> 将文字转换为形状或路径后，用户可以利用"直接选择工具" 、"钢笔工具" 等工具编辑文字形状，从而制作各种特殊效果的文字。

**步骤 4** 择工具箱中的"自定形状工具" ，单击属性栏"形状"右侧的下拉三角按钮，在弹出的"自定形状"下拉面板中选择"常春藤 2"形状，然后在其工具属性栏中设置"填充"颜色为玫红色（#cf1c7f）。设置好后，在原字母"O"形所在位置绘制常春藤形状，如图 7-63 所示。

**图 7-63　绘制"常春藤 2"形状**

**步骤5** 打开"路径"调板，选中"路径1"，在图像窗口中显示素材中存储的路径，如图 7-64 左图所示。

**步骤6** 选择"横排文字工具" T，在工具属性栏中设置字体为汉仪中黑简、字号为23、对齐方式为左对齐、字体颜色为黑色，然后将光标移至图像窗口中的"路径1"子路径上，待光标呈 ⊥ 形状时单击，此时即可沿路径输入文字，如图 7-64 中图和右图所示。

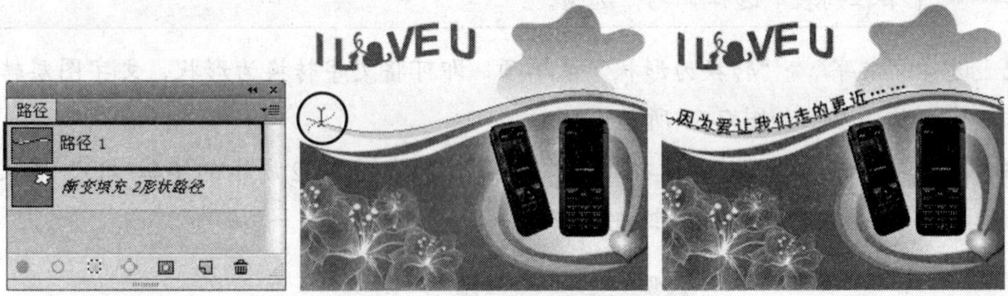

**图 7-64　沿路径输入文字**

> 输入文字后，选择"直接选择工具" ▸，将光标移至文字上方，待光标呈 ⊢ 形状后按住鼠标左键不放并沿路径拖动，可沿路径移动文字；如果沿垂直于文字的方向拖动，可翻转文字。
>
> 此外，选择"路径选择工具" ▸，将光标移至路径上方，待光标呈 ▸ 形状后按住鼠标左键不放并拖动可移动路径，此时文本将随之移动。

**步骤7** 在"图层"调板中单击"渐变填充2"图层的缩览图，在窗口中显示矢量蒙版轮廓，如图 7-65 左图所示。选择"横排文字工具" T，设置字体为汉仪粗宋简体、字号为14，然后将光标移至矢量图形内部，当光标呈 ⫯ 时单击插入光标，即可在该图形内部输入文字，如图 7-65 中图和右图所示，再按【Ctrl+Enter】组合键确认操作。最后将图像另存即可。

> 若要将文字放置在路径或图形内部，必须保证绘制的路径或图形是封闭状态。

图 7-65　在图形内部放置文字

## 补充学习——栅格化文字图层

文字图层不同于普通图层，虽然可以为文字图层添加图层样式，但不能直接对文字图层执行诸如绘画、调整色彩与色调、应用大多数滤镜等操作。因此，如果希望对文本进行复杂的处理，可首先将文字图层栅格化，即将其转换为普通图层。

要栅格化文字图层，可在选中文字图层后，选择"图层" > "栅格化" > "文字"或"图层"菜单项；或右击文字图层，从弹出的快捷菜单中选择"栅格化文字"项即可。此时，用户就可以使用"画笔工具" 在文字上进行绘画了。

# 项目实训

## 一、绘制企业标志

使用形状工具组中的工具绘制图 7-66 所示的标志。

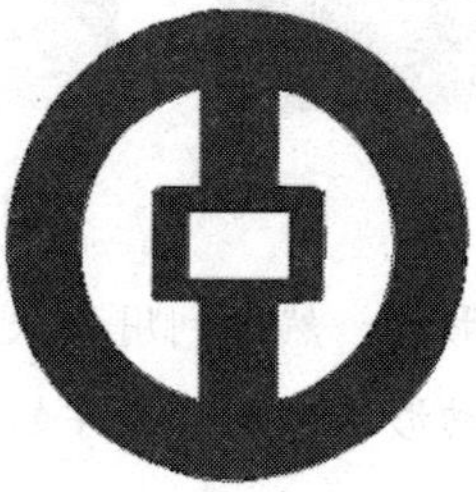

图 7-66　绘制标志

提示：

分别使用"矩形工具" 、"圆角矩形工具" 、"椭圆工具" 等绘制路径。绘制过程中，需要利用"路径选择工具" 选中某些路径，然后单击属性栏中的"路径运算"相关按钮和"组合"按钮进行运算。绘制好路径后，为其填充红色。

## 二、制作化妆品广告

打开本书配套素材"项目七"文件夹中的"6.psd"图像文件,在其中输入并设置文本,制作图 7-67 右图所示的化妆品广告。

提示:

(1)打开素材文件,输入"美夫人"文本并设置"上弧"变形样式,然后为文字图层添加"投影"和"外发光"样式。

(2)依次单击"图层"调板"形状 1"、"形状 2"和"形状 3"图层的矢量蒙版缩览图,在图像窗口中显示形状的路径,然后分别沿相应的路径输入文字,并利用"直接选择工具"或"路径选择工具"调整文字在路径上的位置或调整路径位置。

(3)单击"图层"调板中"形状 4"图层的矢量蒙版缩览图,显示其路径,然后在图形内部输入文字。

## 三、制作"生日快乐"特效字

打开本书配套素材"7.psd"文件,制作图 7-68 所示的"生日快乐"特效字。

图 7-67  制作化妆品海报           图 7-68  制作"生日快乐"特效字

提示:首先将文字图层转换为形状,然后利用形状编辑工具编辑文本形状,最后通过复制图层、改变形状的颜色和移动形状来制作文字的立体效果。

# 项目总结

本项目主要介绍了形状和路径的绘制与编辑方法,学完本项目内容后,用户应重点掌握以下知识。

➢ 了解路径与形状之间的区别，并熟练掌握路径和形状工具的应用方法和技巧。需要注意的是，在 Photoshop 中绘制的形状被保存在矢量蒙版中，单击相应图层的矢量蒙版缩览图，可隐藏矢量蒙版轮廓（再次单击将重新显示），这样在更改前景色时将不会改变当前形状图层中形状的填充颜色。

➢ 用户可利用"路径"调板来管理路径。在对路径进行描边时，可先设置好相应绘图工具的属性，如选择合适的笔刷，设置笔刷大小，然后再进行描边。

➢ 掌握输入点文本和段落文本并设置格式的方法。其中，点文本是在选择相应的文字工具后直接单击输入，段落文本则需要先绘制文本框再输入。

➢ 掌握对文字进行变形，将文字沿路径或在图形内部放置，以及将文字转换为路径或形状，然后调整其形状的方法。此外，还需要掌握栅格化文字图层的方法。

# 项目考核

## 一、选择题

1．在使用"钢笔工具" 绘制图形时，按住（　　）键在画面任意位置单击，可快速切换到"直接选择工具" ，此时可拖动锚点或锚点的方向控制杆来调整图形形状。

　　　　A．【Ctrl】　　　　　B．【Alt】　　　　　　C．【Shift】　　　　　D．【空格】

2．绘制形状时，系统将自动创建以前景色为填充内容的（　　），此时形状被保存在图层的矢量蒙版中。

　　　　A．普通图层　　　　B．背景图层　　　　　C．形状图层　　　　　D．填充图层

3．将形状转换为选区的快捷键是（　　）。

　　　　A．【Ctrl+Enter】　B．【Ctrl+空格】　　　C．【Enter】　　　　　D．【空格】

4．路径由直线路径段或曲线路径段组成，它们通过（　　）连接。

　　　　A．平滑点　　　　　B．角点　　　　　　　C．方向点　　　　　　D．锚点

5．隐藏/显示路径的快捷键是（　　）。

　　　　A．【Shift】　　　　B．【Ctrl+H】　　　　C．空格　　　　　　　D．【Ctrl+G】

6．输入文字时，如果希望改变文字位置，可按住（　　）键单击并拖动文字。

　　　　A．【Shift】　　　　B．【Ctrl】　　　　　C．【Alt】　　　　　　D．【Enter】

7．将文字沿路径放置后，若要改变文字在路径上的位置但不移动路径，需要使用（　　）。

　　　　A．"路径选择工具"　　　　　　　　　　B．"直接选择工具"

　　　　C．"选择工具"　　　　　　　　　　　　D．"抓手工具"

二、判断题

1．使用"钢笔工具" 可以创建形状图层和路径。（　　）

2．路径并不是真实的图形，无法用于打印输出，需要用户对其进行描边、填充才成为图形。（　　）

3．利用"钢笔工具" 可以像使用铅笔在纸上绘图一样来绘制形状。（　　）

4．利用"多边形工具" 可以创建 Photoshop 预设的形状、自定义的形状或者是外部提供的形状。（　　）

5．绘制路径时，若没有在"路径"调板中选择任何路径，则所绘的路径将被存储在工作路径中。（　　）

6．用"横排文字蒙版工具" 和"直排文字蒙版工具" 可以输入横排或直排的普通文字和段落文字，并生成文字图层。（　　）

7．使用"文字变形"命令可以使文本沿弧形、波浪形和鱼形等特殊效果排列，使其具有艺术美感。（　　）

8．文字图层不同于普通图层，如果希望对文字图层执行诸如绘画、调整色彩与色调、应用大多数滤镜等操作，需要先将文字图层栅格化，即将其转换为普通图层。（　　）

9．在修改文字的字体时，可以利用文字工具选择部分文字进行修改。（　　）

10．只能将文字转换为形状，无法转换为路径。（　　）

# 项目八　应用通道与滤镜

## 项目导读

通道和滤镜是 Photoshop 的重要功能，掌握通道方面的知识，有助于读者更好地调整图像颜色，以及利用通道抠图和制作一些特殊的图像融合效果等；利用滤镜则可快速制作出很多特殊的图像效果，如风吹效果、浮雕效果、光照效果等。下面我们便来学习 Photoshop 通道和滤镜的使用方法。

## 学习目标

- ✎ 了解 Photoshop 通道的原理和主要用途，以及"通道"调板的构成。
- ✎ 能够创建、复制与删除通道，以及创建专色通道等。
- ✎ 能够在实践中利用 Photoshop 的通道功能制作一些特殊的图像效果以及抠图等。
- ✎ 了解 Photoshop 滤镜的一般特点、使用规则和技巧，掌握一些典型滤镜的用法。
- ✎ 能够在实践中选择合适的滤镜处理图像，制作出需要的图像效果。

# 任务一　制作卫浴广告——使用通道

## 任务说明

本任务中，我们将通过制作图 8-1 所示的卫浴广告，来了解 Photoshop 通道的原理和作用，掌握通道的基本操作，以及使用通道抠图的方法。

图 8-1　卫浴广告效果

素材：素材与实例\项目八\2.psd、3.jpg
效果：素材与实例\项目八\卫浴广告.psd
视频：视频\项目八\8-1.swf

## 预备知识

### 一、认识通道和"通道"调板

通道主要用于保存图像的颜色数据。例如，一个 RGB 模式的彩色图像包括了"RGB"复合通道和"红"、"绿"、"蓝"3 个原色通道。在 Photoshop 中打开一幅图像后，选择"窗口">"通道"菜单，打开"通道"调板可看到图像的各通道，如图 8-2 所示。"通道"调板中各选项的意义如下所示。

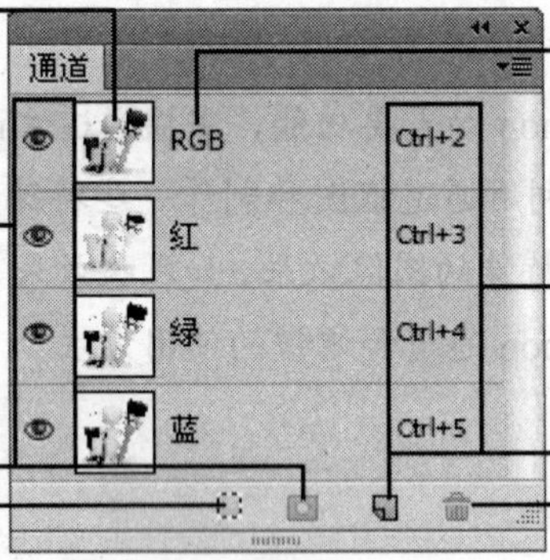

**图 8-2　"通道"调板**

> **通道名称、通道缩览图和眼睛图标**：与"图层"调板中相应项目的意义基本相同。和"图层"调板不同的是，每个通道都有一个对应的快捷键，用户可通过按相应快捷键来选择通道，而不必在"通道"调板中单击选择。

> **"将通道作为选区载入"按钮** ：单击该按钮，可将通道中的部分内容（默认为白色区域部分）转换为选区，相当于执行"选择">"载入选区"菜单项。

> **"将选区存储为通道"按钮** ：单击此按钮可将当前图像中的选区存储为蒙版，并保存到一个新增的 Alpha 通道中。该功能与"编辑">"存储选区"菜单项相同。

> **"创建新通道"按钮** ：单击该按钮可以创建新通道。用户可最多创建 24 个通道。

> **"删除当前通道"按钮** ：单击该按钮可删除当前所选通道。

### 二、通道的类型及作用

> **原色通道**：原色通道用于保存图像的颜色信息。对于不同颜色模式的图像，其通道表示方法也是不一样的。例如，对于 RGB 模式的图像来说，其通道默认有 4 个，即 RGB 复合通道（主通道）、红通道、绿通道与蓝通道；对于 CMYK 模式的图像来说，其通道默认有 5 个，即 CMYK 复合通道（主通道）、青色通道、洋红通道、黄色通道与黑色通道。

**提示**

当对图像进行颜色调整，绘画或应用滤镜等操作时，如果选择了某个颜色通道，那么将改变该通道中的颜色信息，从而改变图像的效果，如图 8-3 所示；如果没有指定通道，则是对复合通道进行编辑，此时将改变所有颜色通道的颜色信息。

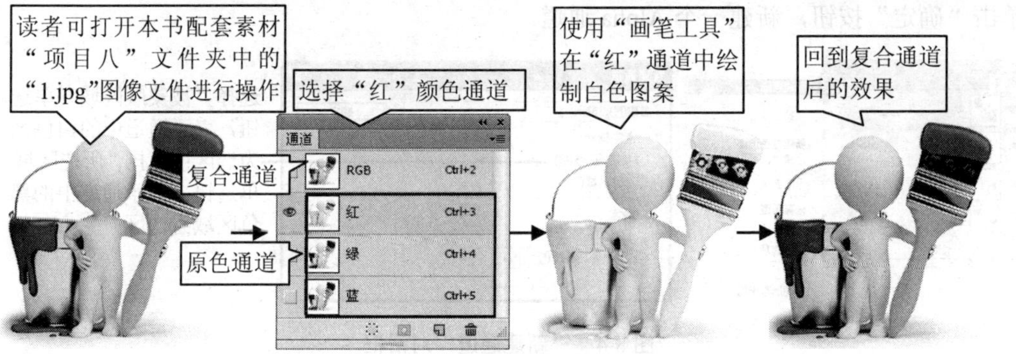
读者可打开本书配套素材“项目八”文件夹中的“1.jpg”图像文件进行操作
选择“红”颜色通道
使用“画笔工具”在“红”通道中绘制白色图案
回到复合通道后的效果
复合通道
原色通道
通道
RGB Ctrl+2
红 Ctrl+3
绿 Ctrl+4
蓝 Ctrl+5

图 8-3 编辑颜色通道

**知识库**

各原色通道均为 256 级的灰度图像，其灰度级别代表了该颜色的强度，白色最强。如果删除了某个原色通道，则通道的色彩模式将变为“多通道”模式。注意，复合通道是不能删除的。

- **Alpha 通道**：利用 Alpha 通道可以保存选区，还可以在通道中对选区进行各种编辑操作，从而得到符合要求或更为精确的选区，或制作一些特殊图像效果。

**提示**

我们在项目二中学习的保存和载入选区，实质上是将选区保存在了 Alpha 通道中，需要时再将选区从 Alpha 通道中载入。

- **专色通道**：主要用于辅助印刷。我们知道，印刷彩色图像时，图像中的各种颜色都是通过混合 CMYK 四色油墨获得的。但是，基于色域的原因，某些特殊颜色（如烫金字）可能无法通过混合 CMYK 四色油墨得到，此时便需要利用专色来替代或补充 CMYK 四色油墨。要印刷带有专色的图像，需要创建存储这些颜色的专色通道。在印刷时每种专色都要求有专用的印版。

## 三、通道基本操作

在“通道”调板中创建、选择、复制和删除通道的操作方法与图层相似，在此我们不再赘述，下面主要介绍一下创建和设置 Alpha 通道、创建专色通道以及分离和合并通道的方法。

## 1. 创建和设置 Alpha 通道

除了单击"通道"调板底部的"创建新通道"按钮 ▣ 来创建 Alpha 通道，还可单击"通道"调板右上角的 ▤ 按钮，在弹出的菜单中选择"新建通道"命令，打开图 8-4 所示的"新建通道"对话框。用户可在该对话框设置通道名称、通道颜色和不透明度等，单击"确定"按钮，新建一个 Alpha 通道。

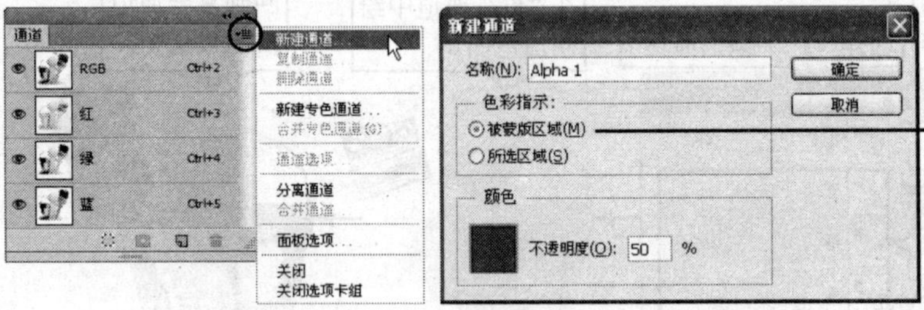

选择"被蒙版区域"单选钮，表示通道中的白色区为选区；选择"所选区域"单选钮，表示通道中的黑色区域为选区

**图 8-4　"新建通道"对话框**

> 用户在创建图层蒙版的时候，实际上也是创建了一个 Alpha 通道。通道、蒙版和选区之间都是可以相互转换的。
>
> 在"新建通道"对话框中修改蒙版的颜色和不透明度仅改变通道的预览效果，它可以使蒙版与图像中的颜色对比更加鲜明，以便于编辑操作，但不会对图像产生影响。

创建 Alpha 通道后，所需要对其重新进行设置，可在选中该通道后，在"通道"调板菜单中选择"通道选项"命令，打开"通道选项"对话框，其主要设置选项与"新建通道"对话框相似，在此不再赘述。

## 2. 创建专色通道

要创建专色通道可按如下步骤进行操作。

**步骤 1** 在"通道"调板菜单中选择"新建专色通道"项，或按住【Ctrl】键单击"通道"调板底部的"创建新通道"按钮 ▣ ，打开"新建专色通道"对话框。

**步骤 2** 在对话框中单击"油墨特性"设置区的颜色框，打开拾色器对话框，单击"颜色库"按钮，从自定颜色系统（如 PANTONE）中选取一种颜色作为专色。最后设置油墨密度并单击"确定"按钮即可新建一个专色通道，如图 8-5 所示。

> 如果在创建专色通道前创建了选区，则创建专色通道后，该区域将填充专色通道中存储的颜色。

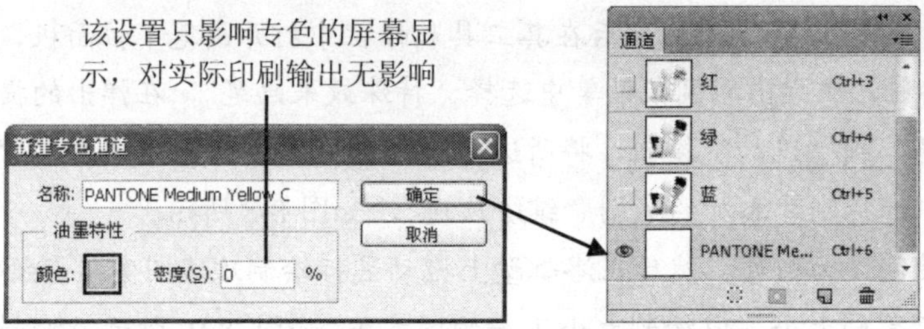

该设置只影响专色的屏幕显示，对实际印刷输出无影响

图 8-5 新建专色通道

### 3. 分离和合并通道

Photoshop 可以将图像文件中的各原色通道分离出来，各自成为一个单独文件。对分离的通道文件进行相应编辑后，还可以重新合并通道，从而制作特殊的图像效果。

在"通道"调板菜单中选择"分离通道"菜单项，即可将当前图像文件的各原色通道分离，分离后的各个文件都以单独的窗口显示在屏幕上，且均为灰度图。

要合并分离的通道，可在"通道"调板菜单中选择"合并通道"菜单项。

## 任务实施——制作卫浴广告

### 制作思路

打开"2.psd"图像文件，选择"图层 1"，然后在"通道"调板中选择"红"通道，并利用"画笔工具" 在浴缸壁上绘制玫瑰图案，绘制完毕后选择"RGB"通道；打开"3.jpg"图像文件，复制明暗对比强烈的"红"通道，在该通道中利用"画笔工具"将需要创建为选区的人物图像制作为白色，然后转换成选区；最后将抠取出来的人物图像移动到"2.psd"图像窗口中，即可完成实例。

### 制作步骤

**步骤 1** 打开本书配套素材"2.psd"图像文件，打开"图层"调板，选中"图层 1"，如图 8-6 所示。选择"窗口">"通道"菜单项，打开"通道"调板，然后在"红"通道上单击或按【Ctrl+3】快捷键选择"红通道"，如图 8-7 所示。

图 8-6 打开素材图片并选择"图层 1"       图 8-7 选择"红"通道

**步骤2** 选择"画笔工具" ，然后在其工具属性栏中打开画笔下拉面板，单击右上角的 按钮，从弹出的调板菜单中选择"特殊效果画笔"，在弹出的提示框中单击"确定"或"追加"按钮，将所选笔刷添加到笔刷列表中，再在"画笔"下拉面板中选择刚才添加的笔刷"缤纷玫瑰"，如图 8-8 所示。

**步骤3** 将前景色设为白色，然后在浴缸壁上拖动鼠标绘制玫瑰图案（在绘制的过程中可改变笔刷大小，以绘制大小不一的图案），如图 8-9 所示，绘制完毕后单击"RGB"通道，得到图 8-10 所示效果。

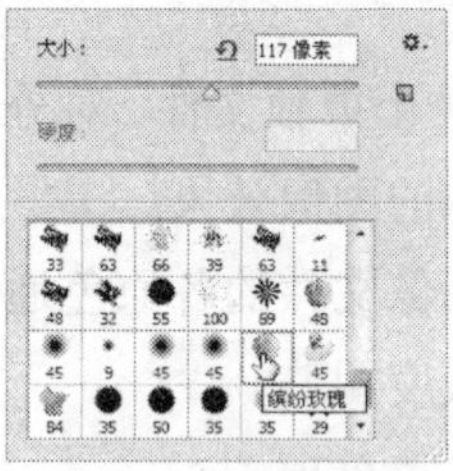

图 8-8　选择笔刷 　　　　　图 8-9　绘制图案 　　　　图 8-10　返回 RGB 复合通道后的效果

**步骤4** 打开本书配套素材"3.jpg"图像文件。打开"通道"调板，分别单击各原色通道，可看到"红"通道中图像的黑白效果对比较强，能看见衣服比较清晰的纹理，如图 8-11 所示，因此我们使用它来抠取人物图像。

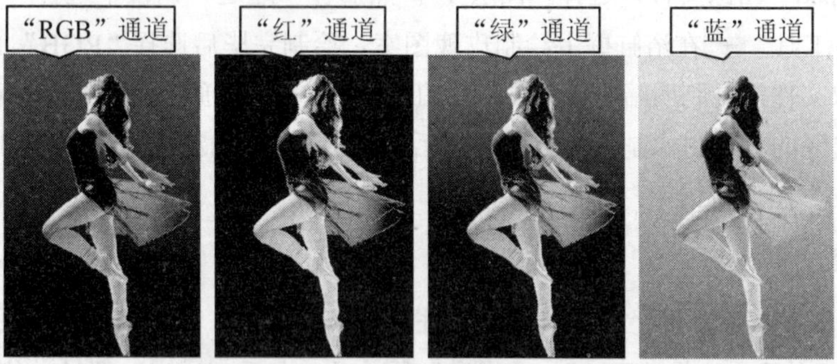

图 8-11　查看各原色通道中的图像

**步骤5** 选择"红"通道，并将其拖至调板底部的"创建新通道"按钮 上，复制出"红副本"通道，如图 8-12 所示。复制通道的目的是为了在利用通道抠图时不破坏原图像，因为复制过来的原色通道将自动变为 Alpha 通道，不再对图像本身产生影响。

**步骤6** 在通道中，默认情况下白色代表选区部分（不透明部分），黑色代表透明部分，灰色则代表半透明的状态。在这幅图中，我们希望人物及衣服是不透明的，而裙子是半透明的，所以我们使用"画笔工具"将人物及衣服的不透明区域涂抹成全白，将半透明的区域涂抹成灰色（将画笔的不透明度设置得小一些），如图8-13所示。

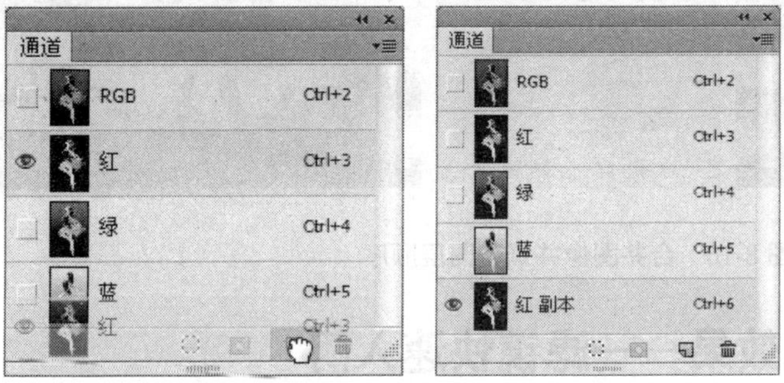

图8-12　复制"红"通道 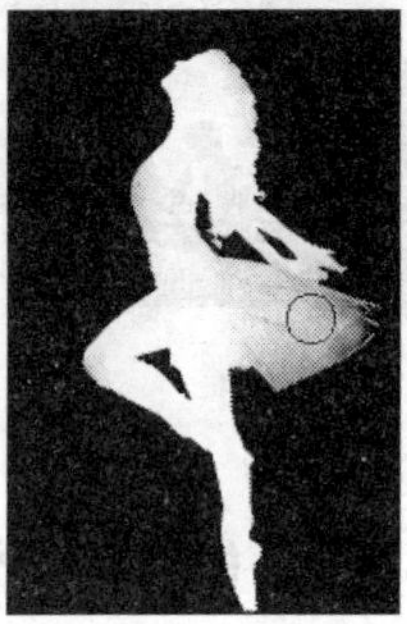　　　　　　图8-13　使用画笔编辑通道

**步骤7**　此时我们基本完成了通道的编辑，保持"红副本"通道的选中状态，单击"通道"调板中的"将通道作为选区载入"按钮，或按住【Ctrl】键单击"红副本"通道的缩览图，这样通道中白色和灰色部分就被选中了。单击"RGB"复合通道返回原始图像，如图8-14所示。

**步骤8**　打开"图层"调板，按【Ctrl+J】组合键，创建一个图层并将选区内的图像复制到该图层中，再将背景层隐藏，效果如图8-15右图所示。

> 也可反选选区，然后双击背景层，在打开的对话框中单击"确定"按钮，将背景层转换为普通图层，然后按【Delete】键将选区内的区域删除。

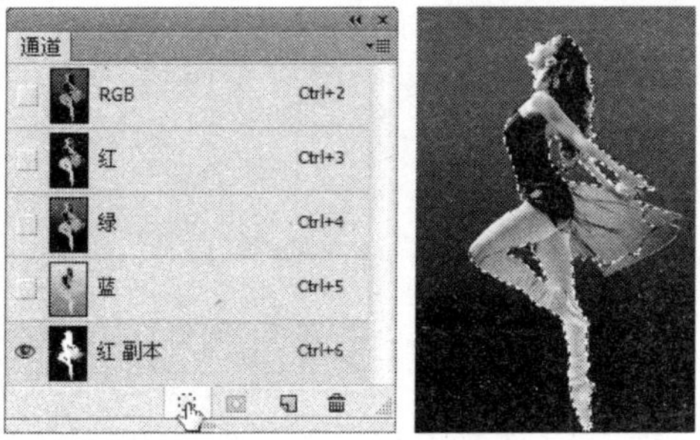

图8-14　将通道作为选区载入 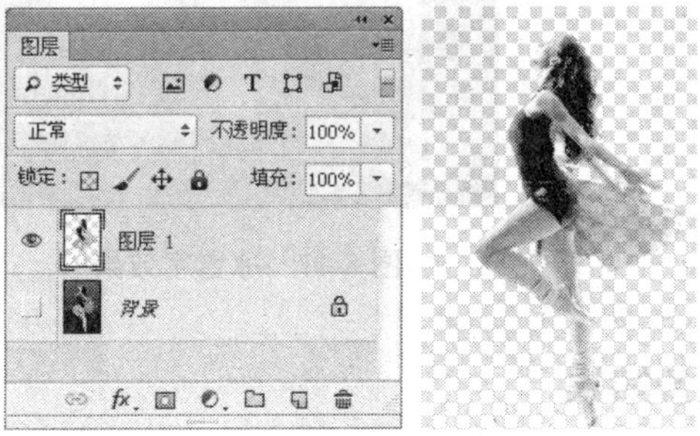　　　　图8-15　为人物图像创建新的图层

**步骤9**　将步骤3中的图像置为当前窗口，然后将选取出来的人物图像复制到该图像窗口中，并移动至图8-16左图所示位置；接着在图层调板中将"图层3"移动至"图层2"的下方，如图8-16中图和右图所示。最后将图像另存即可。

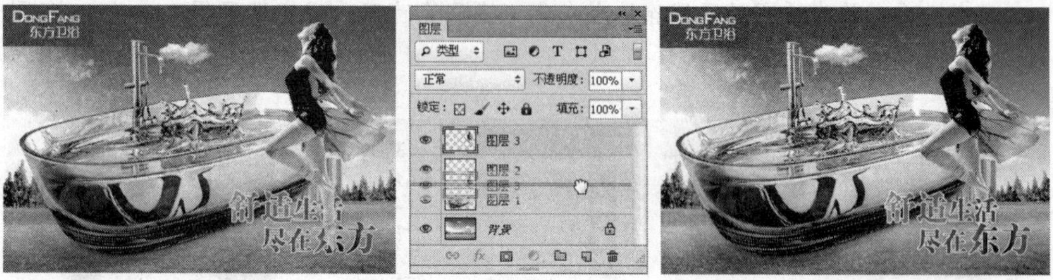

图 8-16  合并图像并调整图层顺序

# 任务二  制作冰雪字效果——滤镜快速入门

## 任务说明

Photoshop 提供了许多内置滤镜，利用它们可以快速制作各种特殊的图像效果。本任务中，我们将通过制作图 8-17 所示的冰雪字效果，来学习内置滤镜的使用方法和技巧，并了解一些常用内置滤镜的作用。

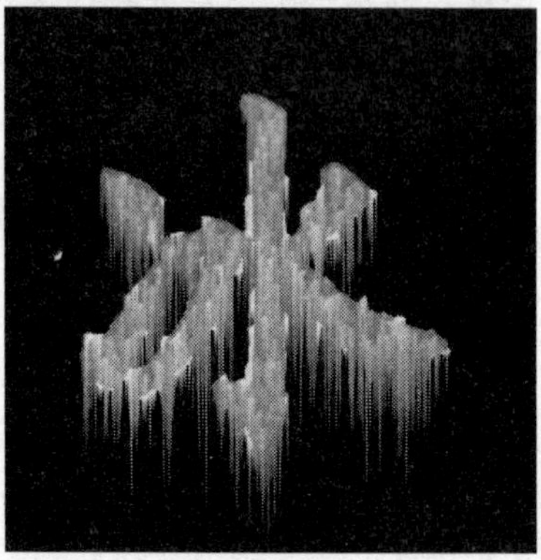

> 效果：素材与实例\项目八\.psd
> 视频：视频\项目八\8-2.swf

图 8-17  冰雪字效果

## 预备知识

### 一、滤镜的使用方法

Photoshop 将提供的多种滤镜分类放置在"滤镜"菜单中，如风格化、模糊、扭曲滤镜组等，使用时只需要从"滤镜"菜单中选择需要的滤镜即可，如图 8-18 所示。

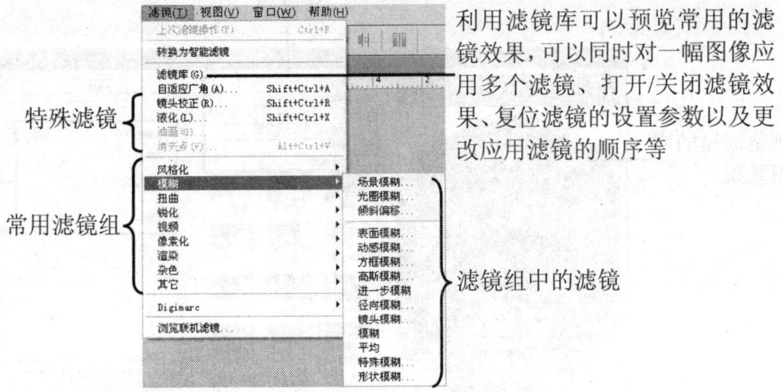

利用滤镜库可以预览常用的滤镜效果，可以同时对一幅图像应用多个滤镜、打开/关闭滤镜效果、复位滤镜的设置参数以及更改应用滤镜的顺序等

图 8-18　"滤镜"菜单

滤镜虽然种类繁多，但使用方法都很相似。例如，要对某个图像应用"拼贴"滤镜，可执行如下操作。

**步骤 1**　打开本书配套素材"项目八"文件夹中的"4.jpg"图像文件，然后设置背景色为白色。

**步骤 2**　选择"滤镜">"风格化">"拼贴"菜单项，打开图 8-19 中图所示"拼贴"对话框，在其中设置"拼贴数"为 10，"最大位移"为 10%，"填充空白区域"为背景色，单击"确定"按钮关闭对话框，得到图 8-19 右图所示拼贴效果。

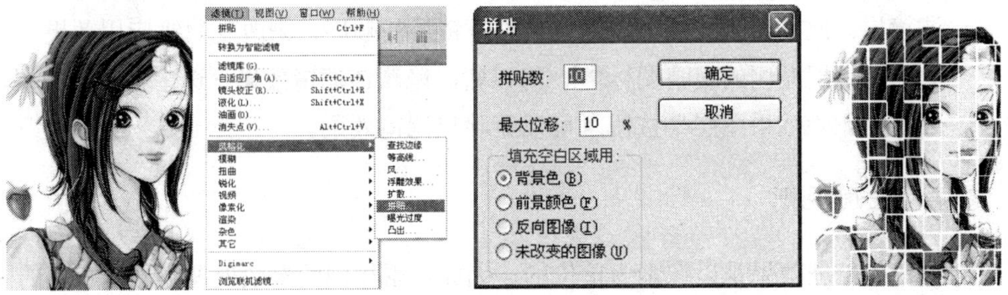

图 8-19　选择"拼贴"滤镜并设置相关参数

## 二、使用滤镜库

利用 Photoshop 提供的滤镜库可以预览常用的滤镜效果，可以同时对一幅图像应用多个滤镜、打开/关闭滤镜效果、复位滤镜的设置参数以及更改应用滤镜的顺序等。

要使用滤镜库，可选择"滤镜">"滤镜库"菜单项，打开图 8-20 所示的滤镜库对话框，其中部分选项的意义如下。

滤镜组

预览滤镜的应
用效果

设置所选滤镜
的参数

控制预览
图的大小

已应用到图像中的
滤镜会以滤镜层的
方式显示

滤镜缩览图

**图 8-20　"滤镜库"对话框**

➤ 滤镜库对话框中放置了一些常用滤镜，并将它们分别放置在不同的滤镜组中。
例如，要使用"纹理化"滤镜，可首先单击"纹理"滤镜组名，展开滤镜文件
夹，然后单击"纹理化"滤镜。选中某个滤镜后，系统会自动在右侧设置区显
示该滤镜的相关参数，用户可根据情况进行调整。

➤ 要一次应用多个滤镜，可在对话框右下角单击"新建效果图层"按钮 以增加
滤镜层。此外，用户也可以通过调整滤镜层的顺序，来改变滤镜应用效果。

➤ 单击滤镜层左侧的眼睛图标 ，可以暂时隐藏该滤镜效果；选中某个滤镜层，
单击"删除效果图层"按钮 可以删除该滤镜效果。

### 三、滤镜的使用规则

➤ 滤镜的处理效果是以像素为单位的，因此，用相同的参数处理不同分辨率的图
像，其效果也会不同。

➤ 在除 RGB 以外的其他颜色模式下只能使用部分滤镜。例如，在 CMYK 和 Lab
颜色模式下，不能使用"画笔描边"、"素描"和"纹理"等滤镜。

### 四、滤镜的使用技巧

滤镜的功能是非常强大的，使用起来千变万化，要想熟练地使用滤镜制作出所需的
图像效果，还需要掌握如下几个使用技巧。

➤ 只对局部图像进行滤镜效果处理时，可以对选区设定羽化值，使处理的区域能
自然地与源图像融合，减少突兀的感觉。

➢ 可以对单一原色通道或者 Alpha 通道执行滤镜，然后合成图像，或将 Alpha 通道中的滤镜效果应用到主画面中。

➢ 可以对一副图片应用多个不同的滤镜来达到想要的效果。此时，应用滤镜的顺序决定了当前操作的图像的最终效果，顺序不同，效果也不同。

➢ 当执行完一个滤镜操作后，按【Ctrl+F】组合键，可快速重复上次执行的滤镜操作；按【Alt+Ctrl+F】组合键，可以打开上次执行滤镜操作的对话框。通过应用多个同样的滤镜，可以增强滤镜对图像的作用，使滤镜效果更加显著。

➢ 在任一滤镜对话框中，按住【Alt】键，对话框中的"取消"按钮都会变成"复位"按钮，单击它可将滤镜参数设置恢复到刚打开对话框时的状态。

➢ 当执行完一个滤镜操作后，如果按下【Shift+Ctrl+F】组合键（或选择"编辑">"渐隐滤镜名称"菜单项），将打开图 8-21 所示的"渐隐"对话框。利用该对话框可将执行滤镜后的图像与源图像进行混合。用户可在该对话框中调整"不透明度"和"模式"选项。

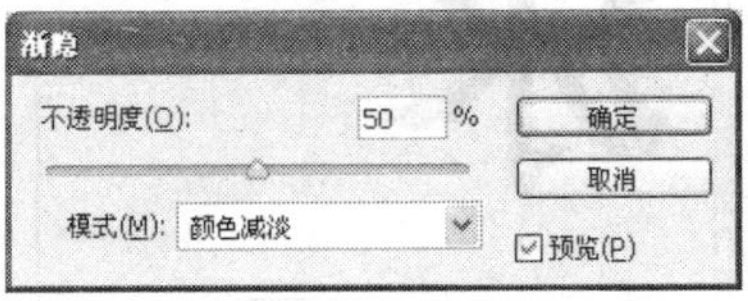

**图 8-21　"渐隐"对话框**

➢ 使用"编辑"菜单中的"还原"和"重做"命令可对比执行滤镜前后的效果。

## 任务实施——制作冰雪字效果

### 制作思路

首先创建文本并将其设置为选区，然后合并图层，再依次对背景区域和文本应用"晶格化"、"添加杂色"、"高斯模糊"和"风格化"等滤镜，以及使用"曲线"命令和"色相/饱和度"命令调整图像色调和颜色，最后保存图像，完成实例制作。

### 制作步骤

**步骤 1** 新建一个长和宽均为 300 像素，背景为白色，颜色模式为 RGB 的图像文件。

**步骤 2** 选择"文字工具"，输入文字"冰"，设置字体为楷体，颜色为黑色，大小为 200 点，加粗，如图 8-22 左图所示。

**步骤 3** 按住【Ctrl】键单击文字图层，将文字载入为选区，然后将文字和背景图层向下合并，并将背景层转换为普通图层，如图 8-22 中图和右图所示。

图 8-22　输入文字、载入选区及合并、转换图层

**步骤 4**　按【Shift+Ctrl+I】组合键反选选区，然后选择"滤镜">"像素化">"晶格化"菜单项，打开"晶格化"对话框，设置单元格大小为 10，单击"确定"按钮，为文字的背景区域应用"晶格化"滤镜，如图 8-23 左图和中图所示；接着再次反选选区以选中文字，如图 8-23 右图所示。

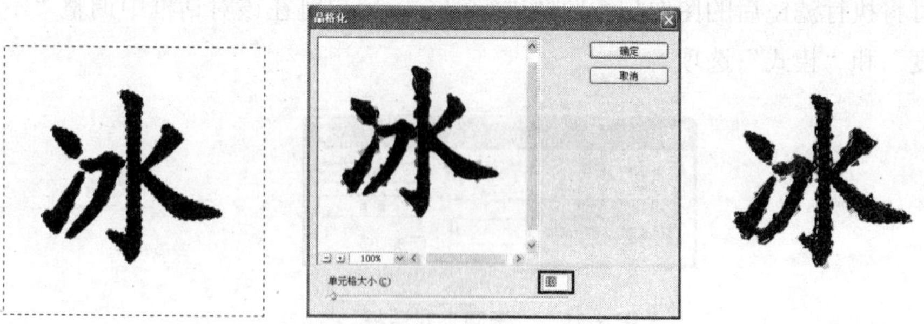

图 8-23　反选选区和应用"晶格化"滤镜

**步骤 5**　选择"滤镜">"杂色">"添加杂色"菜单项，打开"添加杂色"对话框，参照图 8-24 左图所示设置参数，单击"确定"按钮，为文字应用"添加杂色"滤镜。

**步骤 6**　选择"滤镜">"模糊">"高斯模糊"菜单项，打开"高斯模糊"对话框，设置"半径"为 1，单击"确定"按钮应用"高斯模糊"滤镜，如图 8-24 右图所示。

**步骤 7**　按【Ctrl+M】组合键打开"曲线"对话框，参考图 8-25 左图所示调整曲线，单击"确定"按钮，然后取消文字的选择状态，效果如图 8-25 右图所示。

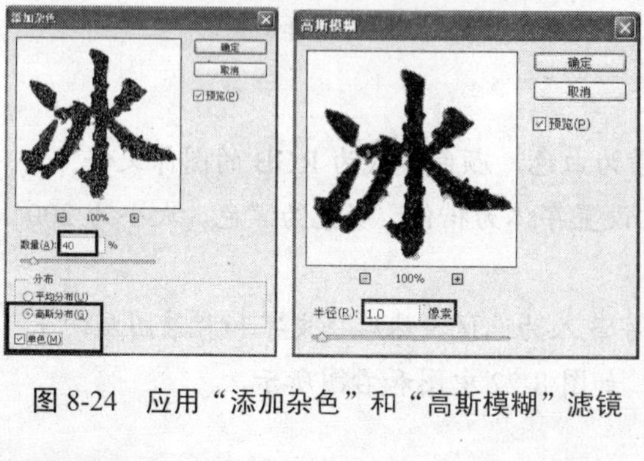

图 8-24　应用"添加杂色"和"高斯模糊"滤镜

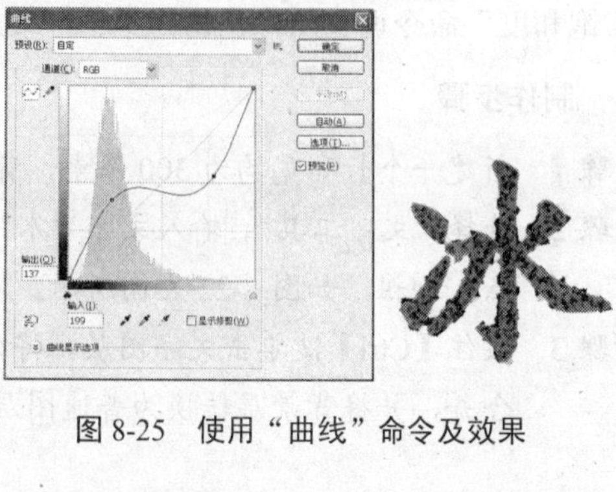

图 8-25　使用"曲线"命令及效果

**步骤 8** 按【Ctrl+I】组合键将图像反相，效果如图 8-26 所示。然后选择"图像" > "图像旋转" > "90 度（顺时针）"菜单项，将图像顺时针旋转 90 度。

**步骤 9** 选择"滤镜" > "风格化" > "风"菜单项，打开"风"对话框，参考图 8-27 左图设置参数，单击"确定"按钮，对图像应用"风"滤镜，效果如图 8-27 右图所示。按【Ctrl+F】组合键重复应用"风"滤镜。

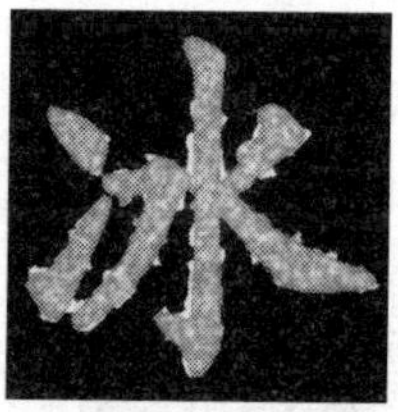

图 8-26 反相图像 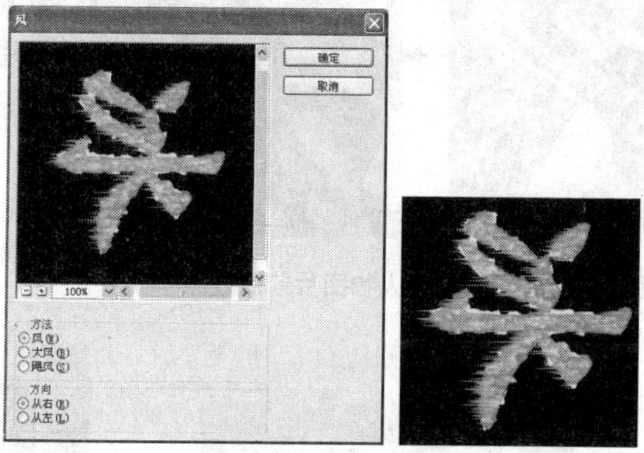　　　　图 8-27 应用"风"滤镜

**步骤 10** 选择"图像" > "图像旋转" > "90 度（逆时针）"菜单项，将图像旋转回来。

**步骤 11** 按【Ctrl+U】组合键打开"色相/饱和度"对话框，参考图 8-28 左图所示设置参数，单击"确定"按钮，效果如图 8-28 右图所示。到此，实例就完成了，最后将图像保存。

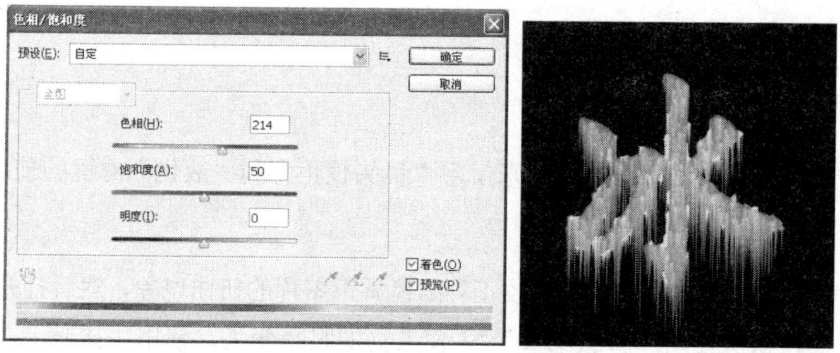

图 8-28 使用"色相/饱和度"命令调整图像。

# 任务三 修复图片——使用特殊滤镜

## 任务说明

除了内置滤镜外，Photoshop 还提供了一些特殊滤镜来处理图像，如"镜头校正"滤镜、"液化"滤镜和"消失点"滤镜。本任务中，我们将通过矫正图 8-29 左图所示的照片并美化人物，来学习"镜头校正"滤镜和"液化"滤镜的使用方法。此外，还将通过去除图 8-30 左图所示的照片中的杂物，来学习"消失点"滤镜的使用方法。

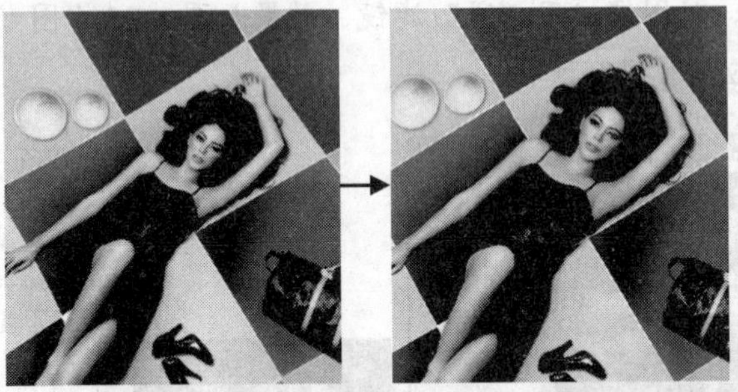

素材：素材与实例\项目八\5.jpg、6.jpg
效果：素材与实例\项目八\校正并美化人物照片.jpg、清除透视图中的杂物.jpg
视频：视频\项目八\8-3.swf、8-4.swf

图 8-29　校正并美化人物图片前后效果

图 8-30　清除透视图中的杂物前后效果

## 任务实施

### 一、校正并美化人物照片

下面通过校正并美化人物照片，来学习"镜头校正"和"液化"滤镜的使用方法。

**制作思路**

打开素材图片，首先利用"镜头校正"滤镜矫正图片的扭曲现象，然后打开"液化"滤镜操作界面，依次使用"膨胀工具" 使人物的眼睛变大，使用"褶皱工具" 使嘴变小，最后将图片另存，完成实例制作。

**制作步骤**

**步骤 1** 打开本书配套素材"5.jpg"图像文件，如图 8-29 左图所示。

**步骤 2** 选择"滤镜">"镜头校正"菜单项，打开"镜头校正"对话框，在对话框右侧的设置区中选择"自定"，并将"几何扭曲"设为-20，然后单击"确定"按钮，如图 8-31 所示。

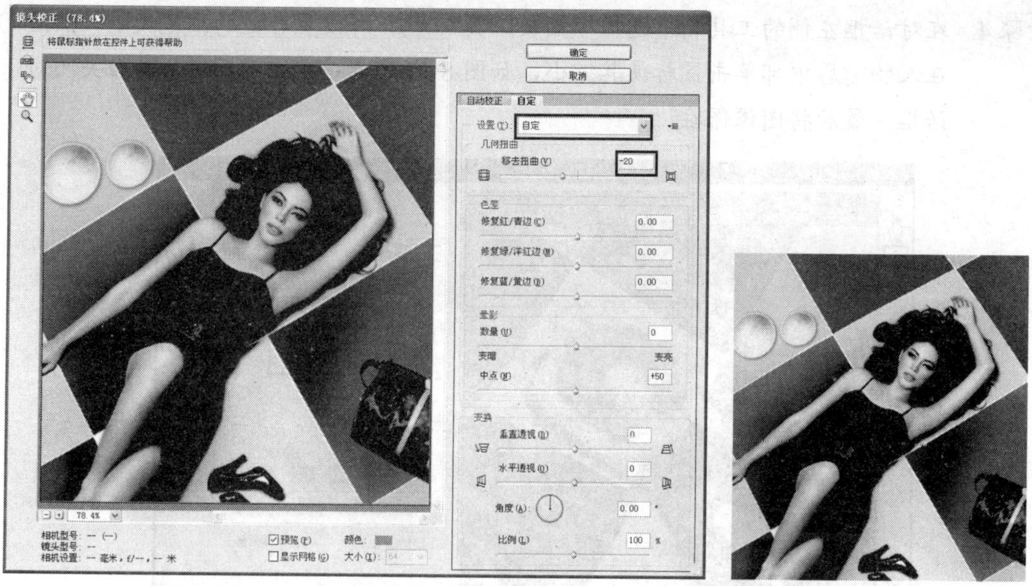

图 8-31　使用"镜头校正"滤镜校正扭曲的画面

**步骤 3**　选择"滤镜">"液化"菜单项，打开"液化"对话框，在对话框左侧的工具箱中选择"膨胀工具"，并在右侧的"工具选项"设置区中设置其画笔大小，然后依次在人物的左、右眼睛上单击以放大眼睛，如图 8-32 所示。

图 8-32　使用"膨胀工具"放大眼睛

**步骤 4** 在对话框左侧的工具箱中选择"褶皱工具" ，并设置合适的画笔大小，然后在人物嘴唇中部单击鼠标使其缩小，如图 8-33 所示，单击"确定"按钮关闭对话框。最后将图像保存。

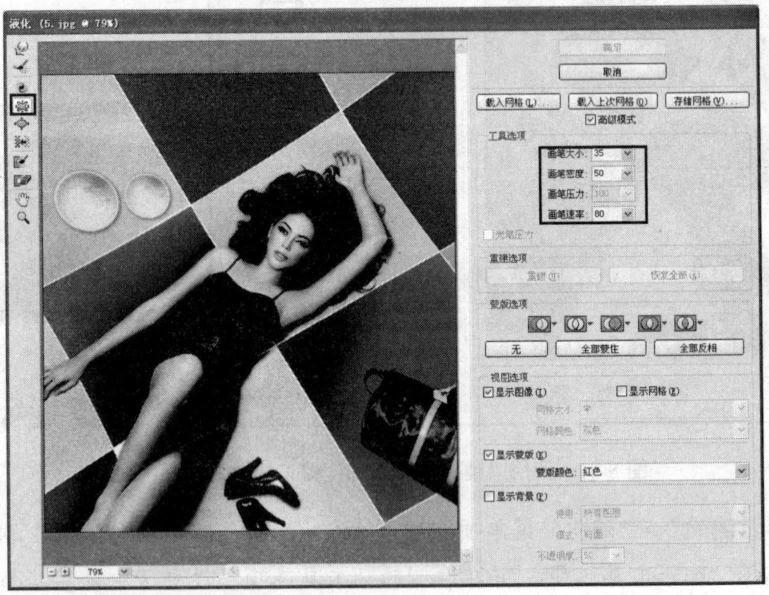

图 8-33 使用"褶皱工具"缩小嘴巴

➤ **"向前变形工具"** ：选中该工具后，在预览框中拖动可以改变像素的位置。

➤ **"重建工具"** ：用于将变形后的图像恢复为原始状态。

➤ **"褶皱工具"** 与 **"膨胀工具"** ：利用这两个工具可收缩或扩展像素。

➤ **"左推工具"** ：选中该工具后，在预览框中单击并拖动，系统将在垂直于光标移动的方向上移动像素。

➤ **"冻结蒙版工具"** ：用于保护图像中的某些区域，以免这些区域被编辑。默认情况下，被冻结区域以半透明红色显示。

➤ **"解冻蒙版工具"** ：用于解冻冻结区域。

➤ **"工具选项"**设置区：在此区域可设置各工具的参数，如"画笔大小"、"画笔密度"、"画笔压力"等。

➤ **"重建选项"**设置区：误操作时，在此处选择"恢复"模式，再单击"重建"按钮可逐步恢复图像；单击"恢复全部"按钮可一次恢复全部图像。此外，选择"重建工具" ，在变形后的图像区域单击或拖动也可恢复图像。

➤ **"蒙版选项"**设置区：用于取消、反相被冻结区域（也称为被蒙版区域），或者冻结整幅图像。

➤ **"视图选项"**设置区：在该区域可对视图的显示方式进行控制。

## 二、清除透视图中的杂物

下面通过清除透视图中的杂物，来学习"消失点"滤镜的使用方法。

**制作思路**

打开素材图片，打开"消失点"滤镜操作界面，首先创建透视网格，然后根据透视网格清除图像中不需要的杂物，完成实例。

**制作步骤**

**步骤1** 打开本书配套素材"6.jpg"文件。

**步骤2** 选择"滤镜" > "消失点"菜单项，打开图 8-34 所示的"消失点"对话框，从中选择"创建平面工具" ⊞，各项参数保持默认。

图 8-34 　"消失点"对话框

> "创建平面工具" ⊞：Photoshop 通过网格来控制透视效果，该按钮用于在平面内创建网格，或调整网格的大小和形状。

> "编辑平面工具" ⊞：用于选择、移动网格或调整网格大小。

> 其他工具：包括"选框工具" □、"图章工具" ⊥、"画笔工具" ✐、"变换工具" ⊞、"吸管工具" ✐、"抓手工具" ✋和"缩放工具" ◌，这些工具的作用和使用方法与工具箱中的同类工具相同。

**步骤3** 将光标移至预览窗口中，沿木地板的透视角度依次单击鼠标定义 4 个点，释放鼠标后即可确定一个网格，如图 8-35 所示。

图 8-35　创建平面透视网格

在使用"创建平面工具" 定义透视网格的角点时，如果添加的角点不正确，可通过按【Backspace】键来删除节点。

如果定义的透视网格为红色或黄色，表明网格的透视角度不正确，需要调整网格角点的位置，直至网格变为蓝色。这里有个小窍门，用户可以使用图像中的矩形对象或平面区域作为参考线定义网格。

**步骤4**　选择"编辑平面工具" ，然后分别拖动网格四边上的中间控制点，调整网格的大小至框选图像中的茶杯和书本，如图 8-36 所示。

图 8-36　调整网格的尺寸

**步骤5**　选择对话框左侧的"选框工具"　，然后在平面网格内茶杯的右方按住并拖动鼠标绘制选区，如图 8-37 所示，选区形状应与网格的透视效果相同。

图 8-37　绘制矩形区域

**步骤6**　将光标移至选区内，按住【Alt】键，当光标呈　形状时，按下鼠标左键并向茶杯区域拖动光标，释放鼠标即可将茶杯图像覆盖，如图 8-38 所示。

**步骤7**　使用选区图像遮盖茶杯后，在对话框上方的"修复"下拉列表中选择"明亮度"，此时选区内图像与茶杯处的图像自然地融合在一起，如图 8-39 所示。

图 8-38　复制图像到目标区域 　　　　图 8-39　设置修复区域的混合模式

**提示**　将选区内的图像移动到目标区后，可使用键盘中的方向键微调图像的位置。

**步骤 8** 在选区外单击鼠标取消选区。选择"图章工具" ，在对话框上方设置"直径"
为 270，然后按住【Alt】键的同时，在书本右方的木板上单击，定义参考点，
再将光标移至书本上，单击鼠标即可遮盖书本图像，如图 8-40 所示。参照相同
方法，将书本完全遮盖。

**步骤 9** 如果对编辑的效果满意，单击"确定"按钮关闭对话框，此时可看到书本和茶
杯不见了，而且还保持了木地板原有的透视效果，如图 8-41 所示。

图 8-40　使用"图章工具"修复图像 　　　　图 8-41　去除杂物后的图像效果

# 项目实训

## 一、制作桃心玫瑰

打开本书配套素材图片"7.jpg"和"8.jpg"，如图 8-42 左图和中图所示，利用通道
和蒙版功能制作图 8-42 右图所示的桃心玫瑰效果。

图 8-42　制作桃心玫瑰

提示：

（1）打开素材图片，将桃心图片复制到玫瑰图片中，然后复制"绿"通道，并利用"曲线"、"色阶"命令和"画笔工具"等，将复制的通道调成图 8-43 左边两个图所示（丝带和部分图像区域为灰白色；桃心大部分区域为黑色，部分区域为灰白色）。

（2）将复制的"绿"通道转换为选区，如图 8-43 右边两个图所示，然后单击复合通道，再在"图层"调板中单击"添加图层蒙版"按钮⬜，为桃心图片所在的图层添加蒙版。

**图 8-43　利用通道制作选区**

## 二、更换婚纱照背景

打开本书配套素材"9.jpg"和"10.jpg"图像文件，利用通道在"9.jpg"图像文件中创建婚纱和人物选区，然后复制到"10.jpg"图像中，如图 8-44 所示。

**图 8-44　更换婚纱照背景**

## 三、制作霹雳字效果

打开本书配套素材"项目八"文件夹中的"11.psd"文件，利用滤镜制作图 8-45 右图所示霹雳字效果。

提示：

打开素材图片，首先创建文字选区并为其填充黑白渐变，然后利用"分层云彩"滤镜让文字选区内布满云彩，接着调整图像的色调和色彩，最后利用"霓虹灯光"滤镜营造出文字的光照效果。

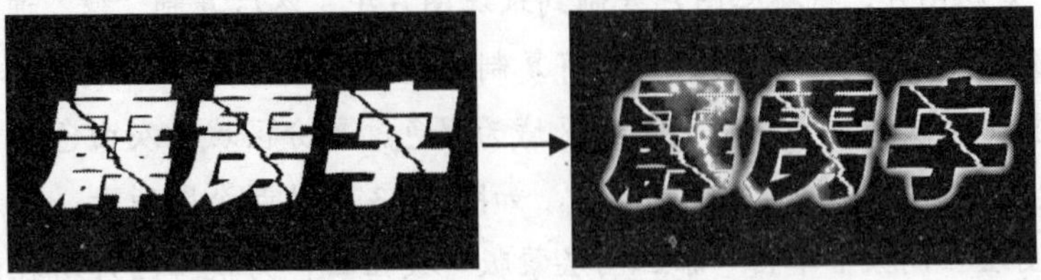

图 8-45　制作霹雳字效果

## 四、制作精美画框

打开本书配套素材"项目八"文件夹中的"12.jpg"文件，利用滤镜制作图 8-46 所示的一组精美画框。

图 8-46　精美画框效果

提示：

（1）打开素材文件，将图片外边缘的白色区域制作成选区，在"历史记录"调板中将当前操作创建为"快照 1"。

（2）将前景色设置为蓝色，使用"染色玻璃"滤镜制作第一组边框，然后将当前操作创建为"快照 2"。

（3）单击"快照 1"将图像恢复到创建选区时的状态，使用"喷溅"滤镜制作第 2 组边框，并保存为"快照 3"。

（4）参考前面的操作，依次使用"喷色描边"、"彩色半调"和"凸出"滤镜制作第 3 组、第 4 组和第 5 组边框，并保存为"快照 4"、"快照 5"和"快照 6"。

（5）使用"玻璃"、"碎片"和"成角的线条"滤镜制作第 6 组边框（蕾丝边框），并保存为"快照 7"。最后依次选中各个边框快照，并将它们存储为文件。

## 项目总结

本项目主要介绍了 Photoshop CS6 的通道和滤镜功能。读者在学完本项目内容后，应重点掌握以下知识。

> 通道主要用于保存颜色数据。在实际应用中，可对原色通道进行单独操作，从而制作出特殊的图像效果；还可利用通道抠取图像区域、保存选区和辅助印刷。

> 利用通道抠取图像区域时，可先利用各种工具和命令编辑通道图像，使图像中需要抠取出来的区域变成白色，然后按住【Ctrl】键单击该通道的缩略图即可。此外，要注意的是最好先复制通道并对复制的通道进行操作，以避免破坏图像。

> Photoshop 提供了许多内置滤镜，利用它们可以快速制作各种特殊的图像效果。这些滤镜的使用都很简单，关键是要多练习，多操作。

> 在实际操作中，可将 Photoshop 的通道、图层和滤镜功能综合应用，以便制作出更多的特殊图像效果。

# 项目考核

## 一、选择题

1. 下列不属于通道类型的是（　　　）。
　　A．原色通道　　　B．专色通道　　　C．Alpha　　　D．灰度通道

2. 要将通道转换为选区，可在按住（　　）键的同时单击该通道缩览图。
　　A．【Alt】　　　B．【Ctrl】　　　C．【Shift】　　　D．【空格键】

3. 默认情况下，可将通道的（　　）转换为选区。
　　A．白色区域　　　B．黑色区域　　　C．蓝色区域　　　D．红色区域

4. 当执行完一个滤镜操作后，按（　　）组合键可快速重复上次执行的滤镜操作。
　　A．【Ctrl+F】　　　　　　　　B．【Alt+Ctrl+F】
　　C．【Shift+Ctrl+F】　　　　　　D．【Alt+F】

5. 按住（　　）键，滤镜对话框中的"取消"按钮将变成"复位"按钮。
　　A．【Alt】　　　B．【Ctrl】　　　C．【Shift】　　　D．【空格键】

## 二、判断题

1. 在 Photoshop 中，根据图像颜色模式的不同，通道的表示方法也不同。（　　）

2. 用户不能对原色通道进行任何操作。（　　）

3. Photoshop 提供的滤镜在任何色彩模式下都可以使用。（　　）

4. 若希望对图像的局部区域进行滤镜效果处理，可先将该区域创建为选区。（　　）

5. 滤镜不可用于单一原色通道或者 Alpha 通道。（　　）

# 项目九　Photoshop 综合应用

## 任务一　制作电影海报

### 任务说明

本任务中，我们将制作图 9-1 所示的电影海报。制作流程如下。

（1）打开"1.jpg"图像文件，利用"径向"滤镜命令营造出背景的动感效果。

（2）将"2.jpg"图像窗口中的人物图像移动到"1.jpg"图像窗口中，并利用"色相/饱和度"命令、"色彩平衡"命令、"塑料包装"滤镜等调整人物图像的色彩与色调。

（3）将"3.jpg"图像文件中的神灯移动到"1.jpg"图像窗口中，并利用"色彩平衡"命令调整神灯颜色。

（4）利用通道命令选取"4.jpg"、"5.jpg"和"6.jpg"图像窗口中的烟雾和云朵图像，并将它们移动到"1.jpg"图像窗口中。

（5）最后利用"曲线"、"色相/饱和度"、"色彩平衡"等命令对烟雾和云朵图像进行调整。

素材：素材与实例\项目九\1.jpg~6.jpg、7.psd

效果：素材与实例\项目九\电影海报.psd

视频：视频\项目九\9-1.swf

图 9-1　电影海报效果

## 任务实施

**步骤 1**　打开本书配套素材 "1.jpg" 图像文件，首先按【Ctrl+J】组合键复制图层，然后选择 "滤镜" > "模糊" > "径向模糊" 菜单项，打开 "径向模糊" 对话框，设置 "数量" 为 100，"模糊方法" 为缩放，并将 "中心模糊" 的中心点向右上方移动，再单击 "确定" 按钮，得到图 9-2 右图所示效果。

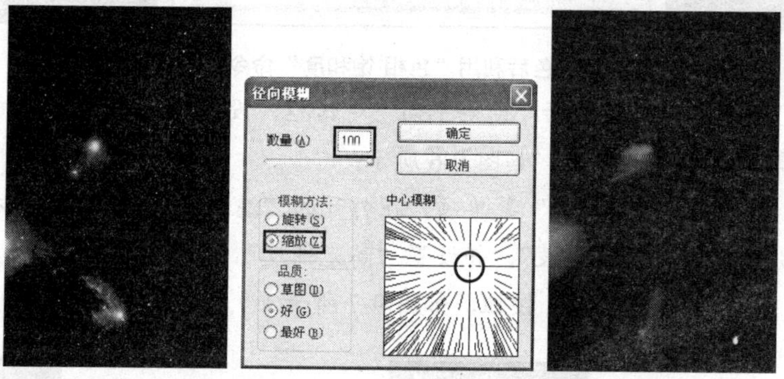

图 9-2　打开素材图片复制图层后执行 "径向模糊" 命令

**步骤 2**　设置 "图层 1" 的混合模式为 "滤色"，效果如图 9-3 右图所示。

**步骤 3**　打开本书配套素材 "2.jpg" 图像文件，利用 "钢笔工具" 或快速蒙版选出人物图像，并将其作为选区载入，然后利用 "移动工具" 将人物图像移动到 "1.jpg" 图像窗口中，如图 9-4 所示。

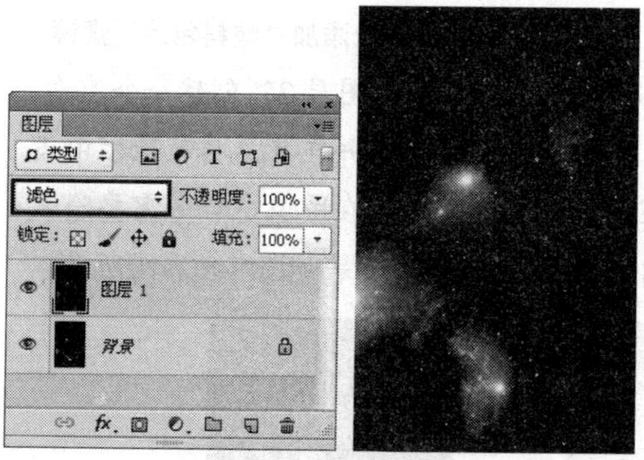

图 9-3　设置图层混合模式 　　　　　　图 9-4　组合图像

**步骤 4**　按【Shift+Ctrl+U】组合键执行去色命令，然后按【Ctrl+U】组合键，在弹出的 "色相/饱和度" 对话框中勾选 "着色" 复选框，并设置 "色相" 为 230，再单击 "确定" 按钮，如图 9-5 所示。

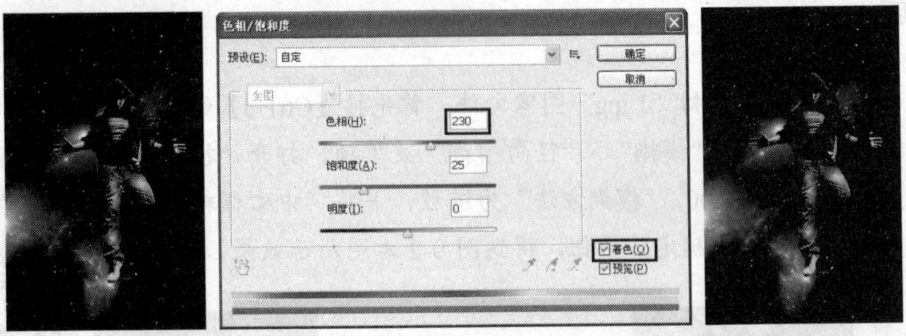

图 9-5  将图像去色后利用"色相/饱和度"命令对其进行调整

**步骤 5**  按【Ctrl+B】组合键打开"色彩平衡"对话框，设置"色阶"为-60，-20，+60，然后单击"确定"按钮，如图 9-6 所示。

**步骤 6**  选择"滤镜">"滤镜库"菜单项，在打开的"滤镜库"对话框中选择"艺术效果"分类中的"塑料包装"，并设置"高光强度"为 8，"细节"为 6，"平滑度"为 5，然后单击"确定"按钮，如图 9-7 所示。

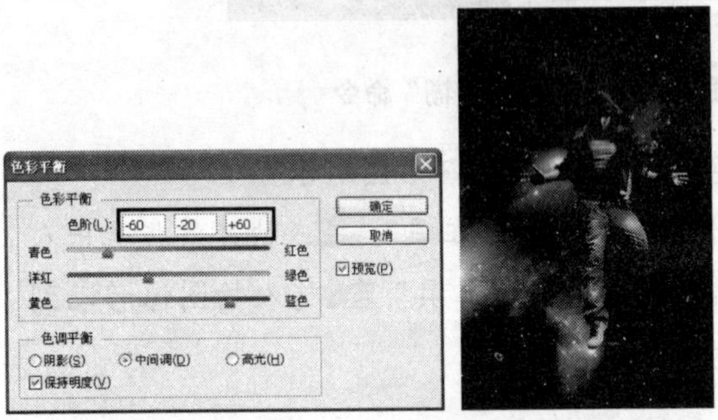

图 9-6  利用"色彩平衡"命令调整图像颜色

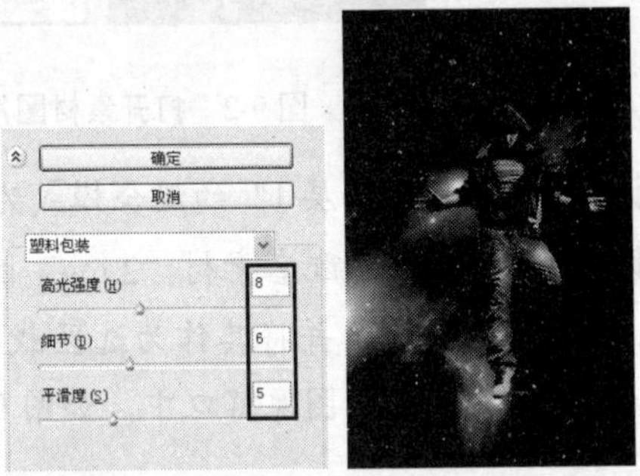

图 9-7  为图像添加"塑料包装"滤镜

**步骤 7**  单击"图层"调板底部的"添加图层蒙版"按钮 □，为"图层 2"创建一个空白的图层蒙版，如图 9-8 左图所示。选择"画笔工具" ✎，并在其工具属性栏中设置画笔大小为 100 像素的柔边笔刷，不透明度 50%，然后在图像窗口中需要隐藏的地方涂抹，涂抹后的图层蒙版如图 9-8 中图所示，图像效果如图 9-8 右图所示。

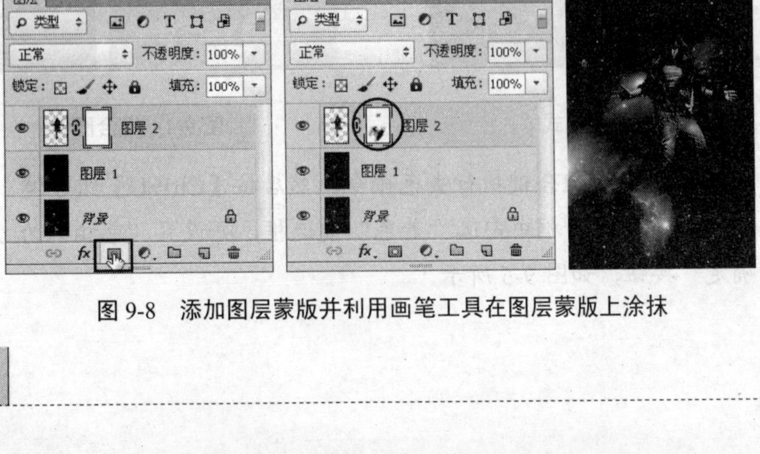

图 9-8  添加图层蒙版并利用画笔工具在图层蒙版上涂抹

**步骤 8** 按【Ctrl+J】组合键复制"图层 2",然后设置"图层 2 副本"的混合模式为"滤色",如图 9-9 左边的两幅图所示。接着按住【Ctrl】键单击"图层 2 副本"的图层缩览图,为人物图像创建选区,如图 9-9 右边的两幅图所示。

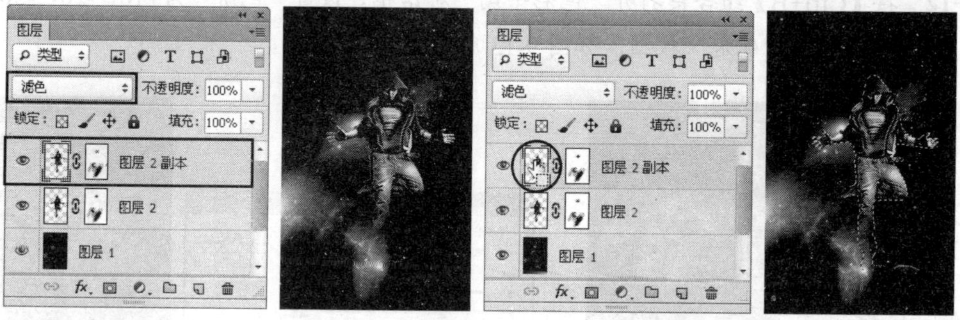

图 9-9 复制图层并调整图层混合模式

**步骤 9** 单击"图层"调板底部的"创建新图层"按钮 ,在"图层"调板中新建"图层 3",如图 9-10 左图所示。选择"渐变工具" ,设置其渐变模式为"线性渐变",然后单击其工具属性栏中的渐变预览条 ,在打开的"渐变编辑器"对话框中选择系统内置的"橙,黄,橙渐变",接着单击"确定"按钮,再在图像窗口的人形选区内填充图 9-10 右图所示渐变。

**步骤 10** 按【Ctrl+D】组合键取消选区,然后设置"图层 3"的混合模式为"线性光",不透明度"10%"。再按住【Alt】键在"图层 2 副本"的蒙版缩览图上单击,并将其拖拽至"图层 3"上方,释放鼠标左键后,"图层 2 副本"中的蒙版即被复制到了"图层 3"中,如图 9-11 左图所示。此时的图像效果如图 9-11 右图所示。

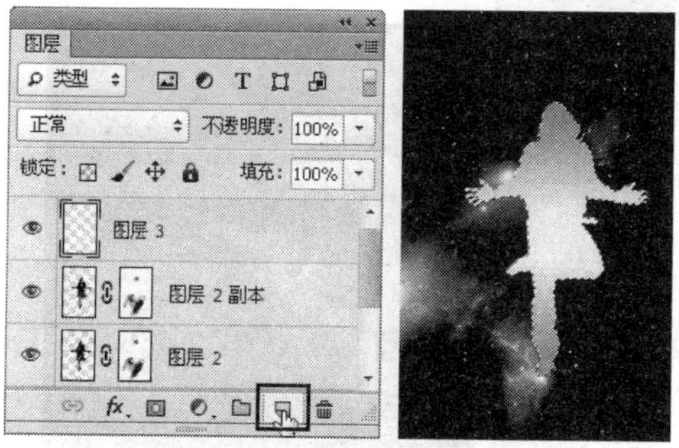

图 9-10 创建新图层并填充渐变 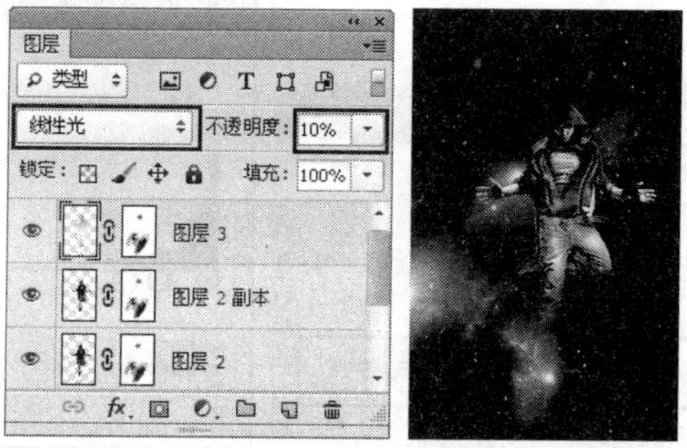      图 9-11 取消选区并设置图层混合模式与不透明度

**步骤 11** 打开本书配套素材"3.jpg"图像文件,利用"魔棒工具" 为图像的背景创建选区,然后按【Shift+Ctrl+I】组合键反向选区,如图 9-12 左图所示。利用"移

动工具" ⊕ 将神灯图像移动到 "1.jpg" 图像窗口中，按【Ctrl+T】组合键，在神灯的四周显示自由变换框，再按住【Shift】键拖动变换框的拐角控制点，成比例缩小神灯至合适大小后，按【Enter】键确认变换操作，如图 9-12 右图所示。

**步骤 12** 按【Ctrl+B】组合键打开 "色彩平衡" 对话框，设置 "色阶" 为+10，-20，-50，然后单击 "确定" 按钮，如图 9-13 所示。

图 9-12　创建选区并组合图像 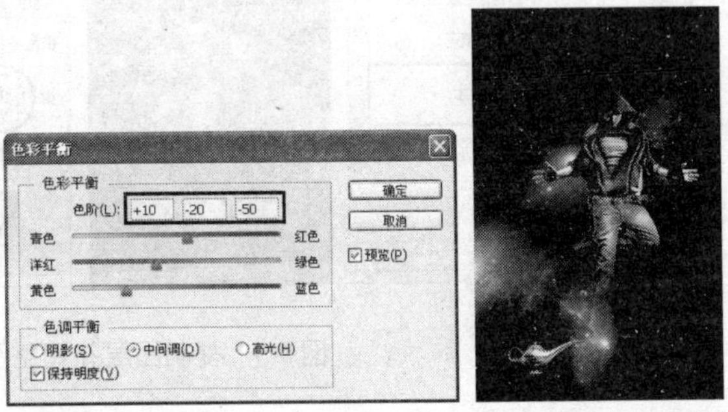　　图 9-13　利用 "色彩平衡" 命令调整图像颜色

**步骤 13** 打开本书配套素材 "4.jpg" 和 "5.jpg" 图像文件，将 "4.jpg" 图像置为当前窗口，然后选择 "窗口" > "通道" 菜单项，打开 "通道" 调板，再将黑白对比较强的 "蓝" 通道拖至调板底部的 "创建新通道" 按钮 🖸 上，复制出 "蓝副本" 通道，如图 9-14 左图所示。

**步骤 14** 按【Ctrl+L】组合键打开 "色阶" 对话框，分别拖动 "输入色阶" 的黑、白、灰色滑块，使图像的黑白对比更加强烈，然后单击 "确定" 按钮，如图 9-14 中图所示。按住【Ctrl】键单击 "蓝副本" 通道的缩览图，这样通道中白色和灰色部分就被选中了。单击 "RGB" 复合通道返回原始图像，如图 9-14 右图所示。

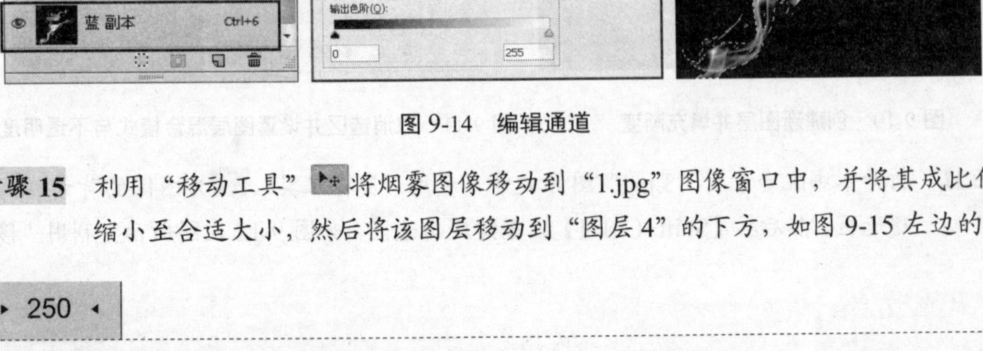

图 9-14　编辑通道

**步骤 15** 利用 "移动工具" ⊕ 将烟雾图像移动到 "1.jpg" 图像窗口中，并将其成比例缩小至合适大小，然后将该图层移动到 "图层 4" 的下方，如图 9-15 左边的两

幅图所示。按【Shift+Ctrl+U】组合键执行去色命令，然后按【Ctrl+M】组合键，在弹出的"曲线"对话框中创建一个节点并向上拖动，将烟雾调整到满意状态后单击"确定"按钮，如图 9-15 右边的两幅图所示。

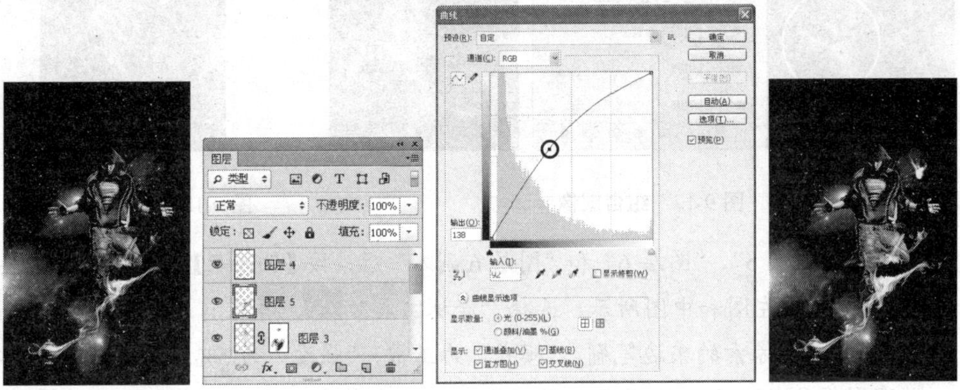

图 9-15 组合图像并利用"曲线"命令对其进行调整

**步骤 16** 按【Ctrl+U】组合键，在弹出的"色相/饱和度"对话框中勾选"着色"复选框，并设置"色相"为 230，然后单击"确定"按钮。按【Ctrl+B】组合键打开"色彩平衡"对话框，设置"色阶"为 0，+32，+53，然后单击"确定"按钮，如图 9-16 所示。

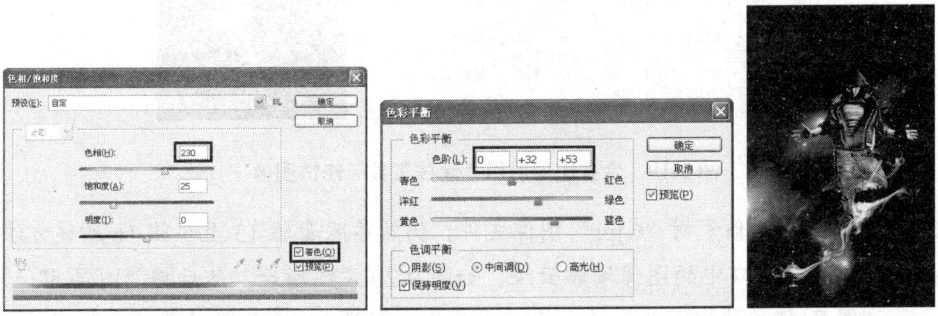

图 9-16 利用"色相/饱和度"和"色彩平衡"命令调整图像

**步骤 17** 将"5.jpg"图像置为当前窗口，然后参照步骤 13 至步骤 16 所述方法为"1.jpg"窗口中的图像增添烟雾，如图 9-17 左图所示。按【Ctrl+J】组合键复制"图层 6"（新增添烟雾所在的图层），再利用"移动工具" 将复制出的烟雾图像移动到人物头部，如图 9-17 中图和右图所示。

**步骤 18** 依次为"图层 5"、"图层 6"和"图层 6 副本"添加图层蒙版，并利用"画笔工具" 在图像窗口中需要隐藏的地方涂抹，涂抹后的效果如图 9-18 所示。

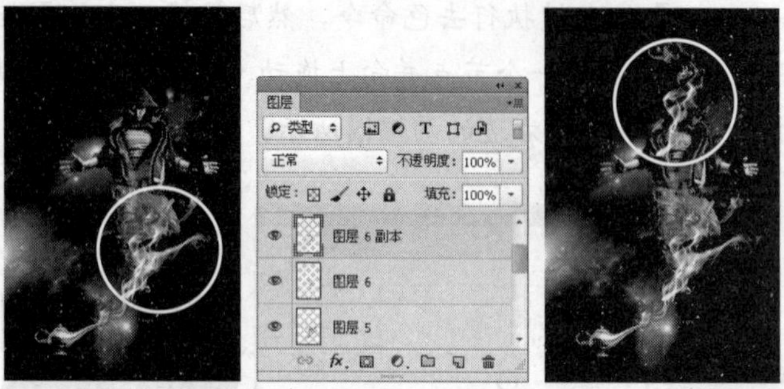

图 9-17 组合图像 　　　　　　　　　　　图 9-18 添加图层蒙版

**步骤 19** 选中 "图层 5"、"图层 6" 和 "图层 6 副本" 后，按【Ctrl+E】组合键合并图层，如图 9-19 左图和中图所示。选择 "涂抹工具" ，并在其工具属性栏中设置画笔为 90 像素的柔边笔刷，"模式" 为正常，"强度" 为 5%。设置好后，在烟雾图像处从下至上拖动鼠标进行涂抹，使烟雾更加朦胧，涂抹后的效果如图 9-19 右图所示。

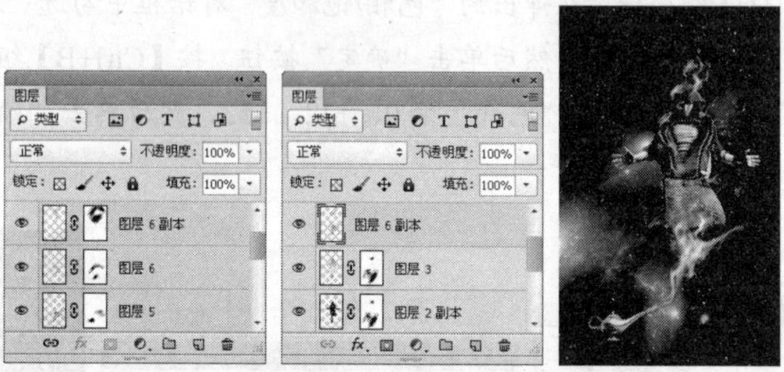

图 9-19 合并图层后用 "涂抹工具" 修饰图像

**步骤 20** 打开本书配套素材 "6.jpg" 图像文件，仍然参照步骤 13 至步骤 16 所述方法为 "1.jpg" 窗口中的图像增添云朵，如图 9-20 左图所示。然后将 "图层 5" 移至 "图层 4"（神灯图像）的上方，接着为 "图层 5" 添加图层蒙版，并利用 "画笔工具" 在图像窗口中需要隐藏的地方涂抹，涂抹后的图层蒙版如图 9-20 中图所示，图像效果如图 9-20 右图所示。

**步骤 21** 打开本书配套素材 "7.psd" 图像文件，选中 "图层" 面板中除 "背景" 层以外的所有图层，然后利用 "移动工具" 将它们移动到 "1.jpg" 图像窗口中合适的位置，如图 9-21 所示。最后按【Shift+Ctrl+S】组合键将图像另存，即可完成实例制作。

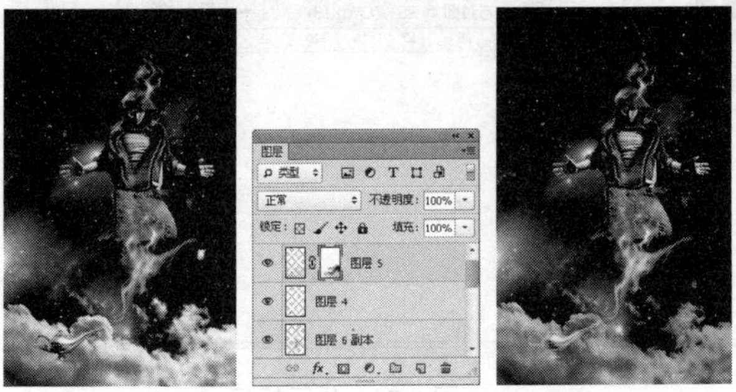

图 9-20 组合图像并创建图层蒙版

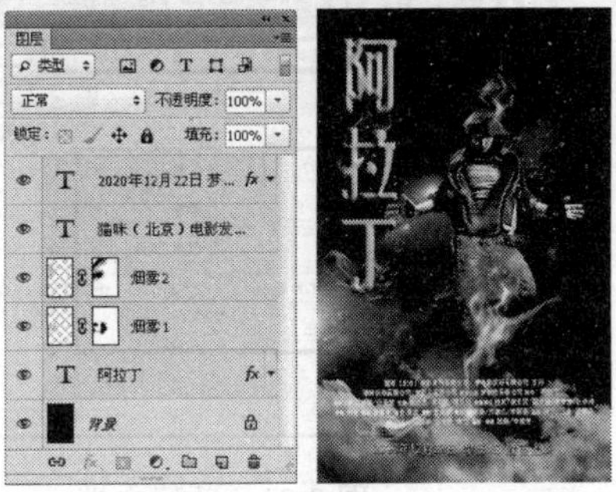

图 9-21 组合图像

# 任务二 制作杂志封面

## 任务说明

本任务中，我们将制作图 9-22 所示的杂志封面。

首先新建文档，然后在新建的图像窗口中显示标尺，接着将图像放大显示，并在图像窗口中创建参考线，再依次将 "8.jpg"、"9.jpg" 和 "10.psd～13.psd" 图像文件移动到新建图像窗口中，最后隐藏标尺并存储图像，完成实例制作。

图 9-22 杂志封面效果

素材：素材与实例\项目九\8.jpg、9.jpg、10.psd~13.psd

效果：素材与实例\项目九\杂志封面.psd

视频：视频\项目九\9-2.swf

## 任务实施

**步骤 1** 启动 Photoshop，将背景色设为白色，然后新建一文档，参数设置如图 9-23 所示。

**步骤 2** 按【Ctrl+R】组合键，在图像窗口的左侧和顶部显示标尺，如图 9-24 所示。

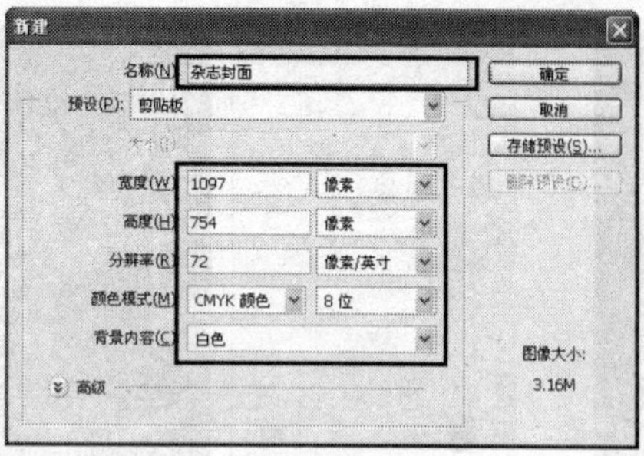

图 9-23　新建文档

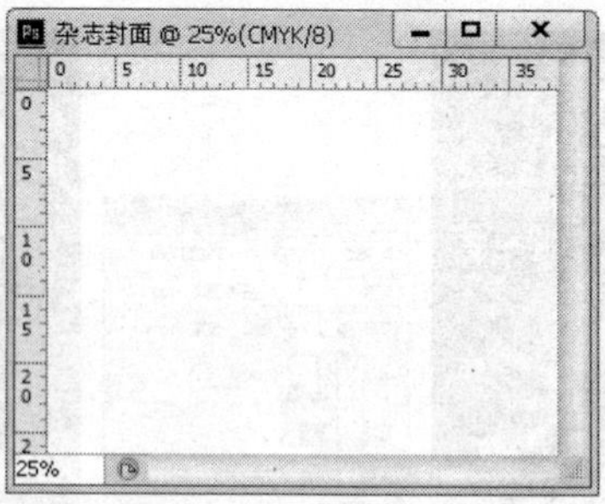

图 9-24　显示标尺

**步骤 3**　按【Ctrl++】组合键将图像放大显示，如图 9-25 左图所示。接着按住空格键的同时，将鼠标指针移至图像窗口中并向下拖动鼠标，将图像向下平移，显示图像的上边缘；再将图像向右平移，显示图像的左边缘，如图 9-25 右图所示。

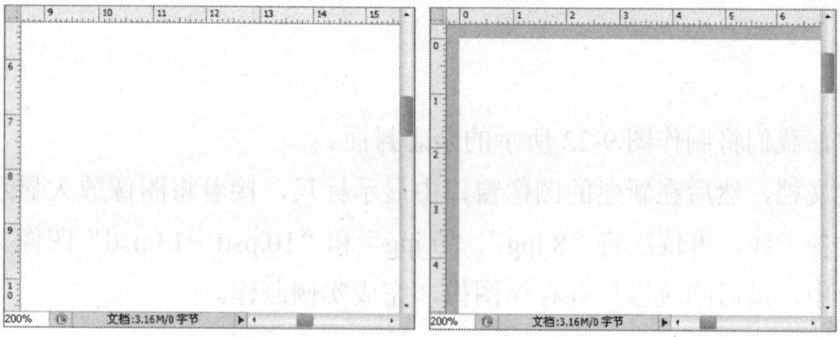

图 9-25　放大和平移图像显示

**步骤 4**　将鼠标光标移至水平标尺上，按住鼠标左键不放并向下拖动，至图像顶端 3mm 处时释放鼠标，从而在该处创建一条水平参考线；使用同样的方法，在图像左侧 3mm 处创建一条垂直参考线，如图 9-26 所示。

**步骤 5**　按【Ctrl+-】组合键将图像缩小显示，接着将鼠标指针移至水平标尺与垂直标尺相交处，按住鼠标左键不放拖至与图像的右边缘和下边缘对齐处，然后释放鼠标，从而将标尺原点移至此处，如图 9-27 所示。

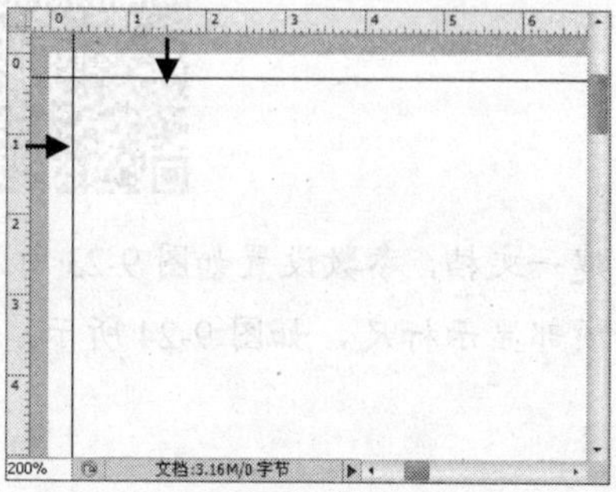

图 9-26　在指定位置创建水平和垂直参考线

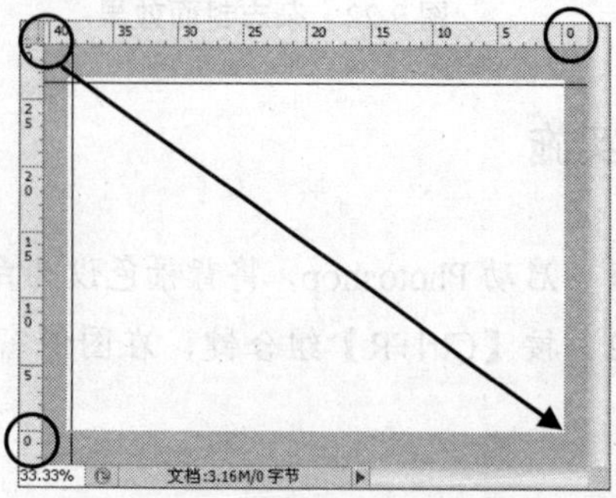

图 9-27　改变标尺原点位置

**步骤 6**　将视图放大显示，然后使用拖动方式创建一条水平参考线和一条垂直参考线，分别距垂直标尺和水平标尺原点3mm，如图 9-28 所示。

**步骤 7**　双击水平标尺与垂直标尺相交处，从而将标尺原点恢复到默认位置，再双击工具箱中的"缩放工具" 🔍，从而将图像显示比例恢复为100%。

**步骤 8**　选择"视图"＞"新建参考线"菜单项，打开"新建参考线"对话框，选择"垂直"单选钮，在"位置"编辑框中输入"18.8 厘米"，然后单击"确定"按钮，从而在距水平标尺原点18.8 厘米处创建一条垂直参考线，如图 9-29 左上图所示；使用同样的方法再创建一条参考线，参数设置如图 9-29 右下图所示。这样，便标示好了书脊的位置，此时创建的参考线效果如图 9-29 右图所示。

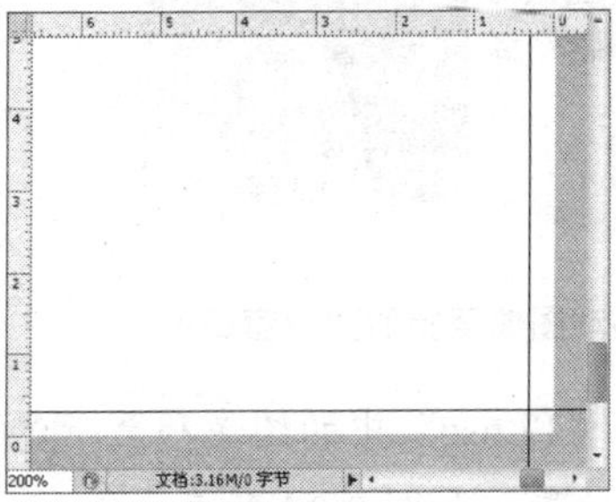

图 9-28　使用拖动方式再创建参考线 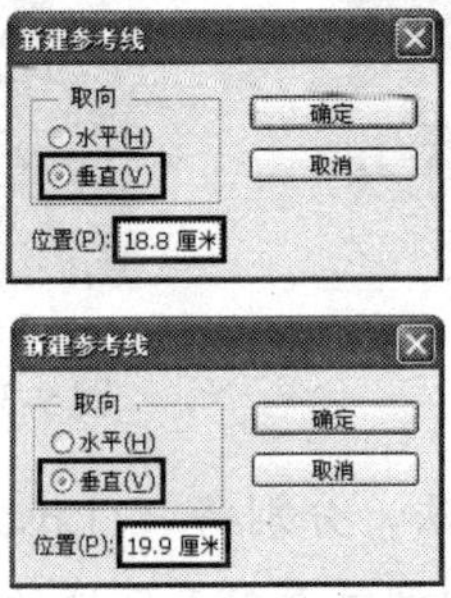 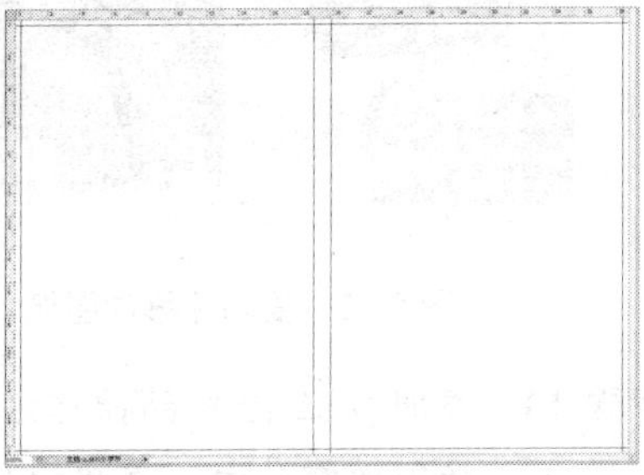　　　　图 9-29　使用对话框方式创建参考线

**步骤 9**　按【Ctrl+R】组合键隐藏标尺，再按【Alt+Ctrl+;】组合键锁定参考线，然后按【Ctrl+O】组合键，按住【Shift】键依次单击"8.jpg"和"13.psd"图像文件，将"8.jpg"、"9.jpg"和"10.psd~13.psd"图像文件同时选中，然后单击"打开"按钮将它们同时打开，如图 9-30 所示。

**步骤 10**　将"8.jpg"图像置为当前窗口，依次按【Ctrl+A】、【Ctrl+C】组合键，全选并复制图像。然后切换到新建的"杂志封面"图像窗口，按【Ctrl+V】组合键粘贴图像，再利用"移动工具" ⊕ 将其移动到图 9-31 所示位置。

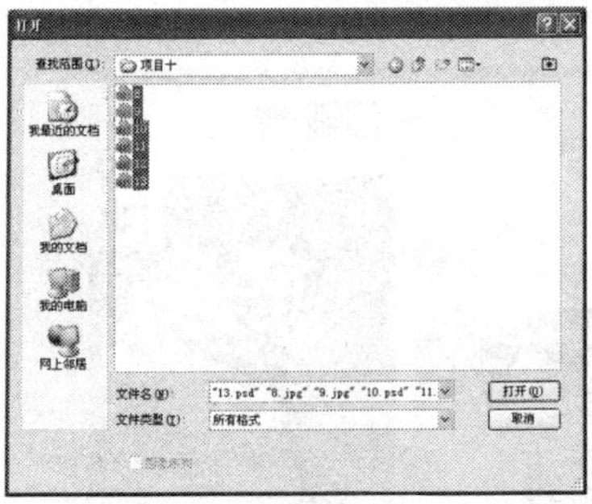

图 9-30　打开图像文件 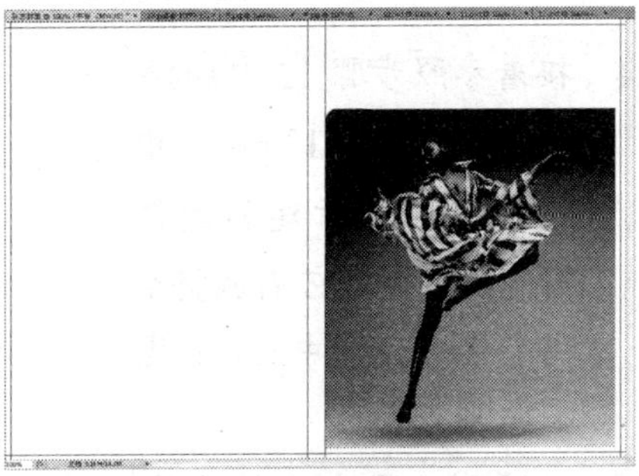　　　　　　　图 9-31　复制并移动图像

**步骤 11** 参照步骤 10 中的操作方法，将 "9.jpg" 中的图像复制粘贴到新建的图像窗口中，再利用 "移动工具" ▶⊕ 将其移动到图 9-32 所示位置。

**步骤 12** 将 "10.psd" 图像置为当前窗口，然后选中 "图层" 面板中的全部图层，接着利用 "移动工具" ▶⊕ 将它们移至新建的图像窗口中，再调整文字使之在封面区域的左上方，效果如图 9-33 所示。

图 9-32　复制并移动图像 　　　　　　　　图 9-33　移动图像至新的图像窗口中

**步骤 13** 参照步骤 12 中的操作方法，分别将 "11.psd" 和 "12.psd" 中的图像移至新建的图像窗口中，再将它们调整至封面区域的合适位置，如图 9-34 所示。

图 9-34　移动图像至新的图像窗口中

**步骤 14** 接着参照步骤 12 中的操作方法，将 "13.psd" 中的图像移至新建的图像窗口中，再将它们调整至书脊参考线的中央，如图 9-35 所示。

**步骤 15** 按【Ctrl+;】组合键隐藏参考线，查看封面效果。

图 10-35　组合图像并使用参考线辅助调整其位置

这样，一个图书封面就制作完成了。最后将"图书封面"存储为".psd"图像格式，即可完成实例制作。

## 任务三　合成街角的超人

### 任务说明

本任务中，我们将合成图 9-36 所示的街角的超人。

打开各素材图片，首先将"14.jpg"图像窗口中的超人图像移动到"15.jpg"图像窗口中，然后调整超人的色调，并为超人创建影子，接着利用"椭圆工具" 和"直接选择工具" 绘制超人外的光圈形状，并利用"滤镜"命令、图层蒙版、图层混合模式等对光圈进行调整，再利用"滤镜"命令、图层样式等创建超人脚底的波纹，最后创建"渐变"填充图层，并将图像另存，即可完成实例制作。

素材：素材与实例\项目九\14.jpg、15.jpg

效果：素材与实例\项目九\街角的超人.psd

视频：视频\项目九\9-3.swf

图 9-36　街角的超人效果

### 任务实施

**步骤 1**　打开本书配套素材"14.jpg"和"15.jpg"图像文件，然后为"14.jpg"图像窗口中的超人创建选区，接着将其移动到"15.jpg"图像窗口中，并将超人适当缩小，如图 9-37 所示。

**步骤 2**　此时，"15.jpg"图像窗口的"图层"调板中会自动新建"图层 1"，双击图层名称，当其变为可编辑状态时，输入"超人"，然后按【Enter】键，如图 9-38 所示。

图 9-37　组合图像 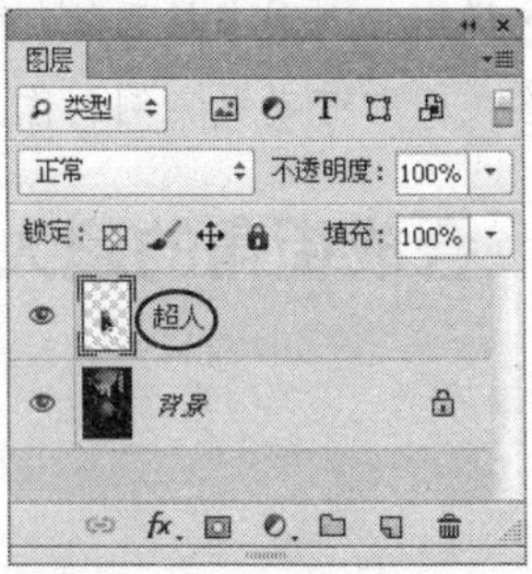　　　　　　　　　　　　　　　图 9-38　重命名图层

**步骤 3** 按【Ctrl+M】组合键，在弹出的"曲线"对话框中创建一个节点并向下拖动，将超人图像调整的稍微暗一些，然后单击"确定"按钮，如图 9-39 所示。

**步骤 4** 按住【Ctrl】键单击"超人"图层的蒙版缩览图，为超人图像创建选区，然后按【Shift+Ctrl+N】组合键新建图层，接着用黑色填充选区，再按【Ctrl+D】组合键取消选区，如图 9-40 左图所示。最后将该图层重命名为"超人影子"，如图 9-40 右图所示。

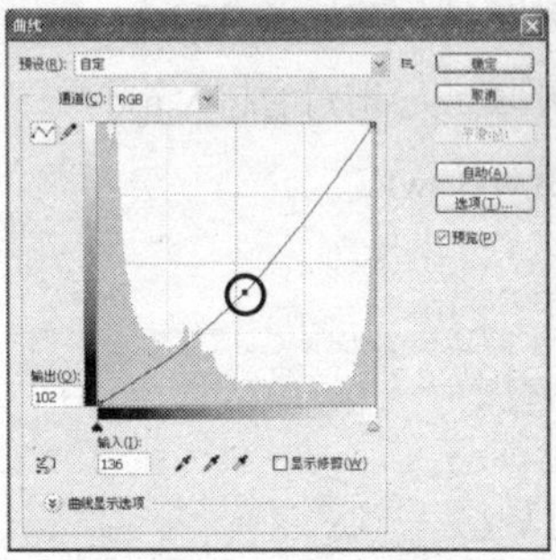

图 9-39　利用"曲线"命令调整图像 　　　　　　图 9-40　填充选区并重命名图层

**步骤 5** 选择"编辑">"变换">"扭曲"菜单项，然后拖动变换框将图像变形，至满意效果后按【Enter】键确认操作，如图 9-41 左图所示。将"超人影子"图层移至"超人"图像的下方，并调整该图层的不透明度为 80%，如图 9-41 中图和右图所示。

图 9-41　变换图像并调整图层顺序和不透明度

**步骤 6** 选择"滤镜">"模糊">"高斯模糊"菜单项，在打开的"高斯模糊"对话框中设置"半径"为5像素，如图 9-42 左图所示。然后单击"确定"按钮，此时的画面效果如图 9-42 右图所示。

**步骤 7** 选择工具箱中的"椭圆工具" ⬭，并在其工具属性栏中选择"路径"，绘制如图 9-43 左图所示的圆形路，然后利用"直接选择工具" ▷ 将路径调整为图 9-43 右图所示效果。

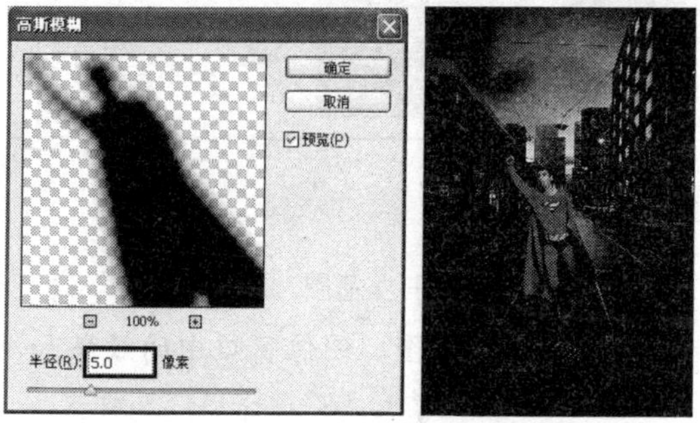

图 9-42 利用"高斯模糊"滤镜调整图像 　　　图 9-43 绘制路径并调整其形状

**步骤 8** 按【Shift+Ctrl+N】组合键新建图层，并将其重命名为"光圈"。选择"滤镜>渲染">"云彩"菜单项，然后打开"路径"调板，按住【Ctrl】键的同时单击"工作路径"的缩览图，将其载入选区，如图 9-44 所示。

**步骤 9** 然后单击"图层"调板底部的"添加图层蒙版按钮" ▣，为"光圈"图层添加蒙版，此时的"图层"调板如图 9-45 左图所示，图像效果如图 9-45 右图所示。

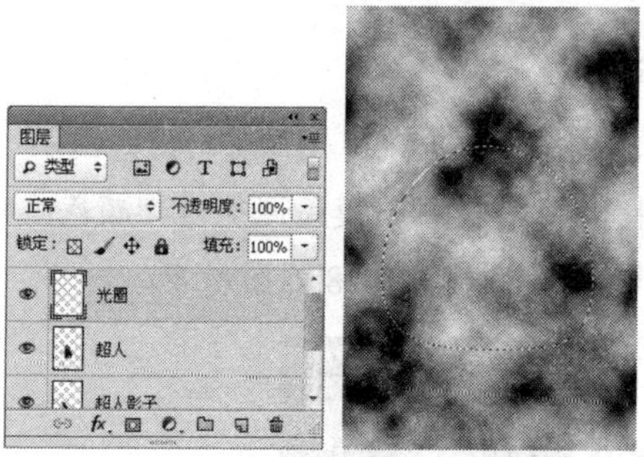

图 9-44 新建图层并执行滤镜命令 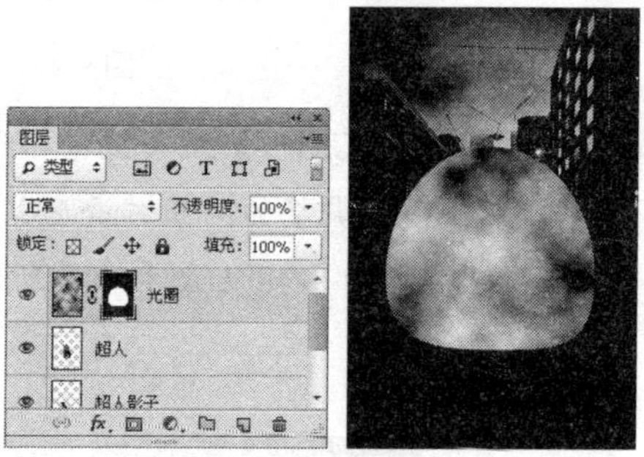　　　图 9-45 添加图层蒙版

**步骤 10** 选择"滤镜>液化"菜单项，在打开的"液化"对话框中选择"膨胀工具" ◈，然后在"工具选项"分类中设置"画笔大小"为550，"画笔密度"为100，"画笔压力"为100，"画笔速率"为60，并勾选"显示背景"复选框，如图 9-46 左图所示。接着利用"膨胀工具" ◈ 在"光圈"上单击16次，如图 9-46 右图所示。

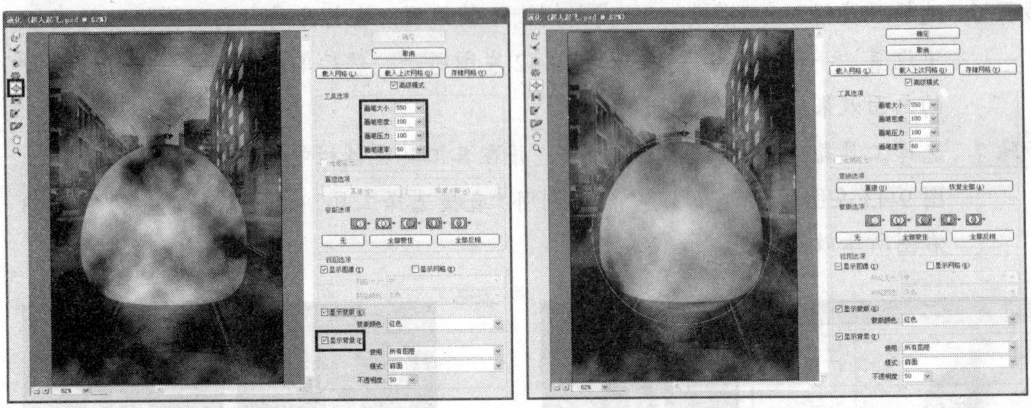

图 9-46　利用"液化"滤镜调整图像

**步骤 11**　单击"确定"按钮后，得到图 9-47 左图所示效果。将"光圈"图层的混合模式调整为"柔光"，此时的"图层"调板如图 9-47 中图，图像窗口中的效果如图 9-47 右图所示。

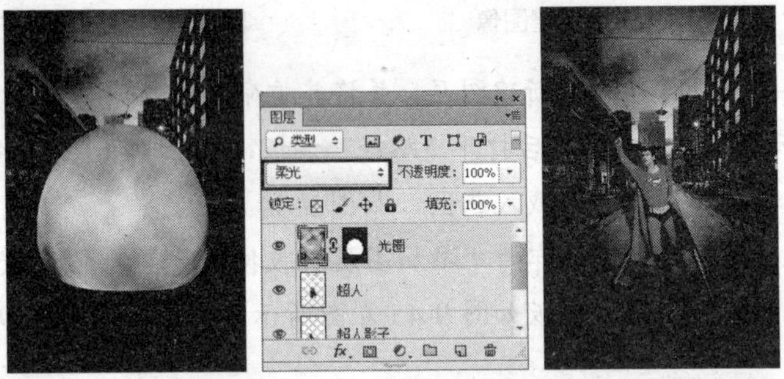

图 9-47　调整图层混合模式

**步骤 12**　按两次【Ctrl+J】组合键将"光圈"图层复制两次，并将第一次复制出的图层混合模式调整为"正片叠底"，第二次复制出的图层混合模式调整为"颜色减淡"，如图 9-48 左图和中图所示，此时的图像效果如图 9-48 右图所示。

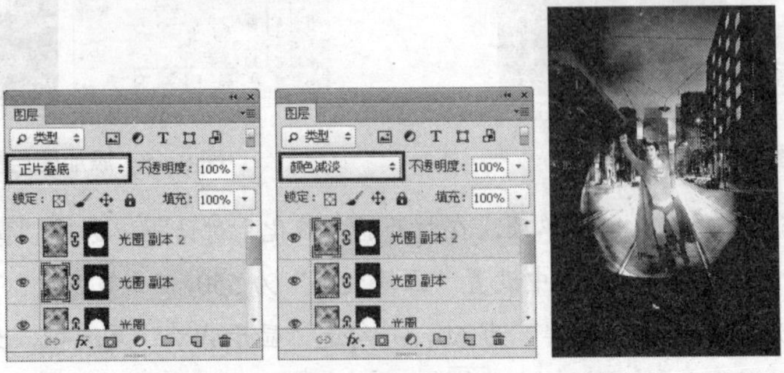

图 9-48　复制图层并调整它们的混合模式

**步骤 13** 按住【Shift】键单击"光圈"图层，然后单击"图层"调板底部的"创建新组"按钮 ▢，将"光圈"图层及其副本放入同一图层组中，如图 9-49 左图所示。然后单击"添加图层蒙版按钮" ▢，为该图层组添加蒙版，如图 9-49 右图所示。

**步骤 14** 选择"画笔工具" ✎，并在其工具属性栏中设置画笔大小为 100 像素的柔边笔刷，不透明度 10%，然后在图像窗口中需要隐藏的地方涂抹，涂抹后的图层蒙版如图 9-50 左图所示，图像效果如图 9-50 右图所示。

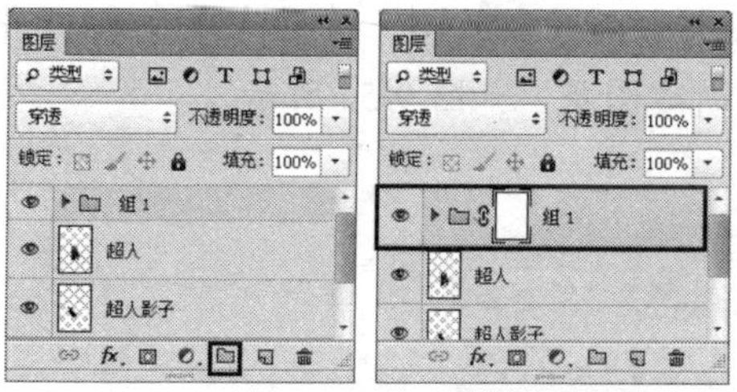

图 9-49　创建图层组并为它添加图层蒙版

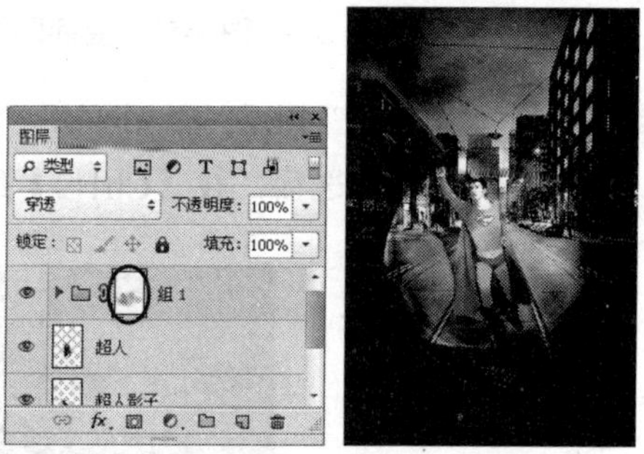

图 9-50　在图层蒙版上涂抹

**步骤 15** 单击"背景"图层，然后单击"创建新图层"按钮 ▢，在"背景"图层的上方新建"图层 1"，并将其重命名为"波纹"，如图 9-51 左图所示。接着选择"滤镜" > "渲染" > "云彩"菜单项，此时的图像效果如图 9-51 右图所示。

**步骤 16** 选择"滤镜" > "扭曲" > "水波"菜单项，参数设置如图 9-52 左图所示，单击"确定"按钮后得到图 9-52 右图所示效果。

图 9-51　新建图层并利用"云彩"滤镜调整图像

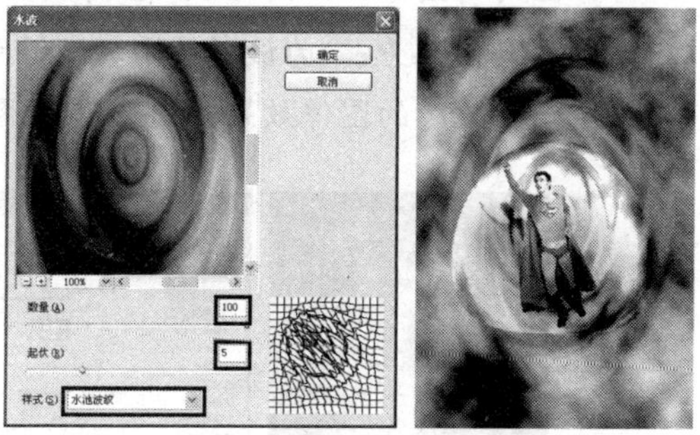

图 9-52　利用"水波"滤镜调整图像

**步骤 17** 按【Ctrl+T】组合键显示自由变换框，然后将"波纹"变换成图 9-53 左图所示效果，按【Enter】键确认操作后，设置该图层混合模式为"叠加"，再利用"橡皮擦"工具 ✐ 将多余的部分擦除，如图 9-53 中图和右图所示。

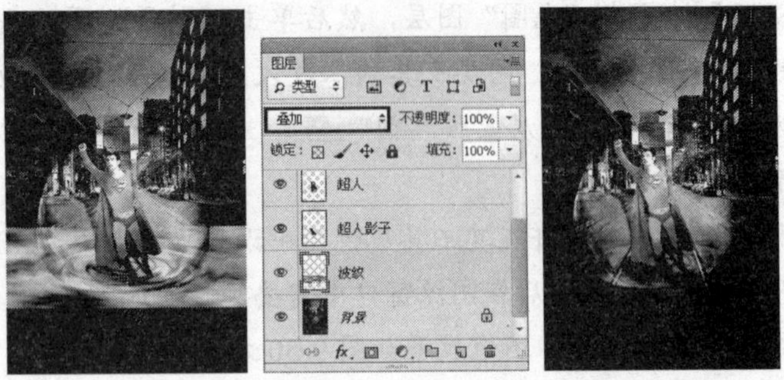

图 9-53　变换图像并设置图层混合模式

**步骤 18**　选择"背景"图层，然后利用"椭圆选框"工具 创建一个略大于步骤 17 中波纹的椭圆选区，按【Ctrl+J】组合键新建图层，如图 9-54 所示。

图 9-54　创建选区并新建图层

**步骤 19**　接着利用"椭圆选框"工具 创建一个更小的选区，并按【Delete】键删除选区内的图像，如图 9-55 左图所示。再单击"图层"调板下方的"添加图层样式"按钮 ，为该图层添加"斜面和浮雕样式"，参数设置如图 9-55 中图所示。此时的图像效果如图 9-55 右图所示。

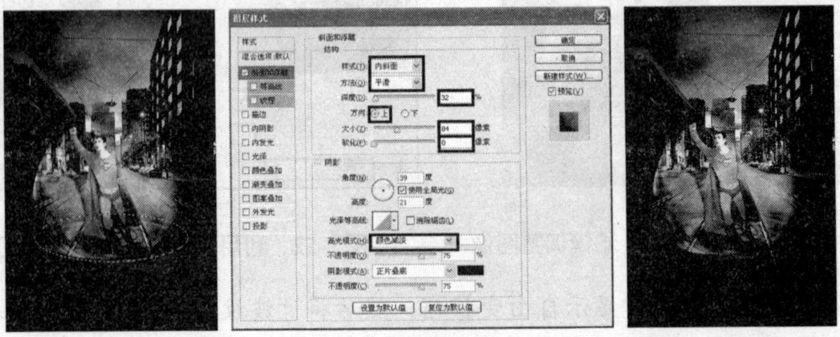

图 9-55　添加图层样式

**步骤 20** 选择"图层">"新建填充图层">"渐变"菜单项，弹出"新建图层"对话框，然后单击"确定"按钮，弹出"渐变填充"对话框，接着单击"渐变预览条"在打开的"渐变编辑器"对话框中选择"前景色到背景色渐变"，并参照图 9-56 右图所示设置参数。

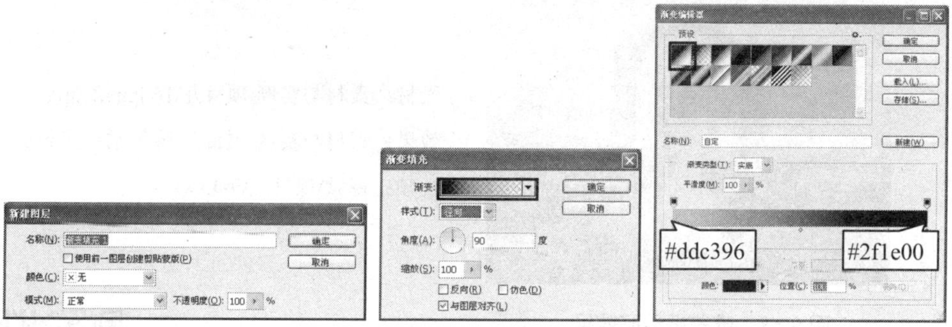

#ddc396    #2f1e00

图 9-56 创建"渐变"填充图层

**步骤 21** 设置完毕后单击"确定"按钮，返回"渐变填充"对话框，再次单击"确定"按钮，"图层"调板中会创建"渐变填充 1"图层，设置该图层的混合模式为"颜色减淡"，最后将图像另存即可完成实例制作。

图 9-57 调整图层混合模式

# 任务四　合成唯美婚纱照

## 任务说明

本任务中，我们将合成图 9-58 所示的唯美婚纱照。

首先新建文档和打开各素材图片，将"16.jpg"图像文件复制到新建图像窗口的底部，并利用图层蒙版将花海以外的部分隐藏起来，然后将"17.jpg"图像文件复制到新建图像窗口的上半部分，并利用图层蒙版、图层混合模式和"色彩平衡"命令对云彩进行调整，接着分别将 "18.jpg" "19.jpg" 和 "20.jpg" 图像文件中的城堡、拱门和花藤图像复制到新建图像窗口中，并利用 "色相/饱和度" 命令、"色彩平衡" 命令等对它们进行调整，再将 "21.jpg" 图像文件中的人物图像复制到新建图像窗口中，并利用图层蒙版和 "画笔工具" 将裙摆变得透明，最后保存图像，完成实例制作。

素材：素材与实例\项目九\16.jpg~21.jpg

效果：素材与实例\项目九\唯美婚纱照.psd

视频：视频\项目九\9-4.swf

图 9-58　唯美婚纱照效果

## 任务实施

**步骤 1**　启动 Photoshop，然后新建一个名称为 "唯美婚纱"，宽度为 "1 024 像素"，高度为 "700 像素" 的文档，如图 9-59 左图所示。选择 "渐变工具" ，颜色设置如图 9-59 中图所示，接着在图像窗口中由上至下拉出如图 9-59 右图所示的线性渐变作为背景。

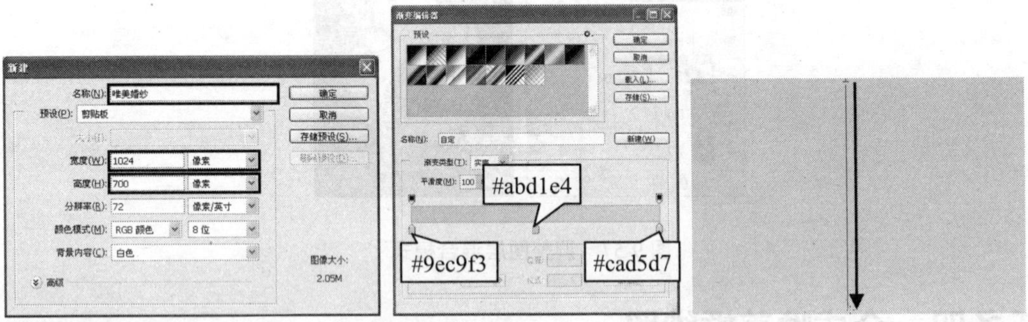

图 9-59　新建文档并填充渐变

**步骤 2**　打开本书配套素材 "16.jpg" 图像文件，然后将其复制到新建图像窗口的底部，此时 "图层" 调板中会自动新建 "图层 1"，双击该图层的名称，将其重命名为 "花海"，如图 9-60 所示。

**步骤 3**　为 "图层 1" 添加图层蒙版，然后选择 "画笔工具" ，并在其工具属性栏中设置画笔大小为 300 像素的柔边笔刷，不透明度 80%，然后在图像窗口中的天空、山峦处涂抹，只保留花海的部分，涂抹后的图层蒙版如图 9-61 左图所示，图像效果如图 9-61 右图所示。

图 9-60　组合图像并重命名图层 　　　　图 9-61　利用画笔工具在图层蒙版上涂抹

**步骤 4**　将"花海"图层拖拽到"图层"调板底部的"创建新图层"按钮 ▣ 上，该图层即被复制出"花海副本"图层，如图 9-62 左图所示。选择"编辑">"变换">"水平翻转"菜单项，将"花海副本"图层水平翻转，效果如图 9-62 右图所示。

**步骤 5**　打开本书配套素材"17.jpg"图像文件，然后按【Shift+Ctrl+U】组合键执行去色命令，接着按【Ctrl+M】组合键，在弹出的"曲线"对话框中创建一个节点并向上拖动，将云朵调整的更亮后单击"确定"按钮，如图 9-63 所示。

图 9-62　将图像水平翻转 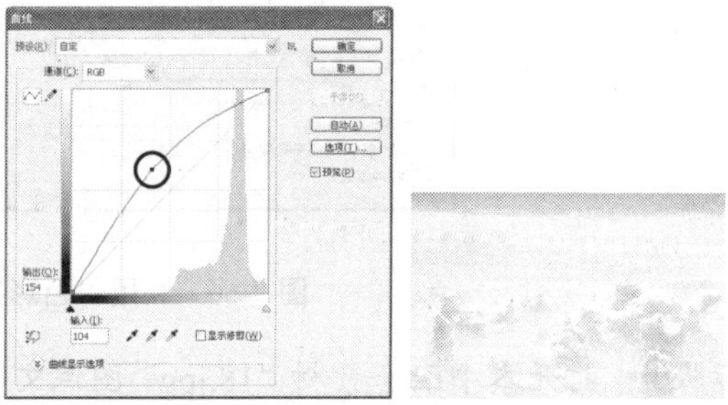　　　　　　　图 9-63　调整图像色彩

**步骤 6**　依次按【Ctrl+A】、【Ctrl+C】组合键，然后切换到新建图像窗口中，按【Ctrl+V】组合键粘贴图像，并将其移动到图像窗口的上半部分，如图 9-64 左图所示。接着为该图层添加图层蒙版，并利用"画笔工具" ✎ 在云朵的下半部分涂抹，使边缘过渡更加柔和，涂抹后的图层蒙版如图 9-64 中图所示，图像效果如图 9-64 右图所示。

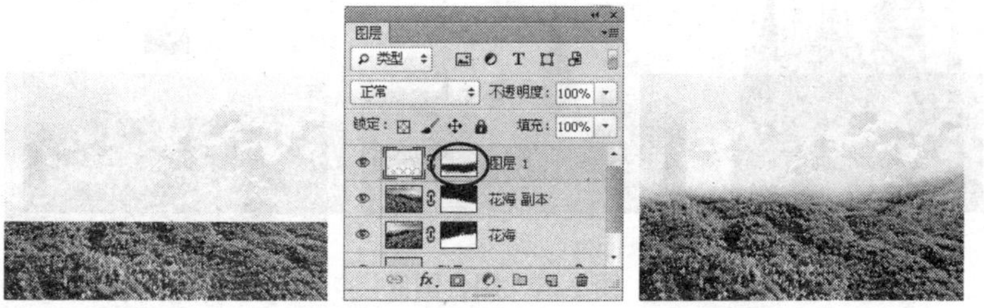

图 9-64　组合图像并添加图层蒙版

**步骤7** 将"图层1"重命名为"云彩",然后设置该图层的"混合模式"为点光,"不透明度"为80%,如图9-65所示。

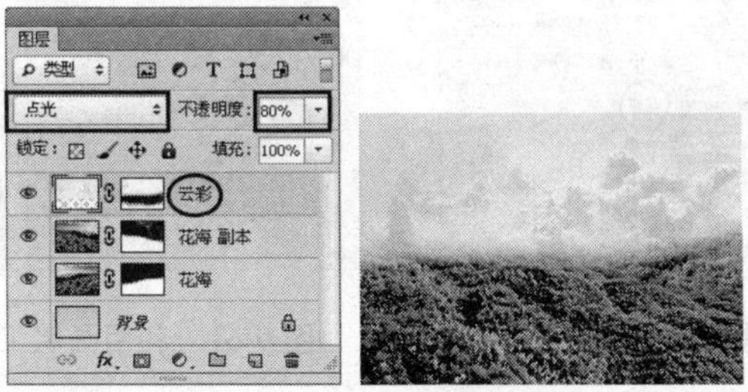

图9-65 调整图层混合模式和不透明度

**步骤8** 按【Ctrl+B】组合键打开"色彩平衡"对话框,设置"色阶"为+45,-40,-70,然后单击"确定"按钮,如图9-66所示。

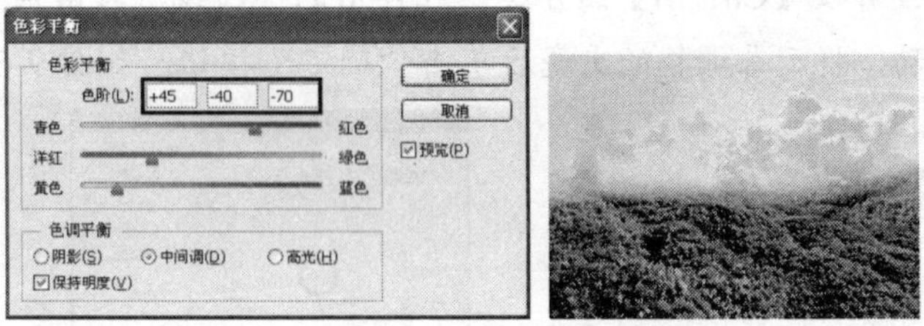

图9-66 利用"色彩平衡"命令调整图像

**步骤9** 打开本书配套素材"18.jpg"图像文件,然后利用"钢笔工具" 勾选出图9-67左图所示的城堡图像,并将其作为选区载入。然后利用"移动工具" 将城堡图像移动到新建图像窗口中,如图9-67中图所示。再利用"自由变换"命令将城堡图像缩小,并移动到图像窗口中上部偏右的位置,如图9-67右图所示。

图9-67 组合图像

**步骤 10** 复制城堡图像所在图层，然后将复制出的"图层 1 副本"中的图像水平翻转，并向左移动，如图 9-68 左图和中图所示。接着按【Ctrl+E】组合键向下合并图层，并将该图层重命名为"城堡"，如图 9-68 右图所示。

**图 9-68 复制、合并图层**

**步骤 11** 按【Shift+Ctrl+U】组合键执行去色命令，然后按【Ctrl+U】组合键，在弹出的"色相/饱和度"对话框中勾选"着色"复选框，并设置"色相"为 50，"饱和度"为 60，再单击"确定"按钮，如图 9-69 所示。

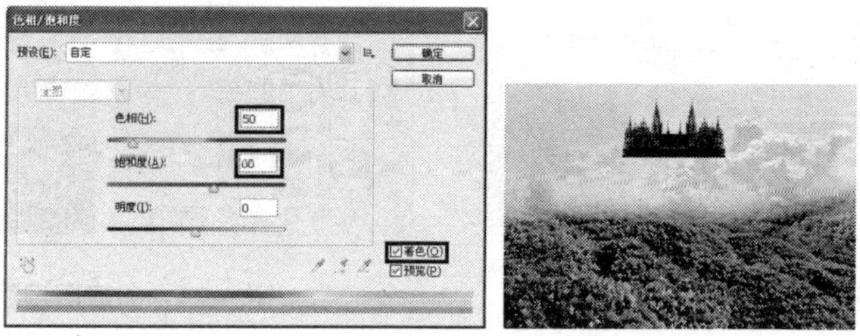

**图 9-69 利用"色相/饱和度"命令调整图像**

**步骤 12** 按【Ctrl+B】组合键打开"色彩平衡"对话框，设置"色阶"为+40，-10，-100，然后单击"确定"按钮，如图 9-70 所示。

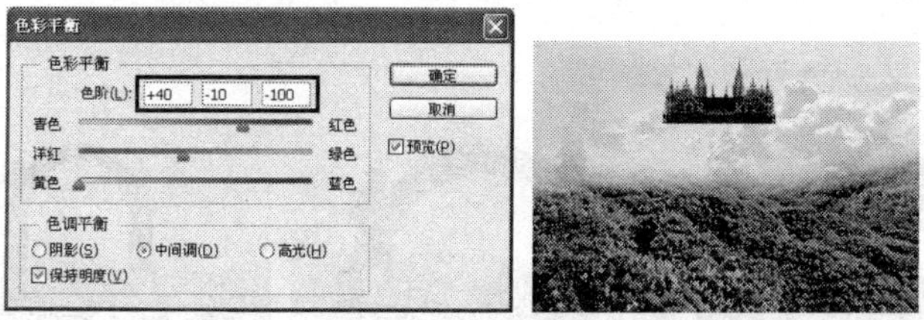

**图 9-70 利用"色彩平衡"命令调整图像**

**步骤 13** 接着按【Ctrl+M】组合键，在弹出的"曲线"对话框中创建一个节点并向上拖动，将城堡调整的更亮后单击"确定"按钮，如图 9-71 所示。

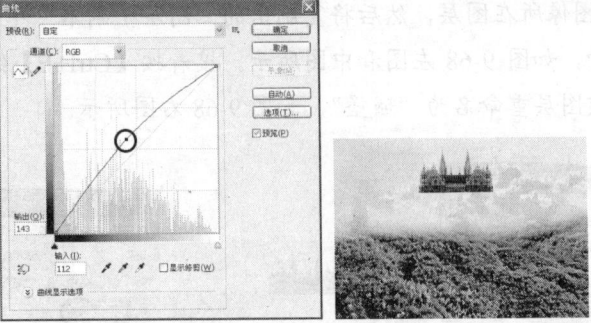

图 9-71　利用"曲线"命令调整图像

**步骤 14**　设置"城堡"图层的"不透明度"为 30%，如图 9-72 所示。设置前景色为黑色，然后为该图层添加图层蒙版，并利用"画笔工具" ✎ 在城堡的底端和最顶端涂抹，使边缘渐隐于云层中，涂抹后的图层蒙版如图 9-73 左图所示，图像效果如图 9-73 右图所示。

图 9-72　设置图层不透明度

图 9-73　创建图层蒙版

**步骤 15**　打开本书配套素材"19.jpg"图像文件，然后利用"钢笔工具" ✐ 勾选出拱门图像，并将其作为选区载入，如图 9-74 左图所示。然后利用"移动工具" ⊹ 将城堡图像移动到新建图像窗口中，如图 9-74 中图所示。再利用"自由变换"命令将城堡图像缩小，并移动到图像窗口中合适的位置，如图 9-74 右图所示。

图 9-74　组合图像并调整图像大小

> **提示** 在利用"钢笔工具" 勾选拱门图像时，可参考步骤 10 的方法，只选取拱门图像的一半，另一半则通过复制、水平翻转等命令来完成。

**步骤 16** 利用"矩形选框工具" 选取拱门的下半部分，然后按【Ctrl+J】组合键将选取的图像置入新的图层中，如图 9-75 所示。

**步骤 17** 按住【Shift】键的同时利用"移动工具" 将"图层 4"中的图像向下移动，使拱门看起来更加宏伟，如图 9-76 左图所示。然后将"图层 3"和"图层 4"合并，再将合并后的图层重命名为"拱门"，如图 9-76 右图所示。

图 9-75　新建图层 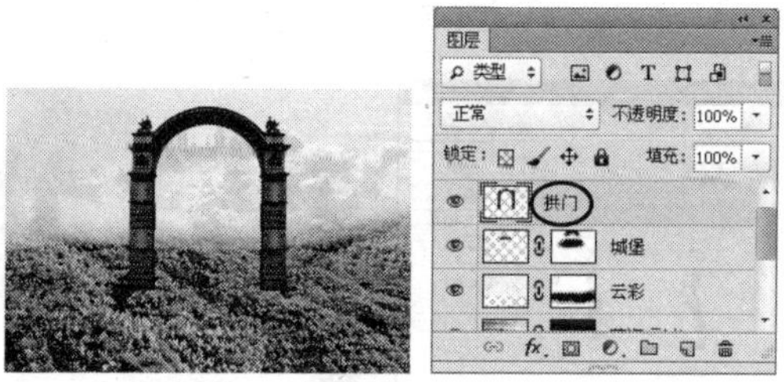　　　　　　　图 9-76　移动图像并合并图层

**步骤 18** 参照步骤 11～步骤 13 中的方法调整拱门图像的色彩，如图 9-77 左图所示。然后为该图层添加图层蒙版，并利用"画笔工具" 在拱门的底部涂抹，使其底部渐隐于花丛中，涂抹后的图层蒙版如图 9-77 中图所示，图像效果如图 9-77 右图所示。

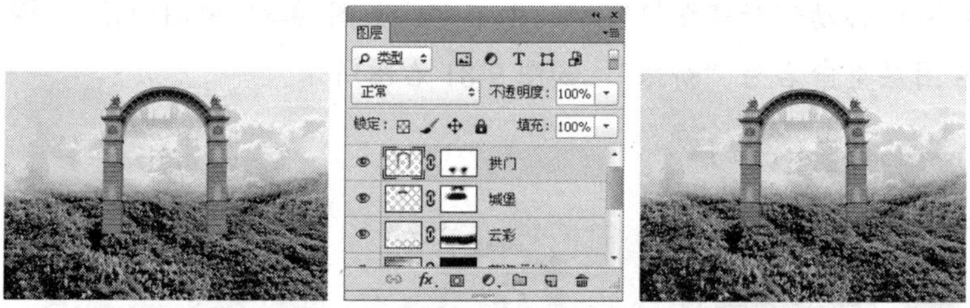

图 9-77　调整图像色彩并为其添加图层蒙版

**步骤 19** 按【Ctrl+J】组合键复制"拱门"图层，然后将复制出的图像等比例缩小，并将其移动到图 9-78 右图所示位置。

图 9-78　复制图层并缩小图像

**步骤 20**　打开本书配套素材 "20.jpg" 图像文件，然后选择 "选择" > "色彩范围" 菜单项，打开 "色彩范围" 对话框，接着利用 "吸管工具" 📥在图像窗口中的白色背景处单击，如图 9-79 左图所示。再单击 "确定" 按钮，即可为白色背景区域创建选区，如图 9-79 右图所示。

**步骤 21**　按【Shift+Ctrl+I】组合键反向选区，然后利用 "移动工具" ✛将选区内的花藤图像移动到新建图像窗口中，并放置在拱门的中下部，如图 9-80 左图所示。接着将 "图层" 调板中自动新建的图层重命名为 "花藤"，如图 9-80 右图所示。

图 9-79　利用 "色彩范围" 命令选取图像　　　图 9-80　组合图像并重命名图层

**步骤 22**　打开本书配套素材 "21.jpg" 图像文件，然后利用 "钢笔工具" 🖊勾选出人物图像，并将其作为选区载入，如图 9-81 左图所示。然后利用 "移动工具" ✛将人物图像移动到新建图像窗口的中下部，如图 9-81 中图所示。再将人物图像所在图层重命名为 "新娘"，如图 9-81 右图所示。

图 9-81　组合图像

**步骤 23**　为 "新娘" 图层添加图层蒙版，并利用 "画笔工具" 🖊在婚纱的裙摆处涂抹，使其底部呈现透明效果，涂抹后的图层蒙版如图 9-82 左图所示，图像效果如图 9-82 右图所示。最后保存图像，即可完成实例制作。

图 9-82　添加图层蒙版

# 任务五　制作入场券

## 任务说明

本任务中，我们将制作图 9-83 所示的入场券。

首先打开"22.jpg"～"24.jpg"图像文件，然后利用"钢笔工具" ✍、图层蒙版和图层混合模式将茶杯图像、长城图像和人物图像组合在一起，接着将组合后的图像复制到"25.jpg"图像窗口中，并为其添加图层样式，再将"26.psd"图像窗口中的文字复制到"25.jpg"图像窗口中，最后将图像另存，完成实例制作。

素材：素材与实例\项目九\22.jpg～25.jpg、26.psd

效果：素材与实例\项目九\入场券.psd

视频：视频\项目九\9-5.swf

图 9-83　入场券效果

## 任务实施

**步骤 1**　打开本书配套素材"22.jpg"～"24.jpg"图像文件，利用"钢笔工具" ✍勾选出茶杯图像，并将其作为选区载入。按【Ctrl+J】组合键复制茶杯图像到新的图层中，再单击"背景"图层前的◉图标将该图层隐藏，如图 9-84 所示。

**步骤 2**　按【Shift+Ctrl+N】组合键创建新图层，然后按住【Ctrl】键不放，利用鼠标左键单击"图层 1"的蒙版缩览图，再次为茶杯图像创建选区。接着选择"渐变工具" ▮，颜色设置如图 9-85 左图所示，再在图像窗口中由右上至左下拉出如图 9-85 右图所示的线性渐变。

图 9-84　新建图层

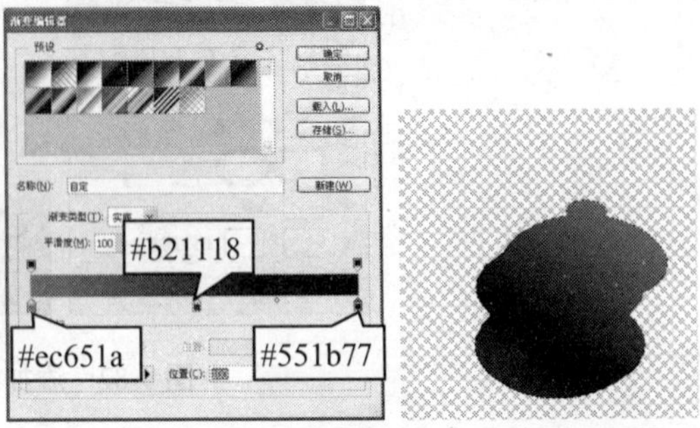

图 9-85　填充渐变

**步骤 3**　按【Ctrl+D】组合键取消选区，将"图层 1"移动到"图层 2"的上方，并设置图层混合模式为"明度"，如图 9-86 所示。

**步骤 4**　将"23.jpg"图像文件置为当前窗口，然后将其复制到"22.jpg"图像窗口中，然后利用"自由变换"命令将其缩小，并设置"图层 3"的不透明度为 50%，如图 9-87 左图和中图所示。接着将想要显现出的长城图像放在杯口上方的位置，再为"图层 3"添加图层蒙版，最后利用画笔工具在杯口以外的地方涂抹，将它们隐藏，如图 9-87 右图所示。

图 9-86　调整图层顺序及混合模式

图 9-87　组合图像并调整图层不透明度

**步骤 5**　设置"图层 3"的混合模式为"明度"，不透明度为 100%，如图 9-88 所示。

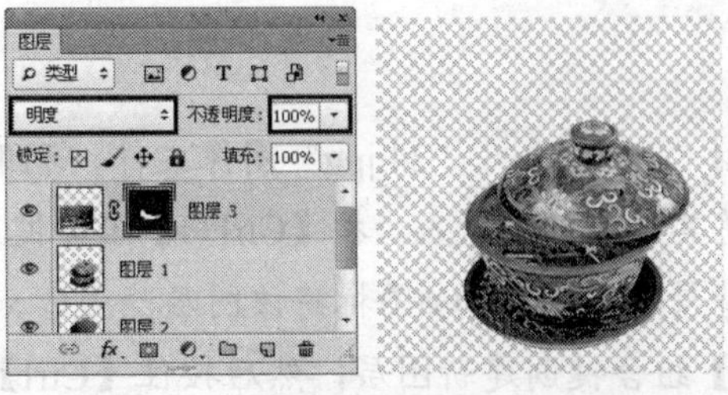

图 9-88　调整图层混合模式和不透明度

**步骤 6**　将"24.jpg"图像文件置为当前窗口，利用"钢笔工具" ![钢笔工具] 勾选出茶杯图像，并将其作为选区载入。利用"移动工具" ![移动工具] 将人物图像移动到"22.jpg"图像窗口中，如图 9-89 所示。

**步骤7** 按【Shift+Ctrl+N】组合键创建新图层，然后按住【Ctrl】键不放，利用鼠标左键单击“图层4”的蒙版缩览图，再次为人物图像创建选区。选择“渐变工具” ，颜色设置如图 9-90 左图所示，接着在图像窗口中由右上至左下拉出如图 9-90 右图所示的线性渐变。

图 9-89　组合图像

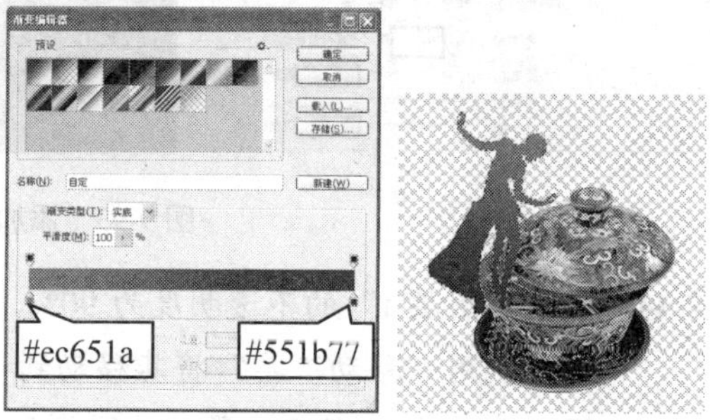

#ec651a　　#551b77

图 9-90　填充渐变

**步骤8** 按【Ctrl+D】组合键取消选区，将“图层4”移动到“图层5”的上方，并设置图层混合模式为“明度”，如图 9-91 左图和中图所示。再按【Shift+Ctrl+Alt+E】组合键盖印可见图层，此时图层调板中将出现“图层6”，如图 9-91 右图所示。

图 9-91　调整图层混合模式后盖印可见图层

**步骤9** 打开本书配套素材“25.jpg”图像文件，将“22.jpg”图像窗口中的“图层6”复制到“25.jpg”图像窗口中，并移动到合适的位置，如图 9-92 所示。

图 9-92　组合图像

**步骤10** 单击“图层”调板底部的“添加图层样式”按钮 ，从弹出的列表中选择需要“投影”样式类型，再在打开的“图层样式”对话框中设置“角度”为60，

"距离"为 10 像素,"大小"为 35 像素,如图 9-93 左图所示,此时的图像效果如图 9-93 右图所示。

**图 9-93　添加图层样式**

**步骤 11** 设置"图层 1"的不透明度为 90%,然后打开本书配套素材"26.psd"图像文件,利用"移动工具"将其移动到"25.jpg"图像窗口中,并放置在合适的位置,如图 9-94 所示。最后将图像另存,即可完成实例。

**图 9-94　调整图层不透明度并组合图像**